# 遺伝子工学
## －基礎から医療まで－

岡山大学名誉教授　早津彦哉　監修

日本薬科大学薬学部教授　根岸和雄
就実大学薬学部教授　中西　徹　編集

東京　廣川書店　発行

―――――― 執筆者一覧 （50 音順） ――――――

| 岡 崎 克 則 | 北海道医療大学薬学部教授 |
| 菅 原 栄 紀 | 東北医科薬科大学薬学部講師 |
| 髙 橋 栄 造 | 日本薬科大学薬学部講師 |
| 中 西 　 徹 | 就実大学薬学部教授 |
| 根 岸 和 雄 | 日本薬科大学薬学部教授 |
| 根 岸 友 惠 | 日本薬科大学薬学部非常勤講師 |
| 深 見 希 代 子 | 東京薬科大学生命科学部教授 |
| 細 野 雅 祐 | 東北医科薬科大学薬学部教授 |
| 松 岡 浩 史 | 福山大学薬学部講師 |
| 松 崎 浩 明 | 福山大学生命工学部教授 |
| 道 原 明 宏 | 福山大学薬学部教授 |
| 山 岸 明 彦 | 東京薬科大学生命科学部教授 |
| 渡 辺 　 渡 | 九州保健福祉大学薬学部教授 |


遺伝子工学 　－基礎から医療まで－

| 監　修 | 早津 彦哉 | 平成 29 年 4 月 25 日　初版発行Ⓒ |
| 編　集 | 根岸 和雄 | |
| | 中西 徹 | |

発 行 所 　株式会社　廣川書店

〒 113-0033　東京都文京区本郷 3 丁目 27 番 14 号

電話 03（3815）3651　FAX 03（3815）3650

# はじめに

　1953 年にワトソンとクリックが DNA 二重らせん構造を解明して以来，分子生物学の黄金時代を経て 20 年後に始まった遺伝子工学を用いた生命研究は，これまでに爆発的な進展を遂げて来た．50 年後の 2003 年にヒトゲノムの全塩基配列が解明されたことは，その中でもエポックメイキングな出来事の一つである．ヒト DNA の約 30 億塩基対の配列の解明は，配列そのものの情報に留まらず，ゲノム創薬などの新しい創薬方法を生み出して，医療全体の方法論をも変革する出来事となった．いわば，これは一つの生命科学の到達点であると同時に，次の新しい時代の幕開けでもあった．

　今や，次世代シークエンサーによって，ほとんどのがん遺伝子や遺伝病の原因遺伝子が解明されようとしている．また最近は，腸内細菌などの細菌叢を構成する細菌を根こそぎ解析するメタゲノム解析にもこの手法が応用されている．さらに，この次世代シークエンサーによってがん細胞の遺伝子変異部位を特定し，この結果に人工知能を適用することで病因を確定して，そこへ分子標的医薬品を処方するという新しい医療（精密医療）が始まっている．これは現在，産学連携全国がんゲノムスクリーニング SCRUM-Japan によって日本でも推進されており，画期的な成果を挙げている．これまでも，遺伝子多型に基づいた投薬方法の選択が試行されてきたが，今後は，さらに多くの分子標的医薬品や組換え医薬品，バイオ医薬品の開発が進んで，個別最適治療が実現するであろう．

　一方，iPS 細胞の発明によって，患者本人の体細胞からあらゆる組織に分化可能な万能細胞の作製が可能になり，受精卵を破壊する必要もなく，なおかつ自己に適合した移植用細胞や組織を作り出すという画期的な移植・再生医療が可能となりつつある．これだけでなく，iPS 細胞技術によって，これまでは原因不明だった難病の病因解明やその治療薬開発が可能となって，夢の治療が実現しつつある．

　そして，近年最も注目されている革命的な遺伝子改変技術がゲノム編集である．iPS 細胞技術の開発で 2012 年ノーベル賞を受賞した山中伸弥博士をして「最近 25 年で一番画期的な生命科学技術」と言わしめたこのゲノム編集技術は，遺伝子治療などの医療への応用や農作物や家畜等の改良など様々な方面への波及が期待されているが，一方で受精卵の遺伝子改変の問題など，大きな課題も抱えている．

　薬学部等で初めて遺伝子工学を学ぶ学生にとって，その歴史も含めて体系的に必要な基礎知識を学び国試等に備えると共に，医療現場で直面するところの激動する遺伝子医療の現状をも理解することはなかなか難しいが，本書はそのような学生諸君の手助けとなるような教科書として編集されている．各章には，内容の理解が容易になるようキーワードをつけており，図表も多く取り入れてわかりやすい教科書を心がけた．また，読み物としても興味を持ってもらえるように Tea break という小話も挿入している．

　本書が，遺伝子工学を勉強する学生諸君の役に立ち，また国家試験合格の一助になれば編者としてこれにまさる喜びはない．

　最後に，本書の執筆にあたり貴重な資料の提供を快諾いただいた方々のご厚意に心から感謝したい．さらに，本書の出版に多大なるご努力をいただいた廣川書店社長廣川治男氏，同書店の廣川典子氏，荻原弘子氏，並びに編集部の関係各位に心より御礼申し上げたい．

　2017 年 3 月

　　　　　　　　　　　　　　　　　　　　　　　　　　　　　　　　　　　　　編　者

# 目　　次

## 第 1 章　遺伝子研究・遺伝子工学の歴史　　　　　　　　　　　　　（中西　徹）　*1*

1.1　メンデルの法則と遺伝物質の解明 …………………………………………… *1*

1.2　DNA の構造解明とセントラルドグマ ……………………………………… *7*

1.3　遺伝子工学の誕生とその発展 ………………………………………………… *9*

1.4　ヒト全ゲノム解明と ES 細胞，さらに新しい展開へ ……………………… *12*

## 第 2 章　遺伝子の分子生物学　　　　　　　　　　　　　　　　　　　　　*15*

2.1　DNA と染色体の構造 …………………………………………（菅原　栄紀）　*16*

　2.1.1　遺伝子本体の DNA　*16*

　2.1.2　核酸の構造　*17*

　2.1.3　染色体の構造　*23*

2.2　DNA の複製 ……………………………………………………（細野　雅祐）　*25*

　2.2.1　基本的事項　*25*

　2.2.2　複製開始機構　*29*

　2.2.3　複製の終結と制御　*32*

2.3　転写と RNA プロセシング……………………………………（細野　雅祐）　*35*

　2.3.1　基本的事項　*35*

　2.3.2　原核細胞における転写　*36*

　2.3.3　真核細胞における転写　*39*

　2.3.4　転写調節とエピジェネティクス　*43*

2.4　翻　訳 ……………………………………………………………（細野　雅祐）　*45*

　2.4.1　基本的事項　*46*

　2.4.2　タンパク質合成　*50*

2.5　機能性 RNA ……………………………………………………（菅原　栄紀）　*54*

　2.5.1　ゲノムと遺伝子　*54*

2.5.2　機能性 RNA の種類　*55*

2.5.3　miRNA による翻訳阻害機構　*56*

**演習問題**……………………………………………………………………………… *57*

## 第 3 章　遺伝子工学の基礎技術　　*59*

**3.1　遺伝子工学の道具　酵素とベクター** ………………………（山岸　明彦）　*60*

3.1.1　制限酵素　*61*

3.1.2　DNA メチラーゼ　*63*

3.1.3　DNA リガーゼ　*65*

3.1.4　アルカリホスファターゼ　*66*

3.1.5　ポリヌクレオチドキナーゼ　*66*

3.1.6　ヌクレアーゼ　*66*

3.1.7　DNA ポリメラーゼ　*67*

3.1.8　逆転写酵素　*70*

3.1.9　酵素の反応条件　*72*

3.1.10　ベクター　*74*

**3.2　遺伝子クローニングと遺伝子ライブラリー**………………（山岸　明彦）　*83*

3.2.1　ゲノムライブラリー　*83*

3.2.2　cDNA ライブラリー　*83*

3.2.3　ゲノムライブラリーと cDNA ライブラリーの比較　*84*

3.2.4　遺伝子クローニング方法　*85*

**3.3　DNA 塩基配列決定法** ………………………………………（山岸　明彦）　*88*

**3.4　サザンブロッティングとノーザンブロッティング** ………………（渡辺　渡）　*92*

3.4.1　はじめに　*92*

3.4.2　ハイブリダイゼーション　*92*

3.4.3　サザンブロッティング　*93*

3.4.4　ノーザンブロッティング　*94*

**3.5　PCR**………………………………………………………………（渡辺　渡）　*95*

3.5.1　はじめに　*95*

3.5.2　PCR　*96*

3.5.3　RT-PCR　*98*

3.5.4　リアルタイム PCR　*100*

**3.6　タンパク質の発現** ………………………………………………（渡辺　渡）　*101*

3.6.1　はじめに　*101*

3.6.2　大腸菌でのタンパク質の発現　*101*

3.6.3　ほ乳動物細胞でのタンパク質の発現　*103*

3.6.4　ウェスタンブロッティング　*104*

**3.7　その他の遺伝子解析技術**……………………………………（深見　希代子）　***105***

3.7.1　レポーターアッセイ　*105*

3.7.2　ゲルシフトアッセイ　*107*

**演習問題**……………………………………………………………………………　***111***

## 第4章　遺伝子工学と発生工学　　　　　　　　　　　　　　　　　　　　*113*

**4.1　トランスジェニックマウスとノックアウトマウス**……………（岡崎　克則）　***113***

4.1.1　狭義のトランスジェニックマウス（遺伝子機能が亢進しているマウス）　*113*

4.1.2　マウス以外のトランスジェニック動物　*114*

4.1.3　ジーンターゲッティング　*115*

4.1.4　ゲノム編集　*119*

**4.2　クローン動物**……………………………………………………（岡崎　克則）　***121***

4.2.1　受精卵クローン　*121*

4.2.2　体細胞クローン　*121*

**4.3　幹細胞と再生医療**………………………………………………（深見　希代子）　***124***

4.3.1　幹細胞とは　*124*

4.3.2　組織幹細胞の同定　*125*

4.3.3　再生医療　*128*

**4.4　iPS 細胞**……………………………………………………………（中西　徹）　***130***

**4.5　生殖医療**…………………………………………………………（深見　希代子）　***136***

4.5.1　受精とは　*136*

4.5.2　生殖補助医療　*137*

4.5.3　マウスを使った体外受精（IVF）　*138*

**演習問題**……………………………………………………………………………　***140***

## 第5章　遺伝子工学と医薬品　　　　　　　　　　　　　　　　　　　　　*143*

**5.1　バイオ医薬品概説**………………………………………………（道原　明宏）　***143***

5.1.1　バイオ医薬品とは　*143*

5.1.2　バイオ医薬品の種類　*144*

5.1.3　バイオ医薬品の特徴　*145*

5.1.4　バイオ後続品とジェネリック医薬品　*146*

**5.2　組換え医薬品**……………………………………………（道原　明宏）　***147***

5.2.1　組換え医薬品の有用性　*147*

5.2.2　組換え医薬品の製造方法　*148*

5.2.3　組換え医薬品の生産に利用される細胞　*152*

5.2.4　組換え医薬品の製造・品質・安全管理　*153*

5.2.5　代表的な組換え医薬品　*155*

**5.3　分子標的医薬品**………………………………………（道原　明宏）　***162***

5.3.1　分子標的医薬品とは　*162*

5.3.2　分子標的医薬品と作用機序　*164*

**5.4　核酸医薬品**……………………………………………（松岡　浩史）　***169***

5.4.1　核酸医薬品とは　*169*

5.4.2　核酸医薬品の利点　*169*

5.4.3　アンチセンス核酸　*171*

5.4.4　siRNA による RNA 干渉　*173*

5.4.5　アプタマー核酸　*175*

5.4.6　デコイ核酸　*177*

**5.5　遺伝子多型とオーダーメイド医療**……………………（松岡　浩史）　***178***

5.5.1　遺伝子多型とは　*178*

5.5.2　オーダーメイド医療　*180*

**演習問題**………………………………………………………………………　***187***

## 第6章　病気と遺伝子工学 ***189***

**6.1　遺伝子変異とは**…………………………………………（髙橋　栄造）　***189***

6.1.1　変異の種類　*190*

6.1.2　変異の原因　*193*

6.1.3　DNA 損傷の修復機構　*194*

**6.2　遺伝子診断・遺伝子検査**………………………………（根岸　和雄）　***195***

6.2.1　病原体の検出　*196*

6.2.2　分子標的制がん剤などの適応判定　*196*

　　　　6.2.3　遺伝病の遺伝子診断　*198*

　　　　6.2.4　その他の遺伝子検査　*200*

　**6.3　遺伝病と遺伝子治療**……………………………………………（根岸　和雄）*201*

　　　　6.3.1　遺伝病　*201*

　　　　6.3.2　遺伝子治療　*202*

　**6.4　がんと遺伝病**………………………………………………………（根岸　友惠）*207*

　　　　6.4.1　がんは遺伝するか　*207*

　　　　6.4.2　がん遺伝子とがん抑制遺伝子　*208*

　　　　6.4.3　遺伝病からわかったがん関連遺伝子　*215*

　**演習問題**………………………………………………………………………………*219*


## 第7章　遺伝子工学と環境　　　　　　　　　　　　　　　　（松崎　浩明）*221*

　**7.1　遺伝子組換え作物**………………………………………………………………*221*

　　　　7.1.1　従来の品種改良技術と遺伝子組換え技術との違い　*221*

　　　　7.1.2　遺伝子組換え植物の作製　*222*

　　　　7.1.3　植物への遺伝子導入法　*222*

　　　　7.1.4　ゲノム編集による標的遺伝子への変異導入　*226*

　　　　7.1.5　遺伝子組換え作物の栽培の現状　*226*

　　　　7.1.6　様々な遺伝子組換え作物　*227*

　　　　7.1.7　遺伝子組換え作物が生態系に及ぼす影響　*229*

　　　　7.1.8　遺伝子組換え食品　*229*

　**7.2　化成品への応用**…………………………………………………………………*230*

　　　　7.2.1　微生物による組換えタンパク質の生産　*230*

　　　　7.2.2　組換えタンパク質　*232*

　　　　7.2.3　組換えタンパク質の機能の向上　*233*

　　　　7.2.4　バイオリファイナリー　*234*

　　　　7.2.5　代謝産物　*235*

　**7.3　組換え実験の安全性**……………………………………………………………*235*

　　　　7.3.1　組換え実験に関する法律の制定　*236*

　　　　7.3.2　組換え実験に関する日本の法律　*236*

　**演習問題**………………………………………………………………………………*241*

## 第 8 章　遺伝子工学の新展開　　　　　　　　　　　　　　　　（中西　徹）*243*

8.1　DNA チップとプロテオーム …………………………………………… *244*

8.2　次世代シークエンサー………………………………………………… *246*

8.3　ゲノム編集………………………………………………………………… *248*

8.4　メタゲノム解析と精密医療 …………………………………………… *251*

## 索　引…………………………………………………………………………… *253*

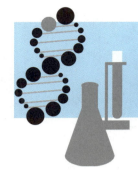

# 第1章 遺伝子研究・遺伝子工学の歴史

　遺伝子工学の勉強をこれから始める上で，まず，遺伝因子の発見から今日のゲノム解析や再生医療など驚くべき技術の進歩に至る約150年の歴史を，いくつかの段階に分類しながら俯瞰していく必要がある．

　分子生物学が，生体や細胞を構成するアミノ酸や核酸などの各種分子の構造や，それらによって構成されるタンパク質やDNAなどの生体高分子の生理的な働きを解明することから生命現象をとらえようとする学問であるのに対して，遺伝子工学は，人為的にDNAを組み換えて増幅し，その構造や機能を明らかにしたり，さらにその技術を用いて医薬品の製造や病気の診断および治療などを行うという人工的な技術である．この技術は遺伝子組換え技術，組換えDNA技術とも称される．以前，遺伝子操作と書いた書物もあったが，生命を操作するようなイメージがあることからこの語は今はあまり用いられない．

　1970年代初頭にバーグやコーエン，ボイヤーらによってこの技術が開発された背景には，体内での生理的なDNAやRNAの働きを解明した分子生物学の発展の蓄積の歴史がある．この分子生物学は，1953年のワトソンとクリックによるDNA二重らせん構造の発見という，DNA分子の物質としての理解に端を発しているが，さらに歴史をひも解くと，1866年のメンデルによる遺伝因子の発見や，1900年のチェルマックらによるその再発見といった古典遺伝学の始まりにまで，その源流を遡ることができる．以下，エポックメイキングな出来事を中心に，今日までの遺伝子工学の歴史をひも解いていくことにしよう．

## 1.1 メンデルの法則と遺伝物質の解明

　遺伝子研究・遺伝子工学の歴史は，1900年のメンデルの法則の再発見から1953年のDNA二重らせん構造の発見までの約50年間，そこからヒトゲノムが解読された2003年までの50年間，そしてそれ以降の新技術の時代に大きく分けられるように思える．1953年のDNA二重らせん構造の発見から2003年にヒトゲノムが解読されるまでの50年間は，さらに組換えDNA実験が最初に行われた1973年までの20年間の分子生物学の黄金時代と，1973年以降30年間の遺伝子工学の爆発的進展の時代の2つに分けると理解しやすい．

**図 1.1　メンデルの肖像画**

　さて，オーストリアの修道士メンデルが「植物雑種の実験」として「遺伝因子」の概念となる，いわゆるメンデルの法則を「植物雑種の実験」という論文で発表したのは 1866 年である．これは日本でいうと明治維新の 2 年前ということになるが"仮説をまず立ててこれを実験により証明する"という近代生物学の方法論を初めて確立したこの研究から今年（2016 年）でちょうど 150 年となる．

　メンデル Gregor Johann Mendel は，1822 年に当時のオーストリア帝国，現在のチェコ・モラビアの農家に生まれ，長じて現在のチェコ・ブルノの修道院で司祭となった．彼はドイツ語圏最古の大学として有名なウィーン大学に 2 年間留学し，ドップラーから物理学と数学，またその他生物学や生理学を学んだ．有名なエンドウマメの交配実験は，彼がウィーン大学から帰った後の 1853 年から約 15 年間にわたって行われたものである．彼の仮説は，遺伝因子は対であって父母から由来する遺伝因子によって子の形質が決まる，さらにその遺伝因子には優性と劣性がある，というもので，当時としては，革命的ともいえる考え方であった（当時は遺伝形質を決めるものは液状のものであると考えられていた）．さらに彼が成功した要因には，純系に相当する品種を選んだこと（当時，交配実験の例はあったが純系を使用していなかったのでうまくいかなかった）や，運よく，別の染色体や遠く離れた位置に遺伝子があって，交叉せず遺伝する形質を選んだことなどが挙げられる．

　彼はまず，数年かけて必ず背が高くなるエンドウと必ず背が低くなるエンドウを選抜し，これら純系に近いエンドウである背の高いものと背の低いものを交配すると背が高くなることを見いだした．これが優性の法則である．さらに，この交配した背の高いエンドウを自家受粉させると，背の高いものと低いものが 3：1 の割合で現れた．これが分離の法則である（図 1.2）．この分離の法則は，種子のしわや種子の色についても同様に当てはまることがわかった．さらに彼は種子のしわと色など複数の形質に注目して交配を行った場合，それぞれの形質には独立して優性の法則や分離の法則が当てはまることを見いだした．これが独立遺伝の法則である（図 1.3）．

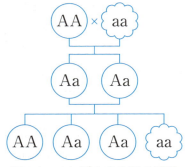

図 1.2 メンデルの分離の法則

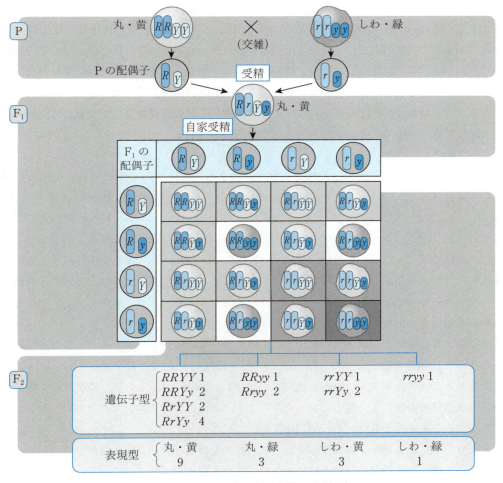

図 1.3 メンデルの独立遺伝の法則

　メンデルの考え方は今は遺伝子によって説明できるが，まだ細胞学も進んでおらず染色体についても十分理解されていない当時，この考え方は革新的すぎて論文発表以後，34年間埋もれたままだった．しかし，1900年に3人の植物学者，オランダのド・フリース，ドイツのコレンス，オーストリアのチェルマックによって独立に再発見され，ドイツ植物学報告に4月，5月，7月と相次いで発表された．

彼らはエンドウやオオマツヨイグサの研究の途中で，既に 34 年前に修道士メンデルによって同じ結果を報告する論文が出ているのに気付いたのである．メンデルの死後 16 年たってからのことである．

今では，メンデルの法則に当てはまらない遺伝現象も多く知られるようになり，またメンデルの法則自体にも，彼がデータの中から法則に合うものを選択したということも指摘されていて，科学的評価は様々だが，現在でいう遺伝子の概念に着目した遺伝学のパイオニアとしての価値は不動のものであろう．

さて，その後の進歩は著しく，染色体がメンデルのいう遺伝因子であるというサットンの説（1902年）や，これを遺伝子 gene と命名したヨハンセンが現れた（1909 年）．また，この頃から遺伝学の実験材料として，エンドウの 10 倍以上の速さで交配実験ができて，しかも染色体数がたった 4 対であるショウジョウバエが用いられるようになって，さらに研究は急速に進んだ．

モルガン T. Morgan は，このショウジョウバエを用いて，遺伝子が染色体上に一定の間隔で直線上に並んでいることに気付いた．すなわち，彼はショウジョウバエの中に目の色が異なる突然変異体を見出した（1910 年）．他にも羽の形などに突然変異体が発見されたが，これらの形質の遺伝様式の中にメンデルの独立遺伝の法則に従わないものがあることを彼は発見し，染色体に一列に並んでいる遺伝子が，一対の染色体の間で交差を起こすことや，遺伝子間の距離によって交差の頻度が異なることを明らかにした．今でも，彼の名は遺伝子間の距離の単位 cM（センチモルガン：約 100 万塩基対）として残っている．

さらに，マラー H. J. Muller は，X 線をショウジョウバエに照射して突然変異体を作製し（1927年），突然変異体を用いる研究は急速に進んだ．また，ビードル G. W. Beadle とテータム E. L. Tatum は，一遺伝子一酵素説を提唱した（1941 年）．それまでも，ガロッドの研究のように，メンデルの法則に従う遺伝病の原因が酵素の機能欠損であることより，遺伝子と酵素を結びつける考え方はあった（1908 年）が，彼らは，アカパンカビを実験材料に用いて，胞子に紫外線などを照射して栄養要求性の突然変異を誘発させ，酵素の欠損によって栄養を要求するようになる突然変異が 1 つの遺伝子の支配下にあることを実証した．このような研究によって，アミノ酸やビタミンの生合成に関係する酵素と遺伝子の関係が研究されていった．

さて，このような遺伝子の概念は，遺伝子の実体についての研究を加速させた．既に，核酸はミーシャーによって白血球の細胞核から分離されていた（1871 年）が，このヌクレインという物質が酸性物質であることをアルトマンは見出し核酸と名づけた（1889 年）．その後，核酸はリン酸，五炭糖，塩基からなる物質であること，さらにコッセルにより，塩基にはアデニン，グアニン，シトシン，チミンが存在することが示された（1885 ～ 1894 年）．

ここに至り，いよいよ遺伝子の実体がタンパク質なのか核酸なのかという論争が巻き起こってきた．現在から考えれば，遺伝子がタンパク質であるなどとはありえない話だが，タンパク質と核酸は多くの場合一体で作用するので，当時の分析技術ではこれらを完全に分離することができなかったことや，4 種類しかない核酸よりも 20 種類あるアミノ酸のほうが遺伝子としてふさわしいと思われたことなどから，当時は，タンパク質のほうが遺伝子の本体としてふさわしいとさえ考えられていたのである．

この論争に終止符を打った 2 つの有名な実験がある．

1 つはグリフィス F. Grifith とエイブリー（アベリー）O. T. Avery らの肺炎双球菌を用いた実験である．肺炎双球菌には，病原性をもつ S 型と病原性をもたない R 型があるが，グリフィスは，加

熱殺菌したS型菌やR型菌はマウスに対して病原性を示さないのに対して，これらを混合したものはマウスに病原性を示すことを見出した（図1.4）．これはS型菌のもつ遺伝物質がR型菌に取り込まれて形質転換を起こしてR型菌が病原性をもったためであると考えられた（1928年）．

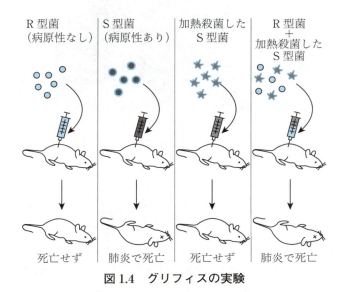

図1.4　グリフィスの実験

　さらにエイブリー，マクラウド，マッカーティは，この遺伝物質について詳細な解析を試みた．彼らは，加熱殺菌したS型菌の抽出物を様々な分解酵素で処理を行った．炭水化物分解酵素，タンパク質分解酵素，RNA分解酵素で処理した時は，形質転換による抽出物の病原性発現能力は保持されていたが，DNA分解酵素で処理した時のみ抽出物の病原性発現能力は失われた（1944年）．この結果は，遺伝物質がDNAであることを示していたが，それでもなお，この抽出物へのタンパク質の混入等を疑う研究者もあって，完全に遺伝物質がDNAであることを確定するには至らなかった．

　そこで遺伝物質についての論争に終止符をうつ決定的実験として登場したのが，ハーシェイ（ハーシー）とチェイスの実験である（1952年）．

　当時，ウイルスはようやく電子顕微鏡によってその存在や形を確認するに至っていたが，バクテリアに感染してこれを食い破って増殖するバクテリオファージは，世代が短く，数十分のサイクルで子ファージが出現するので，子孫形成のメカニズムを研究する材料として注目されていた．当時，若手の研究者だったアルフレッド・ハーシー A. D. Hershey とマーサ・チェイス M. Chase は，このバクテリオファージのうち T2 ファージを利用して，ファージを構成するタンパク質とDNAのうち，どちらが子孫の形成に必要なのか，すなわちどちらが遺伝物質なのかを調べた．このファージは，大腸菌に付着して穴を開けDNAのみを大腸菌に注入すると考えられたが，彼らは，これも当時利用することが可能となっていた放射性同位元素（ラジオアイソトープ）を用いて，DNAが遺伝物質であることを見事に証明して見せたのであった．

図 1.5　ハーシー（左）とチェイス（右）

　彼らは，ファージをリン 32 を含む培養液で増殖させて DNA をリン 32 で標識した．同様に硫黄 35 を含む培養液で増殖させて，タンパク質を硫黄 35 で標識した．リン 32 は DNA のみに含まれ，硫黄 35 はタンパク質のみに含まれるので，これらをトレーサーとして利用し，それぞれの放射性同位元素から放出される放射能を追いかければ，タンパク質と DNA の挙動を追跡することができる．このようなファージを大腸菌に感染させて，感染した大腸菌をミキサーで破砕して遠心機にかけると遺伝物質を含む大腸菌は沈殿し，ファージ粒子の殻は上清に残る．この沈殿と上清について 2 種の放射性同位元素の存在を調べたところ，上清中には硫黄 35 のみが検出され，一方，沈殿からはリン 32 のみが検出された．さらにこのリン 32 を含む大腸菌からファージが増殖することもわかった．このように感染した細菌に注入されて子孫を形成できる DNA こそが遺伝物質であることがこの実験で明確に示されたのである（図 1.6）．

　このように，バクテリオファージの実験系が見出されて，さらに放射性同位元素が利用可能となった当時の背景がこの実験を可能としたわけで，新しい発見には，そのアイデアもさることながら，それを可能とする技術の進歩が不可欠であることをこの実験は示している．また，放射性同位元素のトレーサーとしての優れた性質（微量で検出できて定量性にも優れている）が如何なく発揮された素晴らしい実験として有名でもある．さらに，ここで用いられたバクテリオファージは，優れた分子遺伝

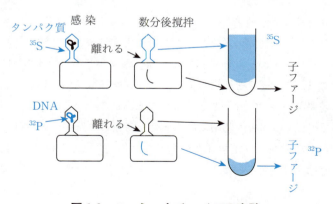

図 1.6　ハーシーとチェイスの実験

学の実験材料としてファージ学派を中心に発展し，1950年代から1960年代の分子生物学の黄金時代を支えていくこととなった．

## 1.2 DNAの構造解明とセントラルドグマ

遺伝物質・遺伝子の実体がDNAであることが確定した次の年，1953年には2人の天才の登場によってついに現代の分子生物学の幕が切って落とされた．ワトソンJ. WatsonとクリックF. Crickは，DNAが二重らせん構造をとっていることやその細部の構造を明らかにしたのである．この彼らが提示したDNAの構造は，DNAが遺伝子である要件を見事に満たしていた．

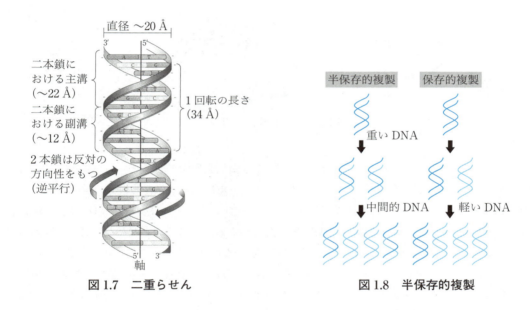

図1.7　二重らせん　　　　　　　図1.8　半保存的複製

　五炭糖がリン酸ジエステル結合したものが骨格となって，向きが反対の2本のDNA鎖が二重らせんを形成しているこの構造は，五炭糖に結合した塩基のうち，A–TとG–Cがそれぞれ塩基対を形成することで，塩基配列は保持されたまま，半保存的に複製されるという遺伝子としての必須条件を満たしていた．らせんは右巻きで1回転のピッチには10塩基が含まれている．遺伝情報がわずか4つの塩基で記載されていることは，当時としては驚きであったが，後述のような遺伝コードによって3塩基が1アミノ酸をコードするやり方であれば，64通りの組合せが可能であるし，ヒト全ゲノムがハプロイド当たり約30億塩基対あることを考えれば，平均分子量5万前後のタンパク質約2万個をコードする遺伝子の情報量としては十分であることがわかる．
　このワトソンとクリックによるDNAの二重らせん構造の解明の過程では，様々なドラマがあったことはワトソンの自著「二重らせん」などで広く知られている（二重螺旋 完全版，新潮社，2015年）(Tea break 参照). フランクリンの未発表のX線回折写真を，「二重らせん 第三の男」（ウィルキンス，

岩波書店，2005年）といわれるウィルキンスが，ワトソンらに密かに見せるくだりは，サスペンスドラマのようでもあるが，ノーベル賞級の熾烈な競争を勝ち抜いた研究であれば，紙一重的な，あるいは信じ難いようなエピソードの1つ2つもあるのではないかと想像される．

こうしてワトソンとクリックによって現代の分子生物学の幕が開いてから，遺伝子工学が始まる1970年代初頭までを，分子生物学の黄金時代と呼んでおそらく差し支えないであろう．遺伝子工学の発展と共に次々と新たな生命現象が解明された時期と区別するならば，この黄金時代を第一期と呼んでもよいかもしれない．現在，分子生物学で教えられているセントラルドグマを中心とする分子生命現象の基本的な部分（図1.9），すなわち，DNAの複製，RNAの転写，タンパク質の翻訳，転写調節，細胞や染色体の構造などが，この時代に，当時の綺羅星のように偉大な研究者たちによって次々と解明された．そして，これらはすべてノーベル賞を受賞する研究となったのである．

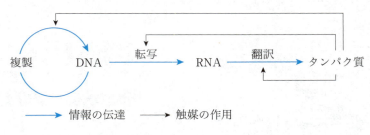

図1.9　セントラルドグマ

ワトソン，クリック以降の多くの業績の中からいくつか代表例を挙げると，コーンバーグによるDNAポリメラーゼの発見（1956年），メセルソン・スタールによる半保存的複製の解明（1957年），岡崎令治による岡崎フラグメントの発見（1967年），ジャコブ・モノーによるオペロン説（1961年），ニーレンバーグによる遺伝暗号の解明（1961年）などがある．これらの発見には，それぞれ様々な人間ドラマがあり，こうしたドラマを読み物としておもしろくまとめた本もあるので一読を薦めたい．例えば，ニーレンバーグが，人工RNA合成により作製したポリUを大腸菌抽出液で翻訳させて，ポリUがフェニルアラニンをコードすることを初めて発見して始まった遺伝暗号解読競争のエピソードなども二重らせんの発見ドラマに劣らずスリリングである．

---

**Tea break　DNA二重らせん構造の発見とノーベル賞**

DNA二重らせん構造の発見によって，ワトソン，クリック，ウィルキンスの3人は1962年にノーベル生理学・医学賞を受賞した．この発見に至る物語は，ワトソン自身の著書あるいは第三者による評伝によって語られていて，彼自身の人間性や，早逝した女性研究者フランクリンの立場等，当時の研究環境について生々しい様子を読み取ることができる．ワトソンは，人種差別発言やノーベル賞メダルの競売等，その後も話題に事欠かない．この他にもノーベル賞受賞を巡る確執で有名なものに，甲状腺刺激ホルモン放出因子の発見に関するギヤマンとシャリーの物語がある．「ノーベル賞の決闘」と題されたこの評伝には，勤勉で誠実な従来の科学者像を一変させるものがある．

**Tea break　分子生物学の黄金時代と日本人研究者**

米国が1960年代に分子生物学の黄金時代を迎えていた頃，日本から何人かの新進気鋭の若手研究者が海を越えてこの最先端の研究に参加した．本書の監修者で編者の恩師である早津彦哉博士は，1964年にウィスコンシン大学のコラーナ研究室に留学し，遺伝暗号研究，次いでオリゴヌクレオチドの固相合成研究に従事された．また，編者のもう一人の恩師である岡田吉美博士は，同じく1964年にオレゴン大学のストライジンガー研究室に留学した．ここで岡田博士は，遺伝子にフレームシフト変異が起きているバクテリオファージのリゾチームのアミノ酸配列を決める研究を行った．研究室には刻々とニーレンバーグからの遺伝暗号解明の結果がもたらされ，博士の研究は，人工RNAの翻訳で得られた遺伝暗号を，*in vivo*でフレームシフト変異を利用して初めて証明するという素晴らしい成果を挙げた．「青春時代に学んだこと」という博士の文章には，当時の様子が白熱した筆致で紹介されている（図1.10）．

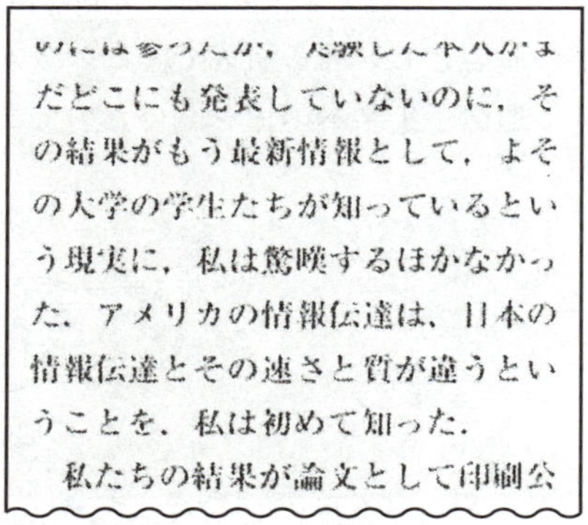
だどこにも発表していないのに，そ
の結果がもう最新情報として，よそ
の大学の学生たちが知っているとい
う現実に，私は驚嘆するほかなかっ
た．アメリカの情報伝達は，日本の
情報伝達とその速さと質が違うとい
うことを，私は初めて知った．
　私たちの結果が論文として印刷公

**図1.10　青春時代に学んだこと（一部抜粋）**
（蛋白質 核酸 酵素 46巻7号，838頁，2001年）

岡田博士は，帰国後はタバコモザイクウイルスの研究で大きな業績を挙げられる一方で，日本分子生物学会の創設（1978年）にも努力され，第1回の年会長を務める（日本分子生物学会会報No.91，2008年）など，日本の分子生物学の発展をリードされて平成15年には学士院賞を受賞された．また早津博士は，核酸研究分野で大きな業績を挙げられて，エピゲノムDNA構造解析に用いるバイサルファイト法を開発し，エピジェネティクス研究を加速し癌研究に寄与した功績で，平成27年に高松宮妃癌研究基金学術賞を受賞された．

## 1.3　遺伝子工学の誕生とその発展

1960年代も過ぎて1970年代になると「分子生物学は終わった」という声も聞かれるようになったが，その中で実は新しい時代の胎動が始まっていた．その素地となったのは遺伝子工学を生むためのいくつかの基礎技術である．すなわち，制限酵素の発見（1968年），ベクターの開発（1973年），DNAリガーゼの発見（1967年），塩化カルシウムによる形質転換法の確立（1970年）などである．このうち，最も遺伝子工学に重要な制限酵素の発見と応用に関しては，アーバーW. Arber，スミス

H. O. Smith，ネイサンズ D. Nathans の3名が1978年にノーベル賞を受賞した．実はこの制限酵素の発見も，当時，分子生物学の中心材料となっていたバクテリオファージに由来しているのである．塩基配列特異的に二本鎖 DNA を切断する酵素をなぜ切断酵素でなくて制限酵素と呼ぶのか不思議に思ったことはないだろうか．アーバーは，ファージの増殖が大腸菌により制限される現象から，DNA をメチル化する酵素と切断する酵素（感染を制限するのでこれを制限酵素と呼んだ）の存在を予想し，実際にこれらを発見した（宿主依存性制限，図1.11）．しかし彼が発見したのは I 型制限酵素といわれるもので，特異的な塩基配列を認識するが，切断はそこから離れた場所で非特異的に行われるというものであった．しかし，次にスミスが，特定の塩基配列を切断する II 型制限酵素をインフルエンザ菌から発見したことで，この制限酵素は大きく注目されることになった．さらにネイサンズは，SV40 ウイルスの DNA をいろいろな制限酵素で切断して制限酵素による切断地図を作成したのである．これはもはや遺伝子工学の原型ともいえる研究で，この3人の研究者のコンビネーションが，制限酵素を一躍スターにすると共に遺伝子工学への道を開いたのである．

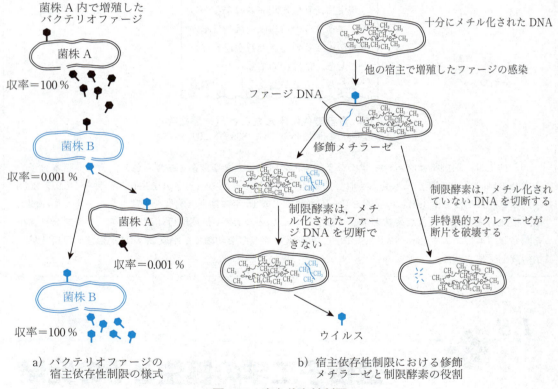

図 1.11　宿主依存性制限

こうして役者が揃ったところで，ついに遺伝子工学の幕が開くことになる．きっかけは一人の学生のレポートであった．このスタンフォード大学の学生ロバンは，1971年に自分が研究室をもった時の研究プランという宿題に対して，図1.12の遺伝子工学の基本概念となるアイデアをレポートに書いた．

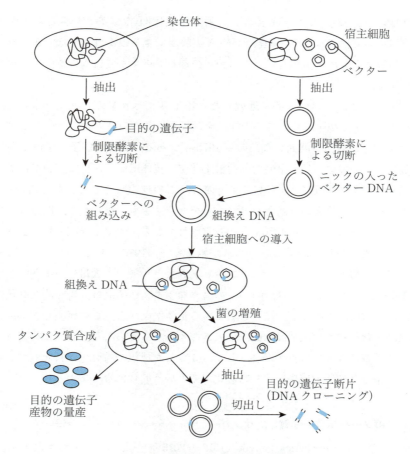

**図 1.12 遺伝子工学の基本概念**

　このアイデアをヒントにして，バーグ P. Berg はさらにこれを発展させた．彼は SV40 の DNA を一か所で切断可能な制限酵素 EcoR I で切断し，この接着末端を再会合させて DNA リガーゼで再結合できることを示した（1972 年）．さらに，プラスミドの研究を行っていたコーエンとボイヤーは，薬剤耐性遺伝子を搭載したプラスミドベクター pBR322 を開発して，これに外来遺伝子を組み込んで，スタンフォード大学に在籍したマンデルが 1970 年に開発した塩化カルシウム法によって大腸菌を形質転換するという，遺伝子工学の幕開けとなる実験を行った（1973 年）．

　バーグはここで重要な働きをした．遺伝子工学が「試験管で人工的に生命をつくった」という印象をマスコミに与えたことや，将来的に危険なウイルス等を製造する危険性を鑑みて，バーグは遺伝子組換え実験の規制の必要性を訴え，自らも実験を自粛したのである．そしてバーグの呼びかけで 1975 年，スタンフォード大学近郊のアシロマに研究者が集まって会議が行われ，遺伝子組換え実験を規制するガイドラインが策定された（アシロマ会議）．1976 年には米国国立衛生研究所が「組換え DNA 実験ガイドライン」を制定した．物理的封じ込めと生物学的封じ込めから成るこのガイドラインは，生物多様性の確保を図るカルタヘナ法が制定されるまで，安全に遺伝子工学を進める上で大きな役割を果たした．

　わが国ではこのアシロマ会議を受けて，この内容の国内への取入れを図り，1979 年にようやく文

部省・科学技術庁が「組換え DNA 実験指針」を制定した．米国で実験が解禁されてから日本で実験が可能になるまでの数年間は，海外で組換え DNA 実験ができるのに日本ではできないという状況が起こり，多くの研究者が海外に流出した．この数年の遅れは後々まで日本の遺伝子工学の進展に影響したといわれている．

　さて，ここから遺伝子工学は爆発的に進展した．1975 年にはサンガー F. Sanger がジデオキシ法による DNA 塩基配列決定法を開発してこの発展を助けた．ちなみに，ケーラーとミルシテインによりモノクローナル抗体作製法が開発されたのも 1975 年である．この遺伝子工学は生命科学に新しい発見をもたらして第二の黄金時代を築いた．利根川進が，抗体遺伝子が免疫細胞で再構成していることを発見してノーベル賞を受賞した（1987 年）のも，この技術なくしてはなし得ないことである．さらにこの技術はバイオ産業という新たなビジネスチャンスをももたらして，医療などに大きなインパクトを与えることになった．ガイドラインが制定されてから，すぐに米国では遺伝子工学的に大腸菌でヒトのホルモンを大量に生産するビジネスが始まった．1976 年にボイヤーはジェネンテック社を設立して，大腸菌を利用したヒトインスリンやヒト成長ホルモンの大量生産を開始した（ヒトインスリン：発表 1978 年，FDA 認可 1983 年）．このような組換え医薬品は，現在約 230 種類が市販されている．最近，分子標的医薬品として注目されている抗体医薬品も，この組換え医薬品の 1 つである．この組換え医薬品を含むバイオ医薬品は医療に大きな革命をもたらした．今やこのようなバイオテクノロジー，バイオ産業には多くの企業が参入して，こうした成果の特許化が行われている．また，企業だけではなく大学も今や研究成果を自ら特許化するという時代になっている．

---

**Tea break　2 度ノーベル賞を受賞したサンガー**

　フレデリック・サンガー Frederick Sanger（1918 ～ 2013 年）は，英国出身の生化学者でケンブリッジ大学教授を務めた．ノーベル賞を 2 度受賞した研究者は 4 人いるが，ノーベル化学賞を 2 度受賞した史上唯一の研究者である（1958, 1980 年）．1 度目はタンパク質のアミノ酸配列決定法の開発，2 度目は DNA の塩基配列決定法の開発に対してである．前者をサンガー法と呼ぶので，後者をサンガー法と呼ぶと混同する恐れがあり，後者はジデオキシ法と呼ぶのが一般的である．彼は RNA の塩基配列決定法も開発していて，3 度目のノーベル化学賞の受賞もあり得るといわれていた．いわゆる配列決定のマニアとして分子生物学の研究史上に燦然と輝く巨人である．

---

## 1.4　ヒト全ゲノム解明と ES 細胞，さらに新しい展開へ

　さて，1985 年（特許申請）にはシータス社のマリス K. B. Mullis が遺伝子増幅法 PCR を開発して遺伝子診断に大きな進歩をもたらした．さらに，1990 年にはアデノシンデアミナーゼ欠損患者への遺伝子治療が初めて行われた．1981 年には，エヴァンスらが初めてマウス ES 細胞を樹立し，1998 年にはトムソンがヒト ES 細胞を樹立した．1989 年には，ES 細胞を利用してカペッキらが遺伝子を

ノックアウトしたマウスを作製した．1996年には，英国ロスリン研究所ウィルムット I. Wilmut らにより初の体細胞クローン羊ドリーが作製された．こうして，1990年あたりからそれまでの遺伝子工学から新しい医療への胎動が始まったのであるが，ついに2003年，国際コンソーシアムによってヒト全ゲノムの塩基配列解読が行われた．ワトソン・クリックによる DNA 二重らせん構造解明から50年後のことである．ここから遺伝子工学は新しい時代に入ったといってよいであろう．2006年には，山中伸弥によりマウス iPS 細胞の作製が行われ，2007年にはヒト iPS 細胞も作製された．この iPS 細胞，そして，最近出現した2つの革命的技術である次世代シークエンサーとゲノム編集技術は，私たちの生活や医療を根本的に変革する可能性を秘めている．例えば，全ゲノム解析と人工知能を利用した Precision Medicine（精密医療）はがん治療に革命をもたらそうとしている．腸内細菌の全ゲノム解析によって人は長寿や美容を手に入れるかも知れない．ゲノム編集技術によって大きな牛や魚，受粉しなくて実るトマトなどが現在次々とつくられている．そして iPS 細胞によって夢の移植医療が可能になるかも知れない．しかし，よいことばかりではない．中国の研究者が昨年と今年，ヒトの受精卵の遺伝子をゲノム編集技術で改変した．また受精卵の全ゲノム解析によってよい卵の選別が行われたり，遺伝子検査を利用した子供の能力検査キットが市販されたりしている．遺伝子工学が終焉を迎えないように，急ぎ歯止めをかけていかないといけない問題点も多く，ここに至って，遺伝子工学は大きな試練を迎えているように思われるのである．

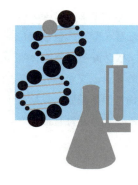

# 第2章　遺伝子の分子生物学

◆この章で学ぶこと(キーワード)◆

DNA の構造
　ヌクレオチド，ヌクレオシド，プリン，ピリミジン，相補的塩基対，水素結合，リボース，ホスホジエステル結合，B 型 DNA，ゲノム，染色体，ユークロマチン，ヘテロクロマチン，テロメア，セントロメア，ヌクレオソーム，ヒストン H1〜H4，コアヒストン，30 nm ファイバー

RNA の種類と構造
　mRNA，キャップ構造，ポリ(A)テイル，tRNA，アンチコドン，rRNA，核小体
　hnRNA，snRNA，miRNA

DNA の複製
　半保存的複製，DNA ポリメラーゼ，ヘリカーゼ，プライマーゼ，リガーゼ
　トポイソメラーゼ（ジャイレース），岡崎フラグメント，ラギング鎖，リーディング鎖

DNA の転写
　RNA ポリメラーゼ，逆転写，cDNA，構造遺伝子，調節遺伝子，プロモーター，ターミネーター
　シストロン，オペロン，オペレーター，リプレッサー，イニシエーター，エンハンサー
　サイレンサー，転写因子，エキソン，イントロン，スプライシング，エピジェネティクス

mRNA の翻訳
　コドン，アンチコドン，アミノアシル tRNA，リボソーム，大（小）サブユニット
　P（ペプチジル）部位，A（アミノアシル）部位
　オープンリーディングフレーム，開始因子，伸長因子，終結因子，遺伝暗号，開始コドン，終止コドン，ペプチジルトランスフェラーゼ，リボザイム

　生命の継続性は，つきつめれば 1 個の細胞の核内で遺伝子が正確にコピーされて 2 個に分裂するという単純な（実際にはまったくそうではないが）営みの連続によって担保されているといえる．そしてそのメカニズムは，クリックが 1958 年に提唱した「セントラルドグマ」説のスキームに集約される．すなわち，「生命は DNA → RNA →タンパク質という方向性をもった生体高分子の合成システムによって生みだされ，この順序は後戻りしない」というものである．ここで，細胞分裂に伴う DNA の倍化反応を複製，DNA の遺伝情報を RNA に写し取る反応を転写，そして RNA の配列に従ってタンパク質が合成される過程を翻訳という．後に少しずつ修正されてはいるものの，この説は現

在でも生命科学の確固とした基盤となっている．この章では，はじめに遺伝子の本体である核酸の構造と機能について述べ，続いてセントラルドグマの本流を成すDNAの複製・転写・翻訳の各機構について説明する．これら3つのプロセスは，それぞれDNA，RNAおよびタンパク質という生体高分子を合成するシステムであり，いずれの場合でも基本的に開始・伸長・終結のステップが存在する．また，ヌクレオチドやアミノ酸を重合させるという意味において，その反応機構は原核細胞と真核細胞との間で変わりはないが，使われる酵素や関連タンパク質の種類および数，あるいは活性化機構などに関しては異なる点も多い．

## 2.1 DNAと染色体の構造

### 2.1.1 遺伝子本体のDNA

メンデルは，エンドウマメを使用して形質（生物の性質や特徴：表現型 phenotype）の遺伝に関する研究を行い，形質は世代を超えて現れることを発見し，遺伝には形質を支配する独立した要素（エレメント）がかかわっていることを発表した．このような現象は，それまで考えられてきた遺伝するものが混ざり合うという考え方（融合説）では説明できないものであり，現在は，親の形質が子や孫に受け継がれるために必要な情報をもっている単位を粒子状の物質や要素ではなく「遺伝子gene」と呼んでいる．

遺伝子の存在が明らかにされた当初は，生物の形質はタンパク質で規定されるために，遺伝を担う物質はデオキシリボ核酸 deoxyribonucleic acid（DNA）ではなくタンパク質であると考えられていた．1920年代後半にグリフィスは，肺炎双球菌のうち莢膜をもち病原性のあるS（smooth）型菌を

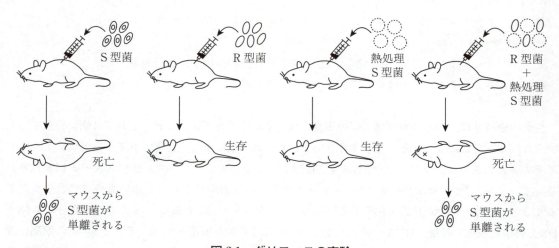

図2.1　グリフィスの実験

熱で殺菌し病原性を失わせた菌と莢膜がなく病原性のない R（rough）型菌をマウスに感染させる実験により R 型菌が S 型菌へ変化する**形質転換** transformation という現象を発見した（図 2.1）．ここで生じる形質転換を引き起こしている正体は何かという疑問に対しては，1944 年にアベリー，マクラウド，マッカーティらが S 型菌から得られた細胞抽出液からタンパク質および**リボ核酸** ribonucleic acid（RNA）を除き，この抽出液を R 型菌と混ぜると S 型菌が出現するが，DNA 分解酵素を用いて DNA を破壊した抽出液を R 型菌と混合しても S 型菌は出現しないことを発見し，この実験結果から形質転換を引き起こしている物質は DNA であることが結論づけられた．さらに 1952 年にハーシー，チェイスらによって行われた，細菌に感染するウイルスであるバクテリオファージを用いた実験からも遺伝物質が DNA であることが示された．このような実験により，遺伝を担う物質の本体はタンパク質ではなく DNA であることが証明され，生物を形づくるタンパク質は，DNA 上に記された遺伝情報をもとにつくり出されているという現在の考えに至っているのである．

## 2.1.2 ──◆ 核酸の構造

### A 核酸の構成成分と基本構造

　核酸には，RNA と DNA の 2 種類が存在し共に糖，核酸塩基，リン酸の 3 つの成分から構成されている．RNA と DNA を構成する糖の基本構造はペントース（環状五炭糖）に属する**D-リボース**であり，RNA を構成する糖は D-リボースであるが，DNA を構成する糖は，D-リボースの 2′-位の水酸基が水素原子に置き換わった **2-デオキシ-D-リボース**である（図 2.2）．核酸塩基は基本骨格としてプリン環をもつプリン塩基とピリミジン環をもつピリミジン塩基の 2 つに分けられ，プリン塩基には，A で表される**アデニン** adenine，G で表される**グアニン** guanine があり，ピリミジン塩基には，C で表される**シトシン** cytosine，T で表される**チミン** thymine，U で表される**ウラシル** uracil がある（図 2.2）．DNA は A，G，C，T で構成されており，RNA は A，G，C，U であり，T ではなく U で構成されている点が DNA と異なる．

　糖と核酸塩基は，D-リボースあるいは 2-デオキシ-D-リボースの 1′ 位とプリン塩基であれば 9 位の N，ピリミジン塩基であれば 1 位の N と **β-N-グリコシド結合**しており，この構造を**リボヌクレオシド**あるいは**デオキシリボヌクレオシド**と呼ぶ（図 2.3）．リン酸は，ヌクレオシドを構成するリボースの 5′ 位の炭素と結合している水酸基と脱水縮合し，リン酸エステル結合している．この構造を**リボヌクレオチド** ribonucleotide と呼び，糖がデオキシリボースの場合には**デオキシリボヌクレオチド** deoxyribonucleotide と呼ぶ（図 2.4）．リボヌクレオチドには，結合するリン酸基の数が 1 ～ 3 個のものがあり，それぞれリボヌクレオシド一リン酸 ribonucleoside monophosphate（NMP），リボヌクレオシド二リン酸 ribonucleoside diphosphate（NDP），リボヌクレオシド三リン酸 ribonucleoside triphosphate（NTP）と呼ぶ．こちらも糖がデオキシリボースの場合にはデオキシリボヌクレオシド一リン酸 deoxyribonucleoside monophosphate（dNMP）のように表される（図 2.3）．

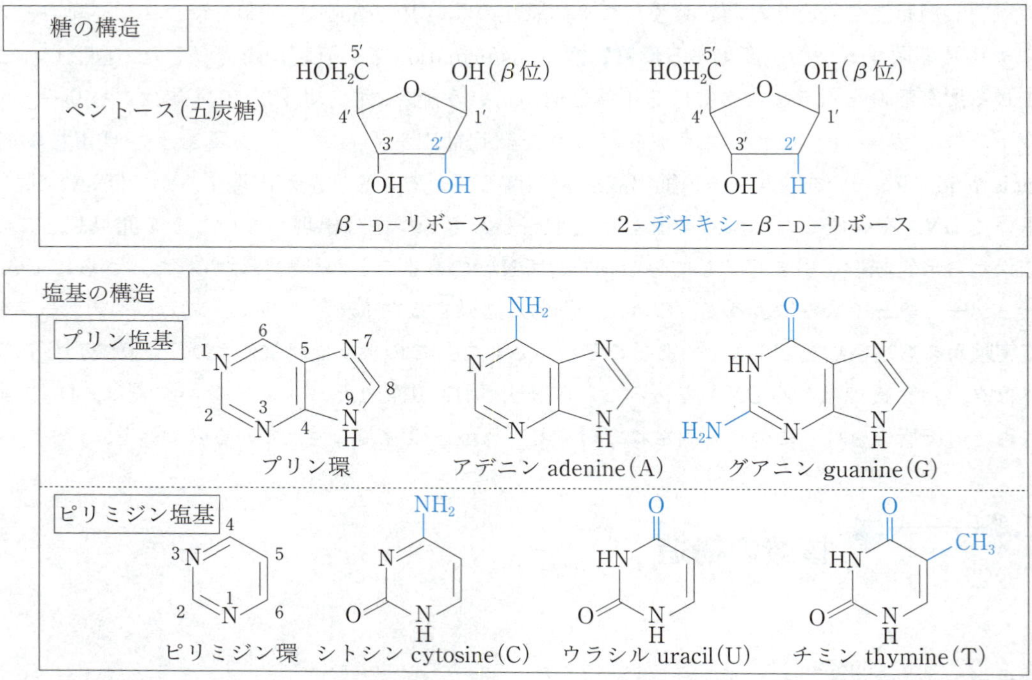

## 第2章　遺伝子の分子生物学

**図2.2　核酸を構成する糖および塩基の構造**

## B　DNA の構造

　DNA は 4 種類のデオキリボヌクレオチドの重合体であり，デオキシリボースの 3′ 位の水酸基と 5′ 位のリン酸基の間で **3′,5′−ホスホジエステル結合** 3′,5′−phosphodiester bond を形成して重合している（図2.4）．DNA の両末端にはデオキシリボースの 5′ 位のリン酸基あるいは 3′ 位の水酸基が存在し，それぞれの末端を **5′ 末端** 5′−terminus および **3′ 末端** 3′−terminus と呼ぶ．したがって DNA には 5′ → 3′ あるいは 3′ → 5′ への方向性が存在することになり，DNA ポリメラーゼによる DNA の生合成は 5′ → 3′ の方向に進行する．シャルガフは，多くの生物種から DNA を抽出して構成する 4 つの塩基の量を測定し，アデニンとチミンの量が等しく，グアニンとシトシンの量も等しいことを証明した．これを **シャルガフの法則** Chargaff's rule という．この法則から，例えば，DNA の塩基の構成比率を調べて，グアニンとシトシンの和が 40 ％（それぞれ 20 ％ ずつ）であった場合，この DNA にはアデニンとチミンがそれぞれ 30 ％ ずつ含まれると推測される．20 世紀前半まで DNA の立体構造は未知のままであったが，フランクリンが X 線結晶構造解析技術を用いて得た DNA の X 線回折像の結果をもとにワトソンとクリックは，1953 年に DNA の **二重らせん** double helix モデルを提唱した（図2.5）．彼らの提唱した立体構造モデルは，DNA は 2 本のポリヌクレオチド鎖が一方は 5′ → 3′ の向き，もう一方は 3′ → 5′ の向きで逆向きに並び（逆平行という），共通の軸を中心にらせん構造を形成する．DNA の構成成分のうちデオキシリボースとリン酸は外側に存在してらせん構造の形成にかかわり，一方，塩基は内側に位置してアデニンはチミン，グアニンはシトシンとそれぞれ特異的に結

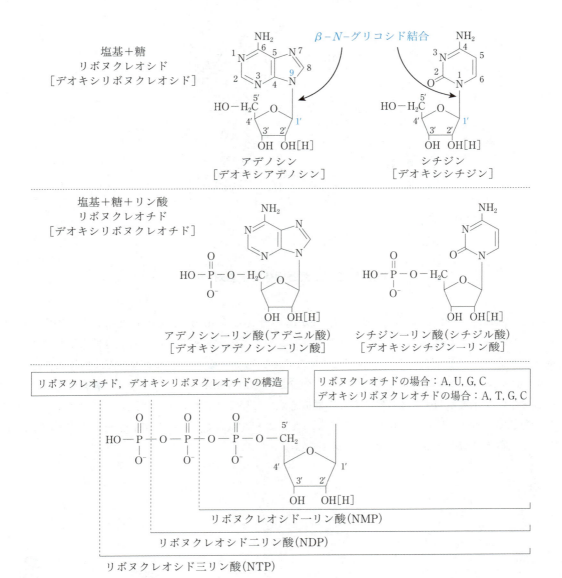

**図 2.3　ヌクレオシドおよびヌクレオチドの構造**

合して塩基対を形成する．この関係を**相補性** complementarity という．アデニンとチミンの間には**2本**，グアニンとシトシンの間では**3本**の**水素結合** hydrogen bond が形成されている（図 2.4）．

　二本鎖の DNA は相補的塩基対で構成されていることを考えると，一本鎖 DNA の塩基配列が決まると自ずともう一方の塩基配列も決定する．このことは，DNA を複製するときには必ず同じ配列をもつものがつくられ，遺伝情報は正確に次世代に受け継がれていくことを示している．

　DNA の二重らせん構造は，直径が 2 nm，らせんが 1 回転する間隔（ピッチ）は 3.4 nm，塩基の間隔は 0.34 nm であることから，らせんが 1 回転する間には約 10 塩基対存在することになる

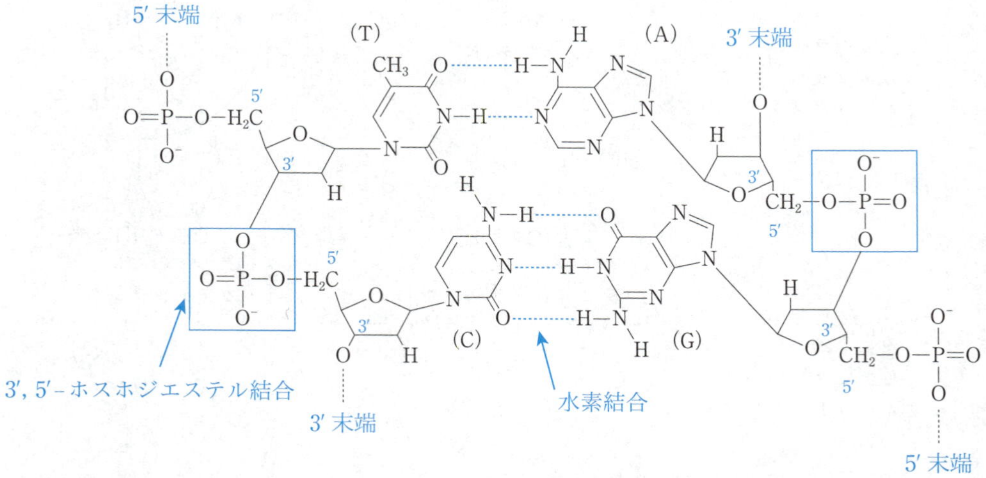

## 第2章 遺伝子の分子生物学

**図2.4 DNA鎖と相補的塩基対の形成**

（図2.5）．また，らせん構造の外側には，幅が広い溝（主溝 major groove）と狭い溝（副溝 minor groove）が存在するが，これらの溝はDNAがタンパク質などと相互作用するときに重要な構造である．ワトソンとクリックにより示された二重らせん構造は**B型**と呼ばれるもので，生体に存在する主なDNAはこの形である．さらに，らせんの巻き方向にも種類があり，B型は**右巻き**である．すなわち生体に存在するDNAは右巻きらせん構造を取っている．これ以外の構造としては，B型と同じく右巻きであるが，DNAの水分含量が少ないときにとる構造で，らせんが1回転する間隔が短い**A型**と，左巻き構造をとる**Z型**が存在する（図2.6）．

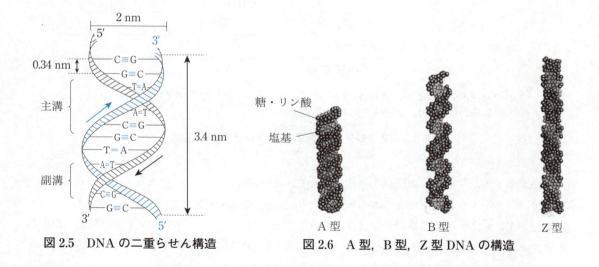

図2.5 DNAの二重らせん構造

図2.6 A型，B型，Z型 DNAの構造

## C RNA の構造

RNA はリボヌクレオチドが DNA と同じように 3′, 5′-ホスホジエステル結合で重合した高分子化合物である．DNA と異なる点は，RNA を構成する糖がリボースであることと，塩基にはアデニン，グアニン，シトシン，ウラシルが含まれ，ウラシルはアデニンと相補的な塩基対を形成することである．RNA は基本的には一本鎖の構造であるが，構造中に相補的な塩基配列が存在した場合には塩基対を形成して高次構造を形成する．細胞内に存在する主な RNA は，メッセンジャー RNA（mRNA），転移 RNA（tRNA），リボソーム RNA（rRNA）である．

### （1）メッセンジャー RNA の構造

DNA の二本鎖は，一方をセンス鎖（＋鎖），もう一方をアンチセンス鎖（－鎖）と呼ぶ．**メッセンジャー RNA** messenger RNA（mRNA）は，転写の過程で DNA のアンチセンス鎖を鋳型として相補的な塩基配列をもつように DNA 依存性 RNA ポリメラーゼ II により合成されたものである．すなわち，この配列は DNA のセンス鎖と同じであることを意味する（チミンがウラシルに変換されているところは DNA と異なる）．mRNA のタンパク質に翻訳される領域の配列は，開始コドン（AUG）から始まり，アミノ酸を規定しない終止コドン（UAG，UGA，UAA の 3 種類）までである．mRNA は初め前駆体 mRNA（真核生物では hnRNA）として合成され様々な修飾を受け成熟型 mRNA になる．5′ および 3′ 末端側に起こる修飾には，5′ 末端に 7-メチルグアノシンが 5′-5′-三リン酸架橋で結合した**キャップ構造** cap structure，3′ 末端の近傍に存在する 5′-AAUAAA-3′（ポリアデニル化シグナル）配列を目印として，その下流にアデニル酸が多数連なった**ポリ（A）テイル**と呼ばれる構造が 3′ 末端側に付加される（図 2.7）．それぞれの末端に形成される構造は mRNA の保護や安定に寄与し，またこれらの構造は原核生物には見られず真核生物特有の構造でもある．

### （2）転移 RNA の構造

アミノ酸をタンパク質の合成場所であるリボソームに運搬する役割を担っている**転移 RNA**

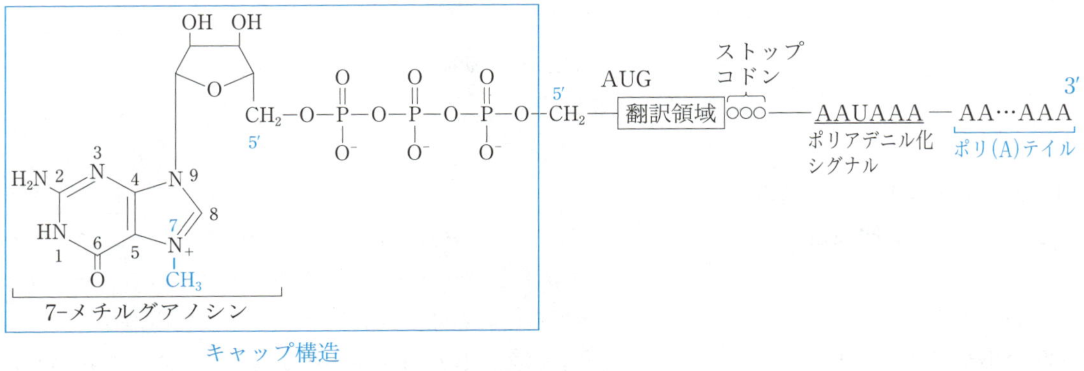

図 2.7　mRNA の構造

transfer RNA（tRNA）は，70〜90個のリボヌクレオチドからなる比較的小さな一本鎖RNAである．tRNA内には相補的な塩基同士が塩基対を形成することにより二本鎖になる部分（ステム）が4か所，またループと呼ばれる一本鎖の構造が3か所存在する．これらのステム・ループによりDアーム，TΨ（プサイ）Cアーム，アンチコドンアームと呼ばれる3つのアームがつくられる．このような特徴的な構造からtRNA全体としてはクローバー様の二次構造をとり，さらに折りたたまれてL字型の三次構造を形成する．Dアーム，TΨCアームを形成しているDループおよびTΨCループ内には，通常のRNAには見られないシュードウリジン（Ψ），ジヒドロウリジン（D）などの修飾塩基が存在し，アンチコドンアームには，mRNA上にあるコドンを認識する3つの連続した塩基からなる**アンチコドン**が存在する（図2.8）．すべてのtRNAはCCAの3塩基からなる突出した配列を3′末端にもち，この末端の水酸基とコドンに対応したアミノ酸のカルボキシル基がエステル結合で連結されている．どの生物も20種類のアミノ酸に対して少なくとも1種類かそれ以上ののtRNAをもつ．

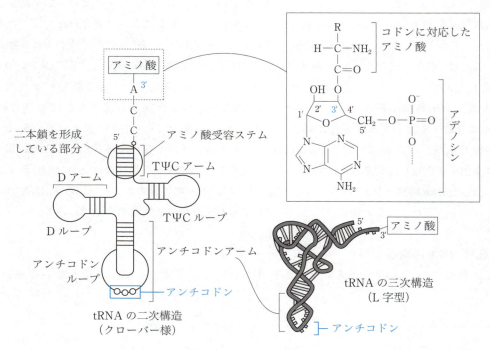

**図2.8　tRNAの構造**

## （3）リボソームRNAの構造

**リボソームRNA** ribosomal RNA（rRNA）は，リボソームを形成する主な成分であり，タンパク質合成の場を形成する．リボソームは小サブユニットと大サブユニットからなり，これらのサブユニットはrRNAと多くのタンパク質で形成される複合体である．大腸菌などの原核生物のリボソームは30Sの小サブユニットと50Sの大サブユニットが会合した70S複合体からなり，真核生物のリボソームは同様に40Sと60Sのサブユニットからなる80S複合体である（Sは**沈降係数**の単位で，高

分子の重さを表す).

　原核生物の rRNA には，30S を構成する 16S rRNA，50S を構成する 23S rRNA と 5S rRNA の 3 種類が存在し，真核生物では，40S を構成する 18S rRNA，50S を構成する 28S rRNA，5.8S rRNA，5S rRNA の 4 種類が存在する（図 2.25 参照）．これらのうちの多くは核小体で転写される．

---

> **Tea break　沈降係数の単位 "S" の由来**
>
> 　遠心分離は，タンパク質や核酸などの生体高分子を分離する際にも用いられる．沈降係数とは，この遠心分離の際に溶質が沈降していく速度を示す係数である．この単位には，超遠心分離機の開発者であるスベドベリ Svedberg の名から S という単位をもって示され，1S は $1 \times 10^{-13}$ 秒と定義されている．この値は基本的に分子量に比例するが，分子の形などにも影響を受ける．そのため真核生物のリボソームは 40S と 60S の小および大サブユニットからなる 100S 複合体ではなく，80S 複合体となるのはこういう理由からである．

---

## 2.1.3 ◆ 染色体の構造

### A ゲノムと染色体

　ゲノム genome は，遺伝子 gene と，すべてを意味する -ome からつくられた造語であり，「一個体を形成するために必要なすべての遺伝情報」を指す．ヒトのゲノムを解析しようという試みとして，1990 年に約 30 億ドルの研究費が投入されヒトゲノムプロジェクトが発足し，2000 年には完全ではないものの全体の約 90 % の配列を約 99.99 % の精度でカバーした遺伝子配列情報（ドラフトシークエンス）が発表され，2003 年には完全なヒトゲノム配列が決定された．この解析結果から，ヒトゲノムの大きさは約 30 億塩基対であることが示された．ヒトでは父親と母親からそれぞれゲノムを受け継いでいるので，細胞の核内には約 60 億塩基対からなる DNA が 22 対（44 本）の常染色体と 1 対の性染色体（男性は XY，女性は XX）に分納されて存在しているのである．全染色体 DNA を合わせるとどのくらいの長さになるか？　一塩基対間の距離を 0.34 nm として細胞当たり 60 億塩基対からなることを考えると，全長約 2m ということになる．すなわち細胞は，直径 10 $\mu$m という極小の核内にこの長さの DNA を納めなければならない．そのために真核細胞では，クロマチン chromatin（染色質）構造という染色体 chromosome に特有の高次に組織化された DNA-タンパク質複合体を形成し，それぞれの染色体が核の中に折りたたまれて収納されている．真核生物における染色体は，有糸分裂期（M 期）にクロマチンが凝集しつくり出される構造体のことをいう．

### B クロマチンと染色体の構造

　クロマチン構造は，染色体を規則的に折りたたんで核内に収納するためのもので，ヌクレオソーム

nucleosome と呼ばれる繰返し単位からなる．このヌクレオソームは，塩基性タンパク質である**ヒストン H2A, H2B, H3, H4** のそれぞれ 2 分子ずつからなる 8 量体で構成される**コアヒストン**の周囲に，146 塩基対の長さの DNA が 1.75 回巻き付いた構造をしている（直径約 10 nm）．さらにリンカー DNA と呼ばれるコアヒストンに巻き付いていない DNA に**ヒストン H1** が結合することにより，ヌクレオソーム同士の結合を誘導し，6 個のヌクレオソームが一巻きになったものが連なったソレノイド型の **30 nm ファイバー**を形成する．さらに，30 nm ファイバーはループ状の構造を形成して染色体骨格に結合して折りたたまれ，高度に凝集した構造体となる．これが染色体である（図 2.9）．染色体には**ヘテロクロマチン** heterochoromatin と呼ばれる凝集度が比較的高い領域が存在するが，ここでは転写因子や RNA ポリメラーゼが結合することができないため転写活性が低く，遺伝子発現が起こりにくい．一方，凝集度の低い領域は**ユークロマチン** euchromatin と呼ばれ，転写活性が高い．

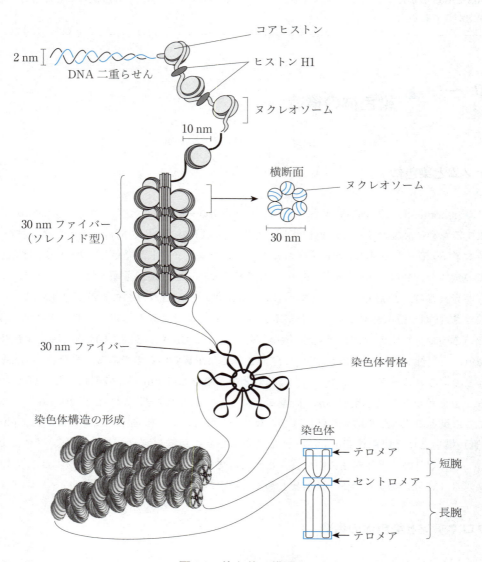

図 2.9　染色体の構造

真核生物のDNAは直鎖状のため染色体には末端が存在する．この染色体の末端領域を**テロメア** telomere と呼び，哺乳類ではこの領域でつくられるループ構造（Tループと呼ばれる）によりDNAの末端が保護されている．また，染色体の中央付近のくびれている領域は**セントロメア** centromere と呼ばれ，この部分を境にして染色体は短腕と長腕に分けられる（図2.9）．セントロメアは，細胞が分裂する際にDNA複製により生じた染色分体の結合に関与し，さらに多くのタンパク質が結合して動原体を形成し，この構造に紡錘糸が結合することにより染色体が各細胞に均等に分配される．

## 2.2 DNAの複製

細胞は生命の最小単位であり，分裂することでその形質を維持継代している．分裂の際，ゲノムDNAは染色体という形で，基本的には親細胞とまったく同じ1セットが娘細胞に受け継がれる．これまで述べてきたように，ゲノムはいわばA・T・G・Cという全生物に共通の，たった4文字の言語で書かれた生命の設計書である．もちろん，生物個体の構造の複雑さに応じてその厚さや冊数は多様で，大腸菌なら1冊（1頁1,500文字程度なら約3,000頁），ヒトでは23冊（全部合わせると約200万頁）になる．また存在場所も，たとえていうなら原核細胞ではモールの一角に設置されたオープンスペースの書架に置かれているが，真核細胞ではしっかりとした図書館内の書庫に収蔵されている．**複製** replication とは，この設計書を忠実にコピーする仕事であり，完全に正確なコピーが行われない限り，親細胞とまったく同じ娘細胞はできない．この項では，おおまかに原核生物として大腸菌，真核生物としてはヒト細胞を念頭に置いて述べていくことにする．

### 2.2.1 ◆ 基本的事項

#### A 半保存的複製

二本鎖DNAの一方の鎖をA，もう一方をBとして核内で複製が行われると，必ずAB/ABという組合せの2組のDNAができあがる（A, Bはコピーされた鎖）．何故かAB/ABという組合せはできない．このような形で二本鎖のDNAがコピーされる機構を**半保存的複製** semiconservative replication という（図2.10）（1958年，メセルソンとスタールの実験）．

#### B DNAポリメラーゼによるデオキシリボヌクレオチドの重合反応

DNA複製の本質は，**DNAポリメラーゼ** DNA polymerase（DNA pol）によるデオキシリボヌクレオシド三リン酸（dNTP）の重合反応である．DNAポリメラーゼは，**鋳型鎖** template strand の塩基の種類に応じて，それと相補的に対合する塩基をもつdNTP（例えばAに対してはT，Gに対

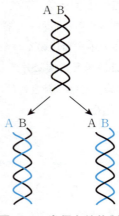

図 2.10　半保存的複製

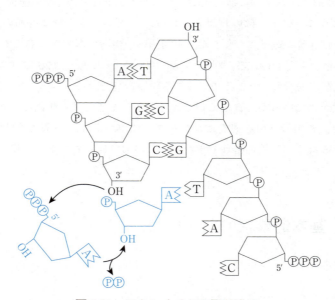

図 2.11　ヌクレオチドの取り込み
逆平行二本鎖 DNA の塩基対が欠けている部分に鋳型鎖（右側）の塩基（T）に相補的なヌクレオチド（dATP が）伸長される様子．A-T 対は 2 本，G-C 対は 3 本の水素結合で結ばれる．

してはC）を選択し，伸長する新生鎖 nascent strand の 3′端-OH と 5′リン酸と間で共有結合（ホスホジエステル結合）を形成させる（図 2.11）．DNA ポリメラーゼは，一本鎖のみの DNA を鋳型として相補鎖を合成することはできず，必ず一部二本鎖となっている部位の 3′端-OH を見つけ，そこから伸長していく（プライマー要求性）．DNA 鎖を 3′方向に伸長するという方向性（5′→3′と表記される）は，ほぼすべての DNA ポリメラーゼに共通の性質で，逆方向には進まない（反対に，鋳型鎖から見ると 3′→5′方向に読み取られていく）．

## C 複製単位と両方向複製

DNA の複製は，ある決まった部位（**複製起点** replication origin）から始まる．この複製起点は，大腸菌ではゲノム当たり 1 個あるのみだが，真核細胞では 10,000 個あるといわれている．1 個の複製起点によって複製される DNA の領域を**複製単位**（レプリコン replicon）という．DNA 複製時，DNA ポリメラーゼが働くためにはどうしても複製起点付近で二本鎖が開裂し，それぞれの鎖が鋳型となれるように分離しなければならない．事実，複製が進行中の領域では一本鎖 DNA どうしが離れて向き合う形になっていて，この様子はちょうど端を少し開けたジッパーを左右対称に並べたような形に見える（図 2.12，ただし鎖は分断していない）．開かれた部分が同時にコピーされていくわけだが，DNA ポリメラーゼに先行して二本鎖をほどきながら道を拓いていく役割を担う酵素を **DNA ヘリカーゼ** DNA helicase という．DNA の複製は，このように複製起点から左右に離れていくように進行する（両方向複製）．

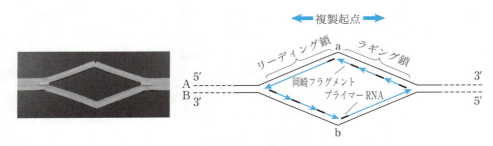

**図 2.12 両方向複製**

## D DNA プライマーと岡崎フラグメント

DNA ポリメラーゼが何もないところから新生鎖をつくり始めることができないとすれば，その始まり（とっかかり）はどうなっているのだろうか？ また，DNA ポリメラーゼには方向性があって 5′→3′ 方向にしか DNA を伸長しないし，このとき dNTP を結合させる相手のデオキシリボース（の 3′ 端-OH）も必要である．この"とっかかり"は，DNA 複製の場合 **DNA プライマーゼ** DNA primase と呼ばれる酵素が鋳型に相補的な塩基をもつ**リボヌクレオチド**を複製起点（a および b）からそれぞれ 3′ 方向に 10 ヌクレオチド nucleotide ほど重合させてつくる．3 章の PCR の項で詳しく述べるが，ポリメラーゼ反応の起点となる短いヌクレオチド鎖を**プライマー** primer という．DNA ポリメラーゼの場合，おもしろいことにとっかかりのプライマーは RNA である．ところが，図 2.12 を見れば明らかなように，a および b を起点として 3′ 方向にプライマーが合成された後 DNA ポリメラーゼが働くとすれば，このままでは A 鎖では a から左方向，B 鎖では b から右方向にしか新生鎖（この場合**リーディング鎖** leading strand という）が合成されないことになる．では残りの鎖はどのように合成されるのだろうか？ DNA ポリメラーゼの複製方向は 5′→3′ の一方向のみであるにもか

かわらず実験的に明らかにされた証拠として，DNA複製は複製起点からほぼ同時に左右方向に向かって進むことがわかっていた（図2.12，複製起点の太矢印）．aから右方向，bから左方向の，DNAポリメラーゼの複製方向とは逆向きのDNA複製のメカニズムを解明するという難題の答えは1968年にわが国の分子生物学者，岡崎玲治によってもたらされた．

　図2.12では左右のジッパーを同時に開いていく形になるが，このときそれぞれのジッパーはちょうどYの字を横にしたように見えることから，複製が進行中の最先端部分は特に複製フォークreplication forkと呼ばれる．岡崎らが実証した答えによれば，aおよびb地点から5′方向へ伸びる鎖は，驚いたことにリーディング鎖をつくるのと同じDNAポリメラーゼが合成していた．そしてその機構はまさに“エレガント”としか形容できないもので，RNAプライマーが複製フォークの進行方向に飛び石のように次々と配置されていって，そのすき間をDNAポリメラーゼが5′→3′方向に新生鎖を合成していく，というものであった．この過程でRNAプライマーに続いて合成されるDNA短鎖は，発見者の名を冠して岡崎フラグメントOkazaki fragmentと命名された．このようにジッパーが開く方向とは逆方向に短いDNA鎖の合成を繰り返すことにより，巨視的に見ればaから右方向，bから左方向の新生鎖（これをラギング鎖lagging strandという）の合成も複製フォークの進行方向に矛盾せずに行われる．ラギング鎖でも5′から3′方向に合成が進み，やがて前につくられたRNAプライマーの5′端にぶつかったところでDNAポリメラーゼによる伸長は止まる．主にDNA複製を担当するのはDNAポリメラーゼⅢであるが，伸長が止まったところでDNAポリメラーゼⅠが登場し，その5′→3′エキソヌクレアーゼ活性によってRNAプライマーを除去すると共に空いた部分とそのポリメラーゼ活性によってDNAに置き換えていく．ここで最後に残った問題，ラギング鎖の3′端と既につくられたラギング鎖の5′端は誰が結合させるのか？ここではまた新たな酵素，DNAリガーゼDNA ligaseが働き，DNAの切れ目（ニック）でホスホジエステル結合を形成させ，DNA鎖は連結されて完成する．

## E　DNAポリメラーゼ

　原核細胞および真核細胞は，DNA複製に携わるDNAポリメラーゼをそれぞれ3種類ずつもっている（表2.1）．名前の由来となっている5′→3′ポリメラーゼ活性はもちろん全部がもっているが，それに加え，3′→5′エキソヌクレアーゼ活性，あるいは5′→3′エキソヌクレアーゼ活性をもつものがある．エキソヌクレアーゼ活性とは，この方向にホスホジエステル結合を加水分解し，DNA鎖を壊していく反応である．例えば上述したラギング鎖の合成においては，上記のように，岡崎フラグメントの合成はDNAポリメラーゼⅢが行い，RNAプライマーの除去とDNAの置き換えにはDNAポリメラーゼⅠの5′→3′エキソヌクレアーゼ活性およびポリメラーゼ活性がそれぞれ利用される．また，3′→5′エキソヌクレアーゼ活性は，主に間違って取り込まれたヌクレオチドを逆戻りしてはずしていく校正機能proofreadingに関与する．

表 2.1　複製に関与する DNA ポリメラーゼ

| | 原核細胞 | | | 真核細胞 | | |
|---|---|---|---|---|---|---|
| | DNA ポリメラーゼ I | DNA ポリメラーゼ II | DNA ポリメラーゼ III | DNA ポリメラーゼ α | DNA ポリメラーゼ δ | DNA ポリメラーゼ ε |
| 主な機能 | RNA 除去* DNA 修復 | DNA 修復 | DNA 複製 | プライマー合成 | ラギング鎖複製 | リーディング鎖複製 |
| $5' \to 3'$ ポリメラーゼ活性 | + | + | + | + | + | + |
| $3' \to 5'$ エキソヌクレアーゼ活性 | + | + | + | − | + | + |
| $5' \to 3'$ エキソヌクレアーゼ活性 | + | − | − | − | − | − |

＊ラギング鎖におけるプライマー RNA.

## 2.2.2 ◆ 複製開始機構

### A 大腸菌における複製開始と DNA 伸長

#### （1）開鎖複合体

大腸菌のゲノムは，$4.6 \times 10^6$ bp（bp は base pair，塩基対の意．二本鎖 DNA の長さを表す）からなる環状二本鎖 DNA である．複製のために DNA ポリメラーゼが取り付くには，まず起点となる部分の二重らせん構造をほどき，塩基同士を結びつけている水素結合を部分的に開裂させる必要がある．大腸菌では DnaA と呼ばれるタンパク質がこの役割を担う（ヘリカーゼではない）．大腸菌の複製起点は oriC と呼ばれる 245 bp の領域で，5′ 上流に AT rich（A と T に富むの意）な 13 bp 配列が 3 個，その下流に DnaA と特異的に結合する 9 bp 配列（DnaA box）が 5 個配置されている（図 2.13）．最初に DnaA box めがけて 20 〜 30 分子の DnaA が重なるようにして結合し，oriC 部分をきつく巻き上げる．すると上流の AT rich 領域（水素結合の力が比較的弱い）がほどけ，一本鎖ずつに分離する．この構造を開鎖複合体 open complex という．次に DnaA はこの部分に DnaB / DnaC 複合体をリクルート（呼び込み）する．DnaB は DNA ヘリカーゼ，DnaC はヘリカーゼを oriC の適切な位置に誘導する装着タンパク質である．DNA ヘリカーゼは巻き戻しタンパク質 unwinding protein とも呼ばれ，ATP の加水分解エネルギーを利用して二本鎖 DNA を巻き戻し，二本鎖を遊離させる活性をもつ．多数のヘリカーゼが知られているが，大腸菌の複製時に働くのは DnaB で，ラギング鎖に結合して 5′ → 3′ 方向に巻き戻していくと，鋳型となる一本鎖 DNA が姿を現す．

#### （2）レプリソーム

複製に必要な構造，複製単位レプリコンでは，複製フォークが両方向に移動することで複製が進行

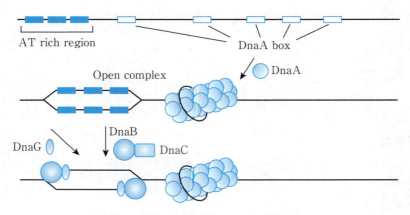

図 2.13　大腸菌複製における開鎖複合体

する．次に必要なのは，DNA ポリメラーゼが働くためのプライマーである．大腸菌では DnaG と呼ばれる酵素がプライマーゼとして働く．わかりやすくするために，以下一方向に着目して説明していく（実際には反対方向にも同じことが起こっている）．DNA ヘリカーゼの移動後には分離した一本鎖 DNA が残される．この鎖は放っておくとまた自然にもう一方の鎖と塩基対をつくって二本鎖に戻るか，もしくは一本鎖配列中に相補的配列があればヘアピンループ（同じ鎖内で相補鎖をつくる）を形成してしまう．そこで DNA ポリメラーゼⅢが動き出す前に，その行く手を先導するように**一本鎖結合タンパク質** single strand-binding protein（SSB）が DNA を軽く包むように覆って再結合を妨げる．ここでようやく DNA ポリメラーゼⅢが動き出す．DNA 複製の実行部隊でつくる大きなタンパク質複合体を**レプリソーム**と呼ぶ（図 2.14）．ここでは DnaB, DnaG および **DNA ポリメラーゼⅢホロ酵素**（コア酵素 $\alpha\varepsilon\theta$ アルファ・イプシロン・シータ＋$\beta\gamma\tau\delta\delta'\chi\psi$ ベータ・ガンマ・タウ・デルタ・カイ・プサイ）が全体としてゆるい複合体を形成している．ここで，ギリシャ文字は酵素タンパク質を構成するサブユニットの名称，コア酵素とは実際に伸長反応を触媒するパーツをさす．図 2.14 に示したように，DNA ポリメラーゼⅢコア酵素は 2 組用意されていて，それぞれ鋳型鎖に結合している．DNA ポリメラーゼⅢコア酵素は，そのままだと動き出してすぐに鋳型 DNA から滑り落ちてしまうらしい．そこで，結合タンパク質のうちドーナツ型の $\beta$ サブユニット（**$\beta$ クランプ**またはスライディングクランプ sliding clump と呼ばれる）がコア酵素の後ろ（5′ 方向）で鋳型鎖を囲み，コア酵素が鎖から離れないように支えている．大腸菌のラギング鎖で合成される岡崎フラグメントはおよそ 1,000 ヌクレオチドくらいのものが多いといわれている．また，大腸菌 DNA ポリメラーゼⅢの伸長速度は 1,000 ヌクレオチド／s 程度なので，ラギング鎖で"行って戻って"進む DNA 複製を繰り返すには 1 秒毎にコア酵素を鋳型鎖から外して次のプライマーの位置に付け替えなければならない．この役割を残りの **$\gamma$ 複合体**（クランプローダー clump loader）が担っていて，ATP の加水分解エネルギーで $\beta$ クランプを一度開いて鋳型鎖から外し，コア酵素を次の岡崎フラグメント合成開始位置まで誘導する．一方，リーディング鎖では，最初に 1 個の RNA プライマーが合成されればその後は 3′ 方向に向かって環の向こうから逆向きにやってきた複製フォークと出会うまで重合反応を繰り返す．

2.2 DNA の複製

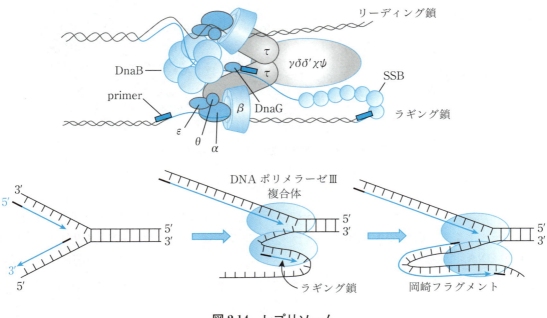

図 2.14　レプリソーム

### B 真核細胞における複製開始

真核細胞では複製開始にあたり，大腸菌における DnaA box のようにそれとわかるコンセンサス配列（多くの遺伝子で共通した保存配列）は見つかっていないが，複製起点認識複合体 origin recognition complex（ORC）と呼ばれるタンパク質複合体が結合する複製開始部位がゲノム全体で 10,000 か所以上あることがわかっている．ORC が結合しているところに，大腸菌では DnaB にあたる真核細胞ヘリカーゼ Mcm2-7（minichromosome maintenance，MCM タンパク質のヘテロ六量体）と，Cdc6 および Cdt1 と呼ばれる活性化因子がリクルートされ，全体として pre-RC（pre-replicative complex）と呼ばれる複合体が形成される．ORC，Cdc6，Cdt1 は複製開始前に pre-RC から離脱することから，これらはヘリカーゼである Mcm2-7 を複製開始部位にリクルートする役割を担っていると考えられている．さらにその後，Mcm2-7 を活性化する複数のタンパク質が集合し，ようやく二本鎖 DNA がほどかれていき，大腸菌における SSB に相当する RPA（replication protein A）が露出した一本鎖 DNA を覆い，複製フォークが形成される（図 2.15）．

真核細胞の核内で複製に携わる DNA ポリメラーゼは α，δ，ε の 3 種である．ちなみに，DNA ポリメラーゼγ はミトコンドリア DNA の複製に携わる酵素である．DNA ポリメラーゼα は大腸菌の DnaG に相当するプライマーゼ活性をもつが，校正活性（$3' \to 5'$ エキソヌクレアーゼ活性）はもたない．ヘリカーゼがほどいた一本鎖に DNA ポリメラーゼα が結合し RNA プライマーを合成すると，ラギング鎖には DNA ポリメラーゼδ，リーディング鎖には DNA ポリメラーゼε が結合し，それぞれ相補鎖を伸長していく．このとき，大腸菌のクランプローダーにあたる RFC（replication factor C）がスライディングクランプとしての PCNA（proliferating cell nuclear antigen）を鋳型鎖

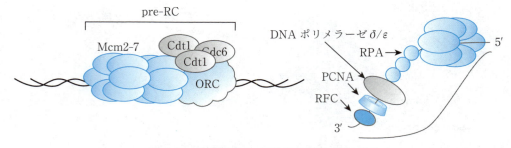

**図 2.15 真核細胞における複製開始複合体**

に装着し，PCNA は DNA ポリメラーゼαを取り外して代わりに DNA ポリメラーゼδまたは DNA ポリメラーゼεを鋳型鎖に固定し，複製フォークが伸びていく．真核細胞の DNA ポリメラーゼには，大腸菌の DNA ポリメラーゼ I に相当する RNA プライマー除去を行うものがないが，その役目は RNase H1 とフラップエンドヌクレアーゼ 1（FEN1）が担っている．

## 2.2.3 ◆ 複製の終結と制御

### A 複製フォークの進行と終結

大腸菌のゲノムは環状なので，*oriC* から両方向に進行した複製フォーク（次第に泡のように大きくなっていくことから複製バブルと呼ばれる）は，基本的にはほぼ 180°向こう側で衝突したところで複製が終結する．一方，真核細胞では隣り合うレプリコンの複製フォークが出会ったところで複製は止まる．大腸菌では，二本鎖の DNA 環が閉じたままの状態で複製されるので，複製完了直後は 2 つの環が知恵の輪のように繋がったいわゆるカテナン catenan が生じる．もちろん，このままでは細胞分裂に進めないので，大腸菌ではトポイソメラーゼ topoisomerase（Topo）IV という酵素が働いてこの連環をほどく（図 2.16）．トポイソメラーゼは，DNA 鎖を切断することによりリンキング数で表されるねじれの構造を変え，DNA の超らせん構造を緩和する酵素で，二本鎖のうち片方のみを切断する I 型と，同時に二本鎖を切断できる II 型に分類される．I 型酵素には名称として Topo I や Topo III のように奇数，II 型酵素には偶数の名称がつく．したがって，大腸菌において連環をほどく上記の Topo IV は II 型の酵素である．複製に先行してヘリカーゼが二本鎖をほどいていくと，それにつれて複製フォークの前方では DNA らせんのよじれがきつくなってしまう．大腸菌でこのひずみを解消する酵素は，慣用名として DNA ジャイレース（II 型酵素）と呼ばれている．また，真核細胞では Topo I あるいは Topo II が働く．

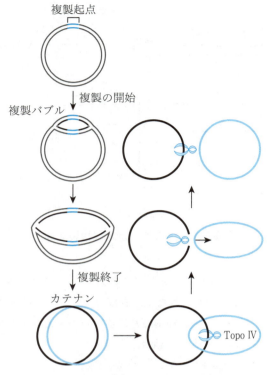

図 2.16 大腸菌ゲノムの複製終結

## B 真核細胞における複製のライセンシング

　真核細胞の分裂は，G1 → S → G2 → M で表される細胞周期というプロセスにより厳密にコントロールされている．分裂直後の細胞では，G1 期に DNA の複製に備えてセルフチェックが行われ，原材料としてのヌクレオチドの量や細胞の大きさ，あるいは大量に消費されるエネルギーの備蓄状況を確認した上でゴーサインが出ると S 期に入り，ここで DNA の複製が行われる．G2 期には DNA のコピーが十分かつ正確に行われたかをはじめ，いちど踏み出したら後戻りできない分裂反応に対するチェックを行う．さらに，DNA 複製は S 期において 1 レプリコン当たり正確に 1 回限り行われ，重複コピーは認められない．真核細胞にとって必須な要件であるこのシステムの厳密さは，pre-RC によって担保されている．前項で述べたように，pre-RC は複製開始と同時に分解除去され，しかも新しい pre-RC は，様々な抑制機構の働きで M 期が終了するまでは複製開始点に結合することができないようになっている．このしくみを DNA 複製のライセンス化 licensing for DNA replication といい，この ORC-Cdc6-Cdt1-Mcm2-7 複合体をライセンス化因子と呼んでいる．

## C ヘイフリック限界と末端複製問題

　ヒトの正常体細胞を培養すると，ある分裂回数に達したところで分裂が停止する．直鎖のゲノムを

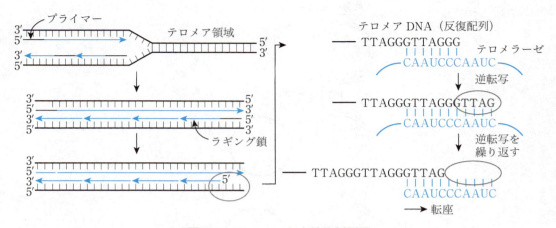

**図 2.17 テロメアと末端複製問題**

もつ真核細胞でのみ見られるこの現象は，発見者に因んでヘイフリック限界 Hayflick limit（1961年）と称されている．原因は 2.1 節でも触れたが，真核染色体の末端部分には特異的配列の繰り返し構造であるテロメアがある．同時に，真核細胞における複製のメカニズムを思い出していただきたい．DNA のラギング鎖の 5′ 末端では，端っこに結合した RNA プライマーは，その後 DNA 鎖に置き換えられない（DNA ポリメラーゼが働けない）ため，分裂のたびに鎖長の短縮が起きてしまう（図 2.17）．通常，細胞はおよそ 50 回程度分裂すると，テロメア長が通常のほぼ半分の長さ（約 5 kb）となり，不完全な複製を回避するためにここで分裂を停止する．現在「細胞の老化」といえば，細胞が不可逆的に分裂を停止した状態と理解されているが，原因の 1 つはこの機構である．ヘイフリック限界の説明として 1972 年にワトソンによって提唱されたこのメカニズムを**末端複製問題** end replication problem という．では，生殖細胞やがん細胞など，環境を整えさえすれば無限の分裂能をもっている細胞はどうやってこの問題を回避しているのか？ 実は，これらの細胞の多くは短縮するテロメアを補うための酵素**テロメラーゼ** telomerase をもっている．テロメラーゼは，テロメア配列（ヒトでは TTAGGG）に相補的な 6 塩基を単位とした鋳型 RNA をもち，テロメアの 3′ 末端を延長する逆転写酵素活性によって，分裂のたびに短縮するテロメアを延長できることが，1985 年以降ブラックバーン，グライダー，ショスタクによる一連の実験により明らかにされた．

### Tea break  "ジャイレース"と"ギラーゼ"

さて，発音するとまったく違った印象を受けるが，これらは同じ酵素である．サイエンスの世界では，情や慣習といったおよそ科学的でないものは排除されるべきと思いきや，実はこういったケースはしばしば見られる．その1つが酵素名の日本語表記で，わが国の生化学は主にドイツから輸入されたという歴史があるため，酵素表記の主流はもちろんドイツ語読みで語尾が"アーゼ"となっている．この章でもリガーゼ，ポリメラーゼ，ヘリカーゼなどが出てくるが，まれに英語読みが定着しているものがあって紛らわしくしている．代表格がこの gyrase で，ほとんどの教科書には"ジャイレース"と英語読みで書かれており，慣習を墨守してドイツ流に"ギラーゼ"としているものは少数派である．このギャップにしばしば戸惑うこともあろうが，表記も音も所詮コミュニケーション手段だから，わかってしまえば支障はない．表記の良し悪しは別として，ジャイレースは細菌がもつⅡ型のトポイソメラーゼで，真核細胞はこれをもっていないことから，キノロン系抗生物質の標的酵素となっている．また，真核細胞がもつトポイソメラーゼⅠ（Ⅰ型）は抗がん薬であるイリノテカン（カンプトテシン），トポイソメラーゼⅡ（Ⅱ型）は同じくエトポシドによってそれぞれ選択的に阻害される．

## 2.3 転写とRNAプロセシング

ゲノムDNAには，タンパク質合成に必要なアミノ酸配列が暗号化されて書き込まれている．ところが，やっかいなことにタンパク質を合成する工場の組み立てラインの指示系統は，永久保存版であるDNAという言語ではなく，簡単にシュレッダーにかけられるRNAで動く仕様になっている．そこで細胞では，組み立てラインに情報を素速くインプットできるようにDNAの配列情報を読込み可能なRNAに書き換える作業が行われる．この工程を**転写** replication といい，鋳型となるDNA鎖の塩基配列に相補的なRNA鎖が合成される．RNAプロセシング processing とは，主に真核細胞の核内で行われるRNAの加工修飾（キャップ構造付加，スプライシング，ポリ（A）付加など）をさす．

### 2.3.1 ◆ 基本的事項

#### A  RNAポリメラーゼ

リボヌクレオシド三リン酸（ATP，UTP，GTP，CTP）の重合反応は **RNAポリメラーゼ** RNA polymerase（RNAポリメラーゼ，DNA依存性RNAポリメラーゼともいう）が行う．その反応機構は，DNAポリメラーゼによるDNAの複製反応と基本的に同じで，$5'→3'$方向にリボヌクレオチドを重合させるが，RNAポリメラーゼはDNAポリメラーゼと異なりプライマーを必要としない．大腸菌の転写にかかわるRNAポリメラーゼは1種類であるが，真核細胞では3種類，①核小体に存在し5S以外のrRNA前駆体を合成するRNAポリメラーゼⅠ，②核質に存在しmRNA前駆体と種々の低分子RNA（snRNA, snoRNA, miRNAなど，2.5.2参照）を合成するRNAポリメラーゼⅡ

および③核質に存在し，tRNAと5S rRNAなどを合成するRNAポリメラーゼⅢが知られている．転写の際，二本鎖DNAのうちどちらが鋳型となるかは細胞の種類によって異なる．ゲノムサイズの短い大腸菌ではDNAを効率よく利用するために二本鎖がいずれも鋳型になり得るようにできているが，真核細胞ではどちらか一方が転写の鋳型となり，他方はならない．これとは逆に，もともと設計図がRNAで書かれているある種のウイルスは，RNA鎖を鋳型としてDNA鎖を合成することができる．この反応を逆転写 reverse transcription といい，DNAポリメラーゼの一種である逆転写酵素 reverse transcriptase（RTase，RNA依存性DNAポリメラーゼともいう）が触媒する．また，逆転写酵素によって合成されたDNA鎖を相補的 complementary DNA（cDNA）という．DNA複製の場合と同様，転写においてもその開始位置は厳格に規定されており，RNAポリメラーゼが転写複合体関連タンパク質の助けを受けて正しい位置に結合し，転写を開始する．

---

**Tea break　細胞のアキレス腱**

　真核細胞リボソーム大サブユニット内にある28S rRNAは，細胞のアキレス腱ともいわれる．有名な細胞毒であるリシン ricin（ヒマ種子由来の2型リボソーム不活性化タンパク質）は，標的部位である28S rRNAの4,324番目のアデニンの$N$-グリコシド結合を切断し，タンパク合成を止めてしまう．リシンの毒性はコブラの毒よりも強く，実際に殺人事件への関わりもたびたび指摘されてきた．一方，ある種のカビが産生する毒素に$\alpha$-サルシン $\alpha$-sarcin というタンパク質があり，これは同じ28S rRNAのアデニンのすぐ隣，4,325番目のグアニンヌクレオチドの3′-ホスホジエステル結合を加水分解する．つまり，リシンの活性本体は$N$-グリコシダーゼで，$\alpha$-サルシンのそれはリボヌクレアーゼというわけである．7,000個もあるヌクレオチド中で，隣接する2個の塩基部分にそれぞれの毒素の標的部位がピンポイントで配置され，しかも生体にとって致命的なダメージを与える急所となっている事実は非常に興味深い．このアキレス腱は，28S rRNAの$\alpha$-サルシン/リシンループと呼ばれている．

---

## B 遺伝子と遺伝子発現

　遺伝子の発現とは，その遺伝情報にしたがって機能分子としてのタンパク質がつくられることを指す．しかし，2.5節で述べるように遺伝子に配列が書き込まれている機能分子はタンパク質だけではなく，tRNAやrRNAを含むいわゆるncRNAもれっきとした機能分子である．このことから，ある機能をもったタンパク質やRNAの一次構造を規定する（"コードする"という）DNA領域を構造遺伝子と呼び，転写産物（RNA）の産生をもって遺伝子の発現ととらえる場合がある．一方，後述するようにゲノム中にはタンパク質の発現を調節する配列もある．これらの中にはあるタンパク質の発現を調節するためのタンパク質の一次構造をコードする配列もあるし，また単にそれらのタンパク質が結合するプラットホームとなっているものもある．これらをまとめて調節遺伝子と呼ぶが，現在使われていることばの定義には曖昧な部分があり，ケース・バイ・ケースで使用されている．

## 2.3.2 ◆ 原核細胞における転写

### A 転写開始と RNA 鎖伸長

大腸菌は，転写時の RNA 合成を 1 つの RNA ポリメラーゼでまかなっている．RNA ポリメラーゼコア酵素（実際に伸長反応に関与する）は，$\alpha2\beta\beta'\omega$ というサブユニット構造をもち，これに σ（シグマ）因子と呼ばれるサブユニットが加わってホロ酵素となる．センス鎖 DNA 上の転写開始地点における最初の塩基を ＋1（0 はつけない）として，それより 5′ 方向を上流 upstream といい，塩基の位置にマイナスをつけて表し，逆に 3′ 方向は下流 downstraem といってプラスの符号を付ける（図 2.18A）．転写されるすべての遺伝子には転写開始点が存在するが，大腸菌の場合その目印はプロモーター promotor と呼ばれる領域で，開始点よりも 5′ 上流に存在する．プロモーター領域は AT rich で，かついくつかのコンセンサス配列が見られる．RNA ポリメラーゼホロ酵素中の σ 因子が −10 領域（TATAAT，プリブノウボックス Pribnow box とも呼ばれる）および −35 領域（TTGACA）を認識して結合することで鋳型の二本鎖 DNA がほどかれ，同時にコア酵素が鋳型に強く保持される．さらに一部のプロモーターでは −35 領域よりも上流に上流要素（UP エレメント upstream element）と呼ばれる AT rich な配列が存在し，ここにコア酵素の α サブユニットが結合することで転写活性が高まることが知られている．

ホロ酵素をプロモーターに繋ぎとめている σ 因子が解離することでコア酵素が移動可能となり，以降の RNA 鎖伸長が継続される．DNA 複製の場合と異なり，新生 RNA 鎖はコア酵素複合体中では鋳型 DNA 鎖と一時的に混合二重らせんを形成するもののすぐに離れ，一本鎖 RNA が尾を引くように伸びていく（図 2.18 a））．

### B 転写の終結

コア酵素は 1 秒間に 50 nt 程度の速度で重合を進め，大腸菌遺伝子のおよそ半数は転写終結の目印であるターミネーター terminator 配列に到達した時点で動きを止める．ターミネーター配列は遺伝子によって異なるが，基本的に GC rich なパリンドローム（回文）配列に続く 4 〜 10 nt のオリゴ A 配列により，転写産物の RNA はヘアピンループ構造と呼ばれる部分的二本鎖構造とオリゴ U 尾部をもつようになる．この構造ができると新生 RNA 鎖はコア酵素から離れ，さらに DNA 鎖も離れる．1 回分の仕事を終えたコア酵素は再び σ 因子と結合して新たな転写を開始できる（図 2.18 b））．残りの半数の遺伝子は ρ（ロー）因子と呼ばれるタンパク質の助けを借りる．ρ 因子はヘリカーゼ活性と ATPase 活性を併せもつ六量体タンパク質で，転写された RNA 中の特異的な配列に結合し，鋳型 DNA から RNA を引きはがすことにより転写を終結させる（図 2.18 b））．

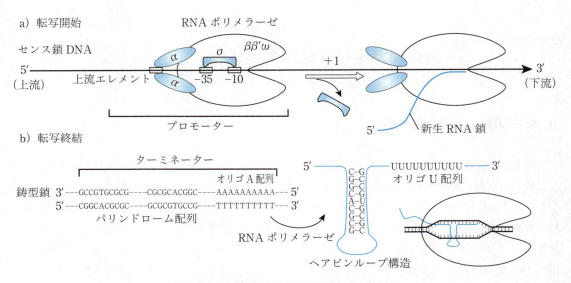

図2.18 原核細胞の転写開始および終結

### C 大腸菌における転写様式：オペロン

　真核細胞と異なり，細菌では複数の構造遺伝子が縦列し，1つの転写単位（シストロン）としてまとめて転写されるケースが見られる．細菌に特徴的なこの転写様式を**ポリシストロン性** polycistronic という．複数の構造遺伝子とその転写をコントロールする調節領域を含む遺伝子配列を**オペロン** operon と呼び，大腸菌では *lac* オペロンや *trp* オペロンなどがよく知られている．大腸菌は普段グルコースを栄養源として増殖しているが，代わりにラクトースを与えると，それまでは存在しなかったラクトースの取込みを行う β-ガラクトシドパーミアーゼ（*lac* Y），ラクトースを分解する β-ガラクトシダーゼ（*lac* Z）およびチオガラクトシドアセチルトランスフェラーゼ（*lac* A）がつくられ，ラクトースを栄養源として利用できるようになる．図2.19に *lac* オペロンの構造を示した．*lac* I は**リプレッサー遺伝子** repressor gene と呼ばれ，その産物（タンパク質）であるリプレッサーは，普段は**オペレーター** operator（調節）部位（Oで示される）に結合し，*lac* Z 以下の転写を妨げている．ラクトースがリプレッサーに結合すると，オペレーターに結合できなくなり，RNAポリメラーゼがプロモーターにリクルートされて転写が始まる．また，一時的なグルコース濃度の低下により菌体内に増加した cAMP が，**カタボライト活性化タンパク質** catabolite activator protein（CAP）に結合すると，CAP は活性化されて遺伝子上の CAP 結合部位に結合し，RNAポリメラーゼの転写を促進する．なお，細菌の場合，遺伝子発現の最大の調節点はこの転写のタイミングである．

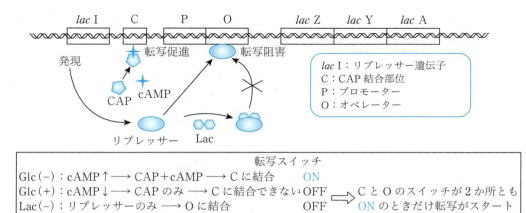

図 2.19　大腸菌のラクトースオペロン

### 2.3.3 ◆ 真核細胞における転写

真核細胞では，ミトコンドリア DNA を除いて転写は核内で行われるが，原核細胞と比べ多くの関連タンパク質が動員され，非常に複雑な制御を受ける．また，生物が高等になるほど細胞は組織や臓器に求められる役割を果たすべくそれぞれの場所で分化し，そこで必要とされるタンパク質を大量につくるようになる．例えば，哺乳類の膵臓でつくられるインスリンは他の臓器ではつくられないし，酸素を運ぶヘモグロビンは赤血球に特異的に存在する．あるタンパク質をいつ，どのくらい合成するかという決定と調節のポイントは複数存在するが，ここで説明する転写は真核細胞においても最も重要な鍵となる局面であるといってよい．

### A　クラスⅡプロモーター

真核細胞において，RNA ポリメラーゼⅡによって転写される遺伝子を**クラスⅡ遺伝子**といい，転写開始時に RNA ポリメラーゼⅡが結合する領域を**クラスⅡプロモーター**部位という．その典型例を図 2.20 に示す．転写開始点である +1 周辺の 7 mer 程度は**イニシエーター** initiator 配列と呼ばれる．そのすぐ上流 −30 付近には TATA ボックスと呼ばれるコンセンサス配列（TATA$^A_T$A$^A_T$）や TFⅡB 認識エレメント（BRE）があり，さらに上流域に CAAT ボックスや GC ボックス（GGCGGG）と呼ばれる配列も見られる．すべての組織で恒常的に発現している構造遺伝子（ハウスキーピング遺伝子）には TATA ボックスをもたないものもあり，代わりに GC ボックスや +1 より下流に存在する**モチーフ 10 エレメント** motif ten element（MTE）や**下流コアプロモーターエレメント** downstream core promotor element（DPE）などがこの役割を担う．また，プロモーター部位からはるかに（場合によっては数千塩基）離れた場所に転写活性（すなわち転写量）を上昇あるいは低下させる**転写調節因子** transcription regulatory factor が結合する部位，**応答エレメント** reactive element（RE）が

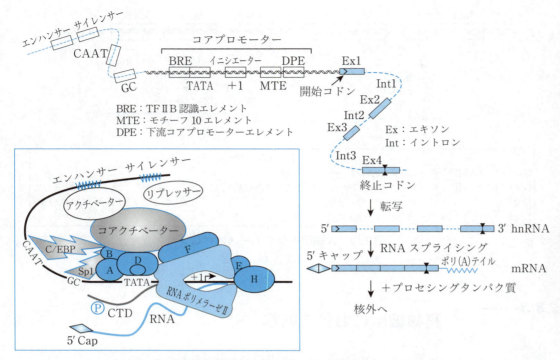

図2.20 真核細胞タイプⅡ遺伝子の転写とプロセシング

存在し，それぞれ**エンハンサー** enhancer および**サイレンサー** silencer という．遺伝子を単に直線として考えると，エンハンサーに結合する**転写活性化因子** activator または**抑制因子** repressor は遠すぎて RNA ポリメラーゼを直接活性化することはできないように見える．しかし，実際には DNA 鎖は図2.20（枠内）のように曲げられ，さらに**転写共役因子** coactivator（または corepressor）と呼ばれるタンパク質が DNA に直接結合せずにタンパク質-タンパク質相互作用によって RNA ポリメラーゼの活性化を行っている．

### B 基本転写因子

　大腸菌の場合と異なり，RNA ポリメラーゼⅡは直接コアプロモーター部位に結合しない．大腸菌における σ 因子に相当するタンパク質は**基本転写因子** general transcription factor（GTF）と呼ばれ，6種類（TFⅡの後に A, B, D, E, F, H がつく．TF は transcription factor，ⅡはRNAポリメラーゼⅡの意）存在する．このうち TFⅡD は，TATAボックスに直接結合する **TBP**（TATA binding protein）と **TAF**（TBP-associated factor）の2つのタンパク質複合体から成る．最初に DNA のコアプロモーターの TATA ボックスに TFⅡD の TBP 部分が結合し，転写開始部位をマーキングする．ここに他の5つの GTF と RNA ポリメラーゼⅡがリクルートされ，DNA 複製における pre-RC に相当する

**転写開始前複合体** preinitiation complex（PIC）ができあがる．なお，GTF のうち TFⅡH は ATP 依存性のヘリカーゼ活性をもち，二本鎖 DNA をほどいて RNA の重合開始を助ける．TFⅡH

は同時に RNA ポリメラーゼⅡの C 末端領域 C-terminal domain（CTD）をリン酸化し，これがゴーサインとなって RNA ポリメラーゼⅡは開始点から 5′→3′ 方向に移動していくが，RNA ポリメラーゼⅡの移動に伴って GTF は TFⅡD を残して開始複合体から離れる．残った TFⅡD には新しい RNA ポリメラーゼⅡがリクルートされ，先行する転写が終了する前に次の転写が始まる（図 2.20 枠内）．なお，図中の C/EBP および Sp1 は，それぞれ CAAT ボックスおよび GC ボックスに結合する転写因子である．

## C　クラス I およびクラスⅢプロモーター

RNA ポリメラーゼ I とⅢはそれぞれⅡと異なるプロモーターにより制御されている．主に rRNA を転写する RNAポリメラーゼ I は基本転写因子である selectivity factor 1（SL1）および upstream-binding protein（UBP）がそれぞれプロモーター配列である core promotor element（CPE）および upstream control element（UCE）に結合することで転写が開始される．

主に tRNA を転写する RNA ポリメラーゼⅢが結合するプロモーター領域は特徴的で，tRNA 遺伝子の転写開始点 ＋1 の下流，すなわち転写領域の中に RNA ポリメラーゼⅢの基本転写因子である TFⅢC が結合する配列が 2 か所存在し，加えて TFⅢB が ＋1 付近に RNA ポリメラーゼⅢをリクルートして PIC が形成される．

## D　RNA プロセシング

原核細胞と大きく異なる点であるが，真核細胞のゲノム DNA の転写領域は，アミノ酸配列を規定するエキソン exon と呼ばれるコード領域と，翻訳に用いられない非コード領域であるイントロン intron が交互に縦列して存在する（図 2.20）．RNA への転写は核内（ごく一部はミトコンドリア内）で領域全体にわたって行われるが，合成された転写産物は核外に出る前に，タンパク質合成装置（リボソーム，後述）に適合するようなアダプターの装着（キャップ構造およびポリ（A）テイル）および非コード領域の除去（スプライシング）という加工を受けた後，保護・監視を受けもつタンパク質に大切に見守られながら核膜を抜け，細胞質へ放出されて翻訳のターゲットとなる．

### （1）5′キャップ構造とポリ（A）テイル

先に構造の項で述べたように，mRNA の 5′ 末端修飾は RNA ポリメラーゼⅡにより転写が開始された直後，RNA がおよそ 25 nt 合成されたタイミングで 5′ 末端に 7-メチルグアノシンが付加されるもので，キャップ構造と呼ばれる（図 2.7）．この構造は，RNA 鎖 5′ 末端の三リン酸のうち 1 個をはずし，そこに GTP が自身の三リン酸の 2 個をはずしながら，ちょうど GTP のリボースが "さかさま" になって 5′-5′ 結合した後グアニンの 7 位がメチル化されることによって形成される．さらに mRNA の種類によっては最初の 2 個の NTP の 2′ 位もメチル化されることがある．この修飾により，mRNA は分解酵素であるエキソヌクレアーゼの侵襲を受けず，かつ後の翻訳過程開始の目印となる．

RNA ポリメラーゼⅡにより転写される遺伝子の 3′ 下流，終止コドン（後述）を含む最後尾のエキソンには，タンパク質に翻訳されない非翻訳領域が存在する．このエリアが転写され，AAUAAA

という配列を過ぎると間もなく GU rich な領域が現れる．mRNA はここでエンドヌクレアーゼによって切断され，転写が終了する．すると直ちに切断部分（3′末端）にポリ（A）ポリメラーゼが作用して順次 ATP を重合していき，真核細胞の場合200〜250 nt 程度のポリ（A）テイル（尾部）という構造をつくる．ポリ（A）ポリメラーゼは鋳型を必要としない RNA ポリメラーゼで，切断・ポリ（A）特異性因子 cleavage and polyadenylation specificity factor（CPSF）などの助けを借りる．ポリ（A）テイルは細胞質において mRNA を分解から保護しているともいわれているが，これにはさらにポリ（A）結合タンパク質 poly A binding protein の結合も寄与している．なお，真核細胞で DNA 複製時に大量に転写される核タンパク質ヒストンには，例外的にポリ（A）テイルが付加しない．5′キャッピングとこの 3′ポリアデニル化は，できた mRNA がタンパク質合成の指示書として健全かどうかを推し量るマーカーであり，この修飾が完全であるものが核外へ運ばれ，翻訳されることになる．

## （2）スプライシング

1977年，ロバーツとシャープはアデノウィルスを用いた観察からそれぞれ独立に，「真核細胞の遺伝子は分断されており，不連続な "split gene" として存在する」ことを見いだした．前述したエキソンとイントロンの発見である．真核細胞の核内でつくられる，1個の転写単位に基づく一次転写産物をヘテロ核 RNA heteronuclear RNA（hnRNA）という（図2.20）．成熟 mRNA となるためには，イントロン部分を切り出してエキソン部分を繋げる編集作業が必要であり，これをスプライシング splicing という．図では完全長の hnRNA として描かれているが，実際にスプライシングは転写の進行中に同時並行して行なわれる．

配列が解かれた膨大な数の遺伝子を詳しく調べた結果，ほとんどの真核遺伝子ではイントロンの 5′および 3′末端の塩基はそれぞれ GU および AG であることが明らかとなった．まず，イントロンの 5′末端 G が 1 つ手前のエキソンの 3′末端塩基から離れ，G の 5′-リン酸が同じイントロン中にある A の 2′-OH との間で再結合する（エステル転移反応）．このとき分離したイントロンはちょうど投げ縄のような形にみえることから，この状態は "ラリアット構造" と呼ばれる．続いて分離したエキソン側の 3′-OH がイントロンに続くエキソンの 5′-リン酸との間で同じくエステル転移反応によって再結合し，ラリアット構造のイントロン鎖が抜け落ちて左右のエキソンが連結される（図2.21）．スプライシング反応は，5種類の低分子 RNA small nuclear RNA（snRNA）（U1，U2，U4〜U6：U はウラシルに富むの意）がそれぞれ 7 つのサブユニットから成るタンパク質 small nuclear ribonucleoprotein（snRNP）と結合し，さらに多くのスプライシング関連タンパク質が集合して形成される 60S 程度の大きな粒子スプライソソーム splisosome 内で行われる．個々の snRNA-snRNP 複合体が共同してスプライス部位の識別や切断，エステル転移反応に従事する．スプライシングは，特に脊椎動物などの高等生物において有用な役割を果たす．例えば，30億 bp というゲノムの長さから，20世紀末にはヒトの構造遺伝子は少なく見積もっても 10 万以上はあるだろうと考えられていた．ヒトという個体を維持するには，未知のものも含めてどうしてもそのくらいの数のタンパク質は必要だろうと思われていたのである．しかし今世紀初頭にヒトゲノムプロジェクトの成果が発表され，その結果を踏まえて推測されたヒト遺伝子の数は 20,000〜30,000 とかなり少なく，また幅があるものとなった．この原因の 1 つがいわゆる選択的スプライシング alternative splicing の存在である．図2.22 に示したように，この機構により複数のエキソンとイントロンをもつ hnRNA から，通常の

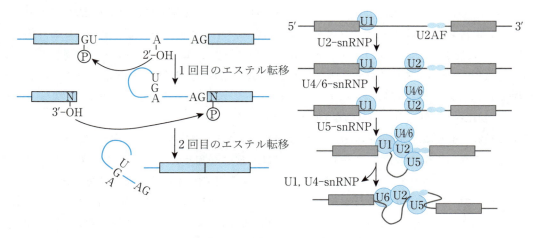

図 2.21　代表的なスプライシング機構と snRNP

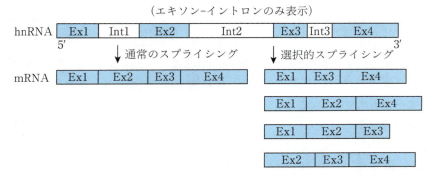

図 2.22　選択的スプライシングの模式図

ものと長さの異なる複数の mRNA が生成する．すなわち，スプライシング反応の多様化により 1 つの遺伝子から構造（場合によっては機能も）の異なる複数のタンパク質を得ることが可能となるので，遺伝子の数とタンパク質の数が 1：1 にならないことも肯ける．ただし，選択的スプライシングにより酵素活性に必須の触媒ドメインを含むエキソンが脱落すると，タンパク質がつくられても失活していることになり，良いことばかりではない．

　真核生物のイントロン（エキソン）の数は多様である．ヒト遺伝子を例にあげると，インターフェロンやヒストンの遺伝子はイントロンをもたない．一方，ジストロフィン（筋線維タンパク質）では，遺伝子全体の 99％ を 78 個のイントロンが占めている．

## 2.3.4　◆ 転写調節とエピジェネティクス

　真核細胞における転写開始には，基本転写因子の他にも多くの**転写調節因子**（単に転写因子ともいう）が関与する．これらもまたゲノム DNA 上の特異的な配列に結合し，RNA ポリメラーゼによる

転写を活性化あるいは不活性化する．このような転写因子は，ヒト細胞ではおよそ2,000ほどあると推定されており，多くは細胞内のシグナル伝達におけるメディエーターとして働いている．例えばAP-1は，がん原遺伝子であるc-Fosやc-Junタンパク質などによって構成され，**塩基性ロイシンジッパー**（bZip）という特有の立体構造によってDNAに結合し，細胞応答にかかわる多くのタンパク質の転写を制御する．同様にSp1は**ジンクフィンガー**，c-Mycは**塩基性ヘリックス・ループ・ヘリックス**（bHLH）と呼ばれる特徴的なDNA結合ドメインをもつ．

　2.1節で触れたように，真核細胞のゲノムは核内でクロマチン構造をとって不均一に凝縮している．転写が起こらないセントロメアやテロメア付近は，常に凝縮した状態を保持しており，**構造的**constitutiveヘテロクロマチンと呼ばれる．一方，ヒト雌性細胞の不活性化X染色体などもこのような構造をとっているが，このようなヘテロクロマチンの中には環境次第で凝縮がほどけ，ユークロマチンのような形状に変化するものがあり，**条件的**facultativeヘテロクロマチンと呼ぶ．クロマチンの構成単位であるヌクレオソームは，正電荷をもつ塩基性のヒストンコアタンパク質に負電荷をもつDNAが巻き付いた構造をしているため，それぞれの電荷をなくすような修飾が起こるとクロマチン構造がゆるみ，転写が起こりやすくなる．ヒストンは，アセチル化，メチル化，リン酸化，ユビキチン化などの修飾を受けることが知られている．アセチル化はヒストンアセチル化酵素 histone acetyltransferase（HAT）によってLys残基で起こり，これにより転写は活性化する．これとは逆にヒストン脱アセチル化酵素histone deacetylase（HDAC）は，アセチル化状態を低下させるため，（HMT）によりLys残基やArg残基へのメチル化修飾が起こる場合は，修飾を受ける部位によって転写の活性化または不活性化が起こることが知られている．

　ヒストン側の化学修飾だけではなく，DNA側の塩基修飾も重要である．ゲノムDNAの配列中，CGという組合せが密集している領域が特に遺伝子のプロモーター部位に見られ，これをCpGアイランドCpG islandと呼ぶ．プロモーター配列中のシトシンがDNAメチル化酵素 DNA methyltransferase（DNMT）によってメチル化されると，転写因子の結合が妨げられる結果，転写は抑制される．このように，ゲノムDNAの塩基配列そのものを変えることなく遺伝子発現の調節が起こり，ひいては遺伝形質の表現型に変化をもたらす現象を**エピジェネティクス**epigeneticsという．近年，エピジェネティクスは医療分野，特にがん治療の領域で重要なターゲットとなっている．一例を挙げると，上記のヒストン脱アセチル化を抑制するHDAC阻害薬（ボリノスタット）やDNAメチル化を抑制するDNMT阻害薬（アザシチジン）は，がん細胞に対して細胞周期の停止やアポトーシスの誘導などによる抗腫瘍効果が認められており，治療薬として利用されている（表2.2）．

表 2.2 臨床応用されているエピジェネティクス薬

| 作用機序 | DNA メチル化酵素（DNMT）阻害 | | ヒストン脱アセチル化酵素（HDAC）阻害 | |
|---|---|---|---|---|
| 適応 | 骨髄異形成症候群（MDS） | | 皮膚 T 細胞リンパ腫（CTCL） | |
| 一般名 | アザシチジン<br>azacytidine | デシタビン<br>decitabine | ボリノスタット<br>vorinostat | ロミデプシン<br>romidepsin |
| 商品名 | Vidaza | Decogen | Zolinza | Istodax |
| 構造式 | | | | |

### Tea break　接頭語 prefix の意味

　遺伝子工学の分野にエピジェネティクス epigenetics という言葉が定着して久しい．ところで，ジェネティクスという言葉は gene に関係することは何となくわかるけれど，"epi" とはどういう意味だろう？　エピとは，もともとギリシャ語で「上の，外の，間の，追加して」という意味だそうだ．すなわち，gene に後で追加する，ということだろう．同じ接頭語を探すと epitope, epithelium, epidermal などが出てくるが，最初の tope は位置とか場所をさすらしい．ところで，革バッグで世界的に有名な某メーカーの某ブランド名にも同じものがあるが，あちらはフランス語（おおもとは一緒かもしれないが）で，"麦の穂" という意味だそうだ．また，proinflammatory や proapoptotic などで使われる pro- には，「促進する」という意味がある．いろいろ挙げると切りがないが，要するにこのような接頭語（接尾語も同様）の意味をわかっておくと，ものごとの理解が 2 割がた増すように思われる．

## 2.4　翻　訳

　"遺伝情報の発現" は，一義的にはリボソームにおいてタンパク質が合成されることによって完結する．mRNA の配列情報がリボソーム上で読み取られ，タンパク質が組み立てられる工程を翻訳 translation と呼ぶ．大腸菌では，mRNA の転写が完了しないうちに近くにあるリボソームで翻訳がスタートするが，真核細胞では核から搬出されてきた成熟 mRNA は，粗面小胞体上のリボソームまたは細胞質の遊離リボソームへと 2 つのルートに振り分けられる．前者で翻訳された新生タンパク質は小胞体内へ輸送され，ゴルジ体を経て成熟し，膜を含む細胞内で働くようになる．また，後者では主に細胞外に分泌されるタンパク質が翻訳される．

## 2.4.1 ◆ 基本的事項

タンパク質は，"アミノ酸のポリマー"である．部品となるアミノ酸は，細胞内に 20 種類（グリシンを除いてすべて L 体）あるが，組み立て方法はいたってシンプルで，リボソーム上でアミノ酸同士をペプチド結合によって連結させるだけである．ただし，複製や転写のように塩基の相補性を利用して同じ核酸を合成するプロセスとは異なり，ヌクレオチド配列を分子構造が全く異なるアミノ酸配列に変える作業には，それに応じた高機能な工作ラインが必要である．そのライン（リボソーム）上でmRNA の配列（遺伝暗号）が読み取られる際に，塩基にアミノ酸が直接結合することはなく，そこには読み取りを仲介する tRNA というアダプター分子が介在している．

### A コドン（読み取られる側：mRNA の塩基配列）

mRNA のヌクレオチド鎖は，3 塩基の並びが一組となって 1 個のアミノ酸を指定する．この 3 連塩基をコドン codon といい，4 種の塩基からは計算上 64 通り（$4^3$）のコドンが使用可能である．一般的には塩基の並び方にアミノ酸を対応させた標準コドン表が多く見られるが，ここではアミノ酸にコドンを対応させたいわゆる逆コドン表を示す（表 2.3）．ミトコンドリアにおける翻訳の場合などごく一部の例外を除き，アミノ酸に対応するコドンは全生物に共通である．対応するアミノ酸は 20種類だから，1 種類のアミノ酸に対して複数のコドンが割り振られることになるが，一見してわかるようにこの振られ方は一様ではない．例えば設計上ほとんどのタンパク質の書き出しとなっているMet を指定（コード）する開始コドン initiation codon は AUG，同様に多くのタンパク質で存在比の低い Trp のコドンは UGG の 1 つだけであるのに対し，Arg，Ser および Val には 6 個も割り当てられている．なお，コドンは短いのであまり気にしないかもしれないが，これでも立派な RNA 鎖なので最初のヌクレオチドが 5′ 端，3 番目が 3′ 端であることに注意してほしい．1 つのアミノ酸をコードするのに複数のコドンが存在することを縮重という．表 2.3 をアミノ酸側から眺めてみると，対応するコドンが 4 つ以下のアミノ酸のコドンでは，1 番目と 2 番目の塩基は同じであることに気付く．3番目の塩基が一定しないことを"ゆらぎ"wobble といい，また同じアミノ酸をコードする 1 セット

### 表 2.3　アミノ酸-コドン対応表

| Met | Trp | Asp | Asn | Cys | Glu | Gln | His | Lys | Phe | Tyr | Ile | stp* | Ala | Gly | Pro | Thr | Val | Arg | Leu | Ser |
|-----|-----|-----|-----|-----|-----|-----|-----|-----|-----|-----|-----|-----|-----|-----|-----|-----|-----|-----|-----|-----|
| AUG | UGG | GAU | AAU | UGU | GAA | CAA | CAU | AAA | UUU | UAU | AUU | UAA | GCU | GGU | CCU | ACU | GUU | CGU | CUU | UCU |
|  |  | GAC | AAC | UGC | GAG | CAG | CAC | AAG | UUC | UAC | AUC | UAG | GCC | GGC | CCC | ACC | GUC | CGC | CUC | UCC |
|  |  |  |  |  |  |  |  |  |  |  | AUA | UGA | GCA | GGA | CCA | ACA | GUA | CGA | CUA | UCA |
|  |  |  |  |  |  |  |  |  |  |  |  |  | GCG | GGG | CCG | ACG | GUG | CGG | CUG | UCG |
|  |  |  |  |  |  |  |  |  |  |  |  |  |  |  |  |  |  | AGA | UUA | AGU |
|  |  |  |  |  |  |  |  |  |  |  |  |  |  |  |  |  |  | AGG | UUG | AGC |

*stp：終止コドン
　　UGA（オパール）
　　UAG（アンバー）
　　UAA（オーカー）

のこれに対し，コドンを**同義コドン**という．一方，64種のうち3つのコドン，UAA，UAG，UGA はどのアミノ酸にも対応しておらず，読み取られると翻訳が終わる終止コドン stop codon（**ナンセンス** nonsense **コドン**ともいう）となっている．

## B tRNA とアンチコドン（読み取る側：tRNA 側の塩基配列）

コドンを読み取るのは tRNA 上の相補的3連塩基で，これを**アンチコドン** anticodon という．ヌクレオチド鎖を紙面に書く場合，左端を5'とするのがしきたりなので，例えば Met のコドン AUG に対するアンチコドンを書くとすれば，CAU となる．tRNA は，mRNA のコドンに対応するアンチコドンおよびアミノ酸両方をもつアダプター分子として RNA とアミノ酸を仲介している（図2.8）．アミノ酸をコードしているコドンが 61 種類あるということは，細胞はアンチコドンの異なる tRNA を 61 種類用意する必要があるが，実際はそれほど多くない．ここでは前述した"ゆらぎ"が利用されている．コドンの1番目と2番目の塩基はアミノ酸に固有なので厳密に読み取られるが，3番目のゆらぎ塩基の読み取りは少し甘くなる．加えて tRNA は，AUGC 以外に複数の修飾塩基（図 2.23）をもっており，このうち特に I（イノシン）（図の枠内）がアンチコドンの1番目（コドンのゆらぎ塩基に対応）に配置されると，表 2.4 のように3種のコドンに対応できる．このワザのおかげで，大腸菌などは 31 種類の tRNA で 61 種類のコドンへの対応を可能としている．

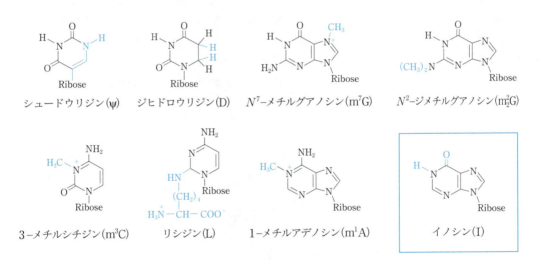

図 2.23 tRNA に含まれる修飾塩基

表 2.4 "ゆらぎ"塩基と対応するアンチコドン（真核細胞）

| mRNA の 3 番目 | アンチコドンの 1 番目 |
|---|---|
| U | A, G, I |
| C | G, I |
| A | U, I |
| G | C, U |

## C tRNA の転写後修飾

　真核細胞では，tRNA 遺伝子は核内で RNA ポリメラーゼⅢにより転写された後，末端配列およびイントロンが除去され，その 3′ 末端に新たに CCA 配列が付加される．CCA 配列は，後にアミノ酸が結合する場所となる．同時に前述したような塩基修飾を受け核外へ運搬されると，tRNA はさらに最も重要な修飾である<u>アミノアシル</u>（aa）<u>化</u>を受ける．この反応では<u>アミノアシル tRNA シンテターゼ</u>（aatRS）が働き，ATP をエネルギーとしてまずは個々の tRNA に特異的なアミノ酸を活性化体である aaAMP に変える．次に活性化されたアミノ酸を tRNA の 3′ 末端-OH 基に結合させて aatRNA ができあがる．図 2.24 は，原核細胞における開始 tRNA である <u>N-ホルミルメチオニル tRNA</u>（fMet-tRNA$^{fMet}$ と表記する）の模式図である．ほとんどの細胞は 20 種のアミノ酸に対応する数の aatRS をもっている．

## D rRNA の転写後修飾とリボソーム

　2.3 節で触れたように，真核細胞では 5S rRNA を除く rRNA 遺伝子（rDNA とも表記される）は核小体で RNA ポリメラーゼⅠによって転写され，一次転写産物がその後複数の RNase によって切断（一部ではイントロンが除去）されて成熟 rRNA，すなわち 18S，5.8S，28S rRNA となる（大腸菌では 16S，23S，5S）．各 rRNA は，核外で合成された後核内に取り込まれた多種類のリボソームタンパク質と結合し，図 2.25 に示したような<u>小サブユニット</u>（大腸菌では 30S，真核細胞では 40S）および<u>大サブユニット</u>（同じく 50S，60S）を構成する．すなわちリボソームとは，RNA とタンパク質でできた巨大な複合体構造物（大小合わせて 70S および 80S）であり，含有比率は RNA の方が大

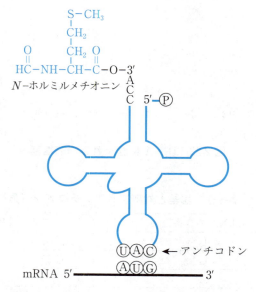

**図 2.24**　fMet-tRNA$^{fMet}$ と開始コドン

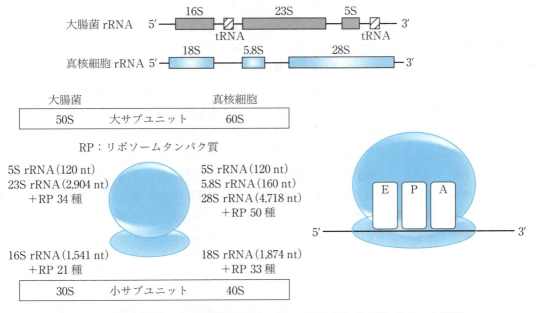

**図 2.25 大腸菌および真核細胞の rRNA 遺伝子およびリボソーム構造**

きい．なお，5S rRNA は，ヒト細胞では核質において RNA ポリメラーゼⅢによって転写され，この工程に加わる．図 2.25 では細胞質で翻訳を行う際の，大小サブユニットが会合したつくりを表している．mRNA の鎖は小サブユニットにくるまれるように結合し，まさにここで，コドンの読み取りが行われる．大サブユニットには tRNA を格納できる空間が 3 つ，E，P，A 部位（それぞれ exit，peptidyl，aminoacyl を表す）が用意されており，アミノ酸の重合反応が行われる．核内で合成されたリボソームは別々に核外に輸送され，mRNA の翻訳に備える．

### E 読み枠

翻訳の開始点は，原核，真核を問わずほとんどの場合 mRNA 上の開始コドン，すなわち AUG 配列である（例外として原核細胞では特有の開始コドン，GUG および UUG などが知られている）．mRNA の読み取りは 3 塩基が 1 組として行われるが，翻訳開始点，すなわち AUG の位置（A が +1 となる）は，mRNA の配列からある程度推測することができる．図 2.26 に示した RNA の部分配列が，あるタンパク質の N 末端付近の配列をコードしているとする．まず，5′ 末端から単純に 3 塩基ずつ

```
mRNA 配列  5′ AUGGGAAUUAUGCUGUGAUCUGUGAGCAUGGCU 3′
読み枠1    MetGlyIleMetLeu * SerValSerMetAla
読み枠2    TrpGluLeuCysCysAspLeu * AlaTrp
読み枠3    GlyAsnTyrAlaValIleCysGluHisGly
```
＊：終止コドン

**図 2.26 mRNA の読み枠（フレーム）**

区切っていくが，これを**読み枠** frame といい，図のように 3 通りに区切ることができる．

　それぞれの読み枠に応じてアミノ酸を当てはめたものを眺めると，読み枠 1 では開始が Met なので一見妥当なように思えるが，6 番目の読み枠が終止コドンとなってしまうため，タンパク質の N 末端配列にはそぐわない．読み枠 2 でも同様に 8 番目で終了となるが，読み枠 3 だと 10 残基のアミノ酸が連続して当てはめられる．したがって少なくともこの範囲では，mRNA は読み枠 3 の区切りでタンパク質がコードされていると考えることができ，この読み枠で 5′ 上流にさかのぼれば，まもなく開始コドンが見つかるはずである．mRNA 上のある領域が翻訳開始点 AUG から終止コドンまでで 1 つのタンパク質の長さとアミノ酸配列を過不足なくコードしている場合，この領域を**オープンリーディングフレーム** open reading frame（ORF）と呼ぶ．仮に何らかの原因で塩基の欠失や挿入が起こり，読み枠が 1 塩基でもずれたり，またそれによって予定外の位置が終止コドンに変化すると翻訳されるアミノ酸配列はまったく異なるものとなるか，あるいは通常よりも短いタンパク質ができてしまう（前者を**フレームシフト変異**，後者を**ナンセンス変異**という）．

---

**Tea break　変わり種 tRNA**

　めずらしい例として，システインの S 原子（もしくはセリンの O 原子）が金属のセレン Se に置換されたセレノシステイン（Sec，21 番目のアミノ酸といわれている）tRNA がある．Sec はグルタチオンペルオキシダーゼなどに含まれ，機能発現に重要であるが，コドン表には含まれていない．この場合は，あえて終止コドンが選択される．Sec 専用の tRNA$^{Sec}$ は終止コドンである UGA を認識するアンチコドンをもつが，aatRNA となるときはまず Ser–tRNA$^{Sec}$ が合成され，次いでその Ser が酵素的に Sec に変換されて Sec–tRNA$^{Sec}$ となる．そして，mRNA 上に Sec 挿入配列と呼ばれる特殊な配列がある場合に限り UGA を"読み換え"てタンパク質に組み込まれるようになる．また，大腸菌はアンバー・サプレッサー tRNA umber suppressor tRNA という変異 RNA をもっている．例えば，遺伝子の突然変異などで本来 Gln をコードすべき CAG が UAG（アンバーコドン）に変わってしまうと，ここでタンパク合成が終わってしまう．そこでこちらもアンチコドンが変異して UGA に結合できるようになった tRNA$^{Tyr}$ が Tyr を運び入れると，合成は止まることなく進行する．このように，突然変異による遺伝子発現の変化を打ち消すように働く第二の変異をサプレッサー変異という．

---

## 2.4.2 ◆ タンパク質合成

　mRNA の翻訳は，リボソームという rRNA とタンパク質と mRNA から成る精緻な製造ラインで，様々な工作機器（RNA またはタンパク質）の助けを借りながら原料となる aatRNA を繋ぎ上げていくプロセスである．複製，転写の場合と同様に，ここにも開始，伸長，終結のステップがあり，それぞれ**開始因子** initiation factor（IF），**伸長因子** elongation factor（EF），**終結因子** release factor（RF）が働いている．なお，これらの略号は原核細胞のタンパク質を表すのに用いられるもので，真核細胞の場合は eukaryocyte の e を付けてそれぞれ eIF，eEF，eRF と表記される．また，翻訳過程で必要とされるエネルギーの多くは **GTP**（の加水分解）から供給されている．

## A 翻訳の開始

　翻訳の開始点については，開始コドン（AUG）という明確な目印があるが，この配列は Met をコードするものでもあるので，開始点以外にもランダムに配置されている可能性が高い．真の開始コドンを探し当てる方法は，原核細胞と真核細胞で少し異なっているが，おおまかなメカニズムは以下のようである．

　原核細胞では，開始コドンのすぐ上流に，発見した二人の科学者の名前を冠したシャイン・ダルガーノ配列 Shine-Dalgarno sequence（SD 配列）が存在する．すなわち，細胞質において 30S サブユニット内にある 16S rRNA が SD 配列に相補的なエレメントをもっており，ここで二本鎖ができあがるとすぐ下流にある AUG が開始コドンとして機能するようになる．開始前複合体は fMet-tRNA$^{fMet}$-IF-2-GTP 複合体，IF-1 および IF-3 が 30S サブユニットのそれぞれ所定位置につくことによりできあがる．ここに 50S サブユニットが結合する際，IF-2 に結合している GTP が加水分解されることで IF-2 とともに IF-1 と IF-3 も開始複合体から離れ，70S 開始複合体が完成する．面白いことに，fMet-tRNA$^{fMet}$ は最初から 70S リボソームの P 部位（開始 Met または伸長中のペプチド鎖を結合した tRNA が入る）に結合することができるが，他の tRNA は A 部位（新しく鎖に結合するアミノ酸を結合した tRNA が入る）にしか入れないことがわかっており，開始コドンの特異性が厳密に守られていることがわかる（図 2.27）．後述するが，E 部位はアミノ酸をペプチド鎖に渡した残りの tRNA がイジェクト（解離）されるための出口 exit である．

　真核細胞における開始前複合体は，Met-tRNA$_i^{Met}$-eIF-2-GTP（Met はホルミル化されていない）と mRNA が結合していない 40S サブユニットで構成されており，この点が原核細胞と異なる．また，mRNA は真核細胞特有の 5′ キャップと 3′ ポリ（A）テイル構造をもっており，さらに細胞質に出てきた mRNA の 5′ 末端領域は，一部で二本鎖形成を含む高次構造によって折りたたまれた構造をしている．そこで，eIF-4F（4E, 4G, 4A の複合体）タンパクが，4E を介して 5′ キャップ構造に，また 4G を介して 3′ ポリ（A）テイル構造に結合し，これにより mRNA は環状構造をとる．あわせて 4A がヘリカーゼ活性で高次構造をほどく．開始前複合体は，eIF-4F-mRNA 複合体が合体すると mRNA 上を移動し，開始 AUG を探す．真核細胞の mRNA は原核細胞の SD 配列に相当するような 18S rRNA に相補的な配列をもっていない．代わりに開始 AUG はコザック配列 Kozak sequence と呼ばれるコンセンサス配列（RNNAUGG，R はプリン塩基）の中にあり，そこに Met-tRNA$_i^{Met}$ が行き着くと，塩基対を形成して結合する．eIF-2 に結合している GTP が加水分解されると他の eIF も解

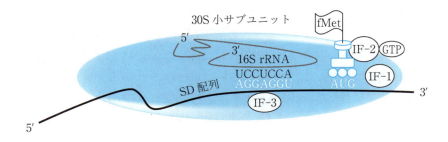

**図 2.27　大腸菌における mRNA のシャイン・ダルガーノ（SD）配列と翻訳開始前複合体**

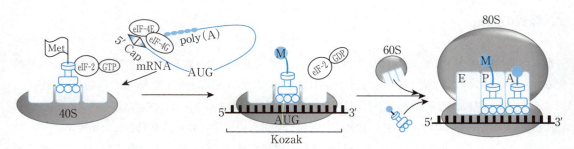

**図 2.28　真核細胞の翻訳開始**

離するが，原核細胞における IF-2 の役目は eIF-5B が務め，やはり GTP の加水分解に伴って 60S 大サブユニットを結合させることで 80S 開始複合体が形成される（図 2.28）．

### B　ペプチドの伸長

　開始複合体の形成時に関与した IF に代わり，ここでは伸長因子 elongation factor（EF）が反応を進める．ペプチドの伸長は，(1) **読み取り** decoding，(2) **ペプチド転移** transpeptidation，(3) **転位** translocation の 3 ステップで行われるが，そのメカニズムは原核細胞と真核細胞で概ね類似しているので，以下大腸菌の因子を中心に，相当する真核細胞因子を（　）内に記して説明する（図 2.29）．

　最初に働く伸長因子は GTP 結合型 EF-Tu（eEF1a）で，タンパク質の N 末端の次にコードされているアミノ酸を結合した aatRNA と複合体をつくり，空の A 部位に入る（読み取り）．次に大サブユニット内にある**ペプチジルトランスフェラーゼ**（PTase）活性によって，隣の P 部位の fMet-tRNA$^{fMet}$（Met-tRNA$_i^{Met}$）から fMet（Met）が遊離して A 部位のアミノ酸と結合する（ペプチド転移）．この反応によりジペプチド 2aa ができる．面白いことにここで働く PTase は，酵素でありながらその活性の本体は，タンパク質ではなく，23S rRNA（28S rRNA）にある．生体触媒である酵素は，長らくタンパク質の"専売特許"であると考えられてきたが，1982 年にチェックは，テトラヒメナの rRNA に自らをスプライシングする機能があることを発見し，その後アルトマンが tRNA のプロセシングにかかわるリボヌクレアーゼ P（タンパク質-RNA 複合体）の触媒部位が，実は RNA 部分にあることをつきとめた．触媒活性のある RNA を**リボザイム** ribozyme と呼ぶ．チェックやアルトマンが見いだした触媒活性は RNA の切断と再結合であるが，大サブユニット内の 23S RNA や 28S RNA は，ペプチド結合の消長にかかわっている．

　大サブユニットが小サブユニットに対して 3 塩基分 3′ 方向に移動すると，2 個の tRNA は一時大サブユニットの E，P，A 部位と小サブユニットの部位との間で位置的にずれた状態になる．小サブユニットが移動し，fMet（Met）を離した tRNA は E 部位，2aatRNA は P 部位に位置し，A 部位は空となる．ここで E 部位の tRNA は，EF-G（eEF-2）が GTP の加水分解を伴いながら追い出す（転位）．そして A 部位には新たな aatRNA（3 番目のアミノ酸）が入り，サイクルが繰り返されることになる．したがって，3 ステップが終了した時点において，N サイクル合成されたペプチドをもつ NaatRNA は，70S（80S）リボソームの P 部位に結合していることになる．この eEF-2 は eEF-2 に含まれるジフタミドというジフテリア毒素や緑膿菌外毒素の標的分子として知られていて，

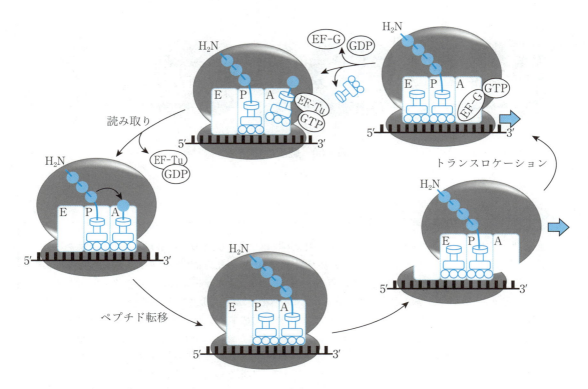

図 2.29 ペプチドの伸長反応

修飾アミノ酸が毒素により，ADP リボシル化を受けることで失活し，ペプチド伸長が停止する．この修飾アミノ酸の必要性や生理的意味についてはよくわかっていない．

## C 翻訳の終結

　翻訳の終結機構は，大腸菌ではある程度解明されているが，真核生物においてはまだ未知の部分が残されている．B と同様に，大腸菌を例にリボソームが mRNA 上を移動し，A 部位に終始コドンが入った場面から説明する．

　A 部位の終止コドンには対応する tRNA がないので，代わりに終結因子 release factor（RF；eRF）である RF-1（eRF-1）が結合する．RF はタンパク質のみからできており，アンチコドンはもっていないが，終止コドンを認識し，かつ A 部位に入ることができる．大腸菌の場合，複数ある終止コドンに対してもう 1 つ RF-2 も用意されている．RF-1 は，P 部位の tRNA からペプチド（タンパク質といってもよい）を切り離した後，RF-3（eRF-3）を A 部位に引き入れ，自らは遊離する．この後 RF-3 の代わりにリボソーム再生因子 ribosomal recycling factor（RRF）と EG-F の共同作業で最後に残った tRNA を P 部位から追い出し，さらにリボソームを大サブユニットと小サブユニットに分解する．分かれた大小サブユニットは新たな翻訳開始点にリクルートされて翻訳作業を繰り返す．真核細胞のリボソームでは RRF と相同なタンパク質は見つかっていないが，ATP-binding cassette タンパク質である ABCE-1 がその役目を果たしているものと考えられている（図 2.30）．

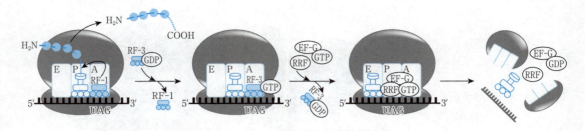

**図 2.30 翻訳の終結**

> **Tea break** 名残の遺伝子シュードジーン
>
> 　血液型の話である．O 型の諸君には少し申し訳ないけれども，一般の血液型判定（オモテ検査）では，「君，A 型でも B 型でもないから O 型！」と甚だ消極的な判断の仕方で片づけられてしまう．A 型および B 型遺伝子はそれぞれ，抗原決定基である N-アセチルガラクトサミンおよびガラクトースを運ぶ糖転移酵素をコードしており，9 番染色体にある．アミノ酸配列はよく似ていて，500 個あまりのうち 4 個しか違わない．それでいてどちらもそれぞれの血液型を強力に主張する．一方，O 型は？　といえば，この遺伝子はあるとき A 型遺伝子にフレームシフト変異が起き，途中に終止コドンが入ってしまった．その結果遺伝子産物（酵素）が短くなり，酵素活性を失った．進化の過程で起こる突然変異，エキソンの組換え（エキソンシャッフリング）や重複などによって，本来もっていた機能を失ってしまったこのような機能遺伝子の名残は，偽遺伝子 pseudogene と呼ばれている．O 型のヒトの 9 番染色体にはこの偽遺伝子しかない．しかし O 型の諸君，落胆することはない．君たちは立派に「H 型」という抗原をもっていて，A, B 型抗原の基盤をつくっている．つまり，H 型がなければ A 型も B 型もできないのだ．ちなみに，H 型抗原をつくる遺伝子は，19 番染色体上にある．

# 2.5 機能性 RNA

## 2.5.1　ゲノムと遺伝子

　"遺伝子"とは，「高分子 DNA（一部では RNA）における一定の領域の塩基配列により規定される遺伝の作用単位」と理解されている．抽象的な表現で少しわかりにくいが，狭義の遺伝子は，タンパク質をコードしているゲノム領域を意味し，約 22,000 個の遺伝子が存在すると考えられている．遺伝子には，転写調節領域や転写されつくり出される mRNA 内のタンパク質をコードしていない領域であるイントロンならびに翻訳に関与しない非翻訳領域などの情報が存在し，実際にタンパク質の

アミノ酸配列情報をコードしているエキソン部分のみを考えると，この領域は全ゲノムの約2%にすぎない．このように考えるとゲノムのほとんどがタンパク質の合成にかかわっていない遺伝情報をもつと考えられてきた．2000年に理化学研究所の林崎良英博士らにより，理化学研究所で解析した完全長cDNAの機能注釈を行うことを目的として，国際研究コンソーシアム「Functional Annotation of Mammalian Genome (FANTOM)」が結成された．このプロジェクトによりゲノムの約70%が転写されRNAになっていることが明らかとなり，これまでの考え方を変える起点となった．このRNAの中には，タンパク質のアミノ酸配列情報をコードするRNA (mRNA) とコードしていないRNA (**非コードRNA** non-coding RNA (ncRNA)) を含んおり，これまでにncRNAをつくり出す遺伝子数が23,000個以上あることが示されている．ncRNAの中でその機能が明らかになっているものを**機能性RNA**という．

### 2.5.2 ◆ 機能性RNAの種類

最も知られている機能性RNAには翻訳にかかわるrRNAとtRNAがある．これら以外には，RNAのスプライシングに関与する**核内低分子RNA** small nuclear RNA (snRNA)，rRNAの修飾にかかわる**核小体低分子RNA** small nucleolar RNA (snoRNA)，**RNA干渉**（第5章参照）と呼ばれる機構により相補的な配列を有するmRNAに結合し翻訳を阻害する**マイクロRNA** micro RNA (miRNA) などが存在する（図2.31）．

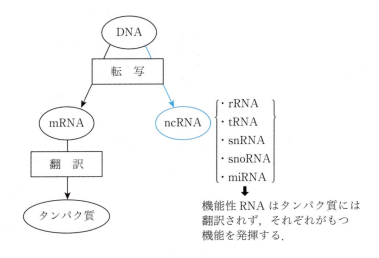

図2.31　mRNAと非コード (nc) RNA

### 2.5.3 ◆ miRNA による翻訳阻害機構

　ncRNA に含まれる miRNA は，様々な種類の生物から見つかっている 20〜25 塩基からなる短い二本鎖 RNA である．miRNA の塩基配列やアノテーション（塩基配列データに遺伝子の情報や機能などの説明），ターゲット遺伝子の予測を提供するデータベースである miRBase（ミアベースと読む）には 2014 年 6 月の時点で 223 種の生物から発見された 35,828 種類の miRNA が登録されており，このうちヒトでは 1,881 種類が登録されている．このように多数存在する miRNA が細胞内でどのようにつくり出され機能しているかというと，まず初めに核内においてゲノムから RNA ポリメラーゼ II により転写され，キャップ構造やポリ(A)テイルをもち，部分的に相補的な塩基対を形成して二本鎖構造をもつ primary miRNA（pri-miRNA）として合成される．次にこの pri-miRNA は核内でドローシャ Drosha と呼ばれる RNA 分解酵素により 70 nt 程度のステム・ループ構造を有する precursor-miRNA（pre-miRNA）となり，核外輸送タンパク質である Exportin-5 を介して細胞質に輸送される．輸送後に別の RNA 分解酵素であるダイサー Dicer によりヘアピン部分が切断され二本鎖構造のみの miRNA になる．この miRNA は分離してそれぞれ一本鎖となり，標的とする mRNA と相補的な塩基配列をもつ miRNA が，主要タンパク質としてアルゴノート 1 argonaute 1（Ago1）を含む RNA 誘導性サイレンシング複合体 RNA induced silencing complex（RISC）と呼ば

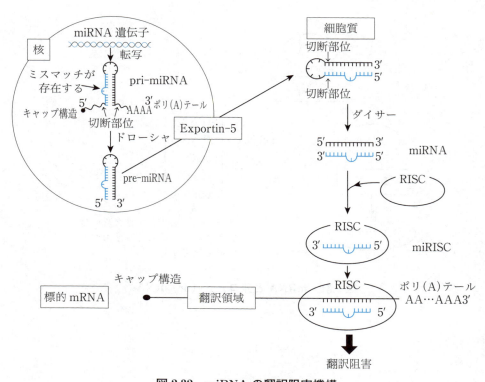

**図 2.32　miRNA の翻訳阻害機構**

れるタンパク質複合体と会合し miRNA–RISC 複合体（miRISC）となり，標的 mRNA の 3′ 非翻訳領域に結合することにより翻訳を阻害する（図 2.32）．

---

**Tea break** **miRNA を標的とした治療薬の開発**

　miRNA は通常，発見された種や同定された順番を示すように命名されており，hsa–miR–xxx であれば *hsa* はヒト由来，xxx には同定された順番を表す数字が入る．miRNA は，その機能により動植物の生存に重要な働きをしていることが明らかにされつつある．一方，疾患発症に関与する miRNA の存在が明らかになりつつあり，miRNA を標的とした治療薬の開発が進んでいる．ある種のがんにおいて，発現が上昇している miRNA［oncogenic miRNAs；oncomiR（オンコミア）と発音される］あるいは発現が低下している miRNA が数多く報告されており，oncomiR の場合にはがん特異的に発現亢進している miRNA の機能を抑制する方法の開発ならびに発現低下している miRNA の場合には，低下した miRNA を補充する方法の開発が行われている．miRNA の機能抑制に関しては，アゴニスティック核酸分子による創薬が一般的となっている．この 1 例として，C 型肝炎ウイルス（HCV）は自己を複製する際に，宿主の miR–122 を利用することがわかっている．そこで，サンタリス・ファーマ社は，この miR–122 に対するアゴニスティック核酸分子をデザインし，miR–122 の働きを抑えることで HCV の増殖を阻止しようと考えた．同社が開発を進めている miR–122 阻害薬ミラヴィルセン miravirsen は，成熟 miR–122 を安定したヘテロ二本鎖に隔離することで，その機能を阻害する新たな核酸医薬品であり，2013 年に遺伝子型が 1 型の HCV 慢性感染者を対象にして行われた前期第 2 相試験において用量依存的に HCV RNA 量を低下させるという結果が報告された．今後さらなる開発が進み，ミラヴィルセンが HCV の増殖を抑える新規治療薬となることが期待される．

---

◆ **演習問題** ◆

　文章中の誤りを訂正せよ．

1）DNA の構成塩基は，アデニン，グアニン，シトシンおよびウラシルである．
2）DNA においてアデニンと対をなす塩基は，グアニンである．
3）DNA は，構成糖として D–リボースを含む．
4）ヒトの染色体 DNA は環状構造をとる．
5）生理的条件下において DNA は，主に左巻きらせん構造をとる．
6）核において RNA は，ヒストンと結合している．
7）染色体の末端部分をセントロメアと呼ぶ．
8）核酸の構成単位であるヌクレオチドは，塩基，ヘキソースおよびリン酸から構成される．
9）ヒストンの化学修飾により，DNA の塩基配列が変化する．
10）転写が活発に行われている染色体の領域では，ヌクレオソームが凝縮している．
11）真核細胞の染色体末端にあるテロメアは，DNA のリーディング鎖末端の保護に寄与する．
12）真核細胞の mRNA の 3′ 末端に付加されるポリ(U)配列は，mRNA の安定性に寄与する．
13）真核細胞の mRNA の 5′ 末端のキャップ構造は，転写開始反応に関わる．
14）真核細胞において RNA ポリメラーゼのプロモーターへの結合には，エンハンサーが必要である．

15）真核細胞において mRNA は，細胞質で合成される．

16）真核細胞において RNA は，1種類の RNA ポリメラーゼにより合成される．

17）真核細胞の成熟 mRNA には，イントロンが含まれる．

18）mRNA の開始コドンに対応するアミノ酸は，Trp である．

19）真核細胞のリボソームは，30S と 50S のサブユニットから構成される．

20）大腸菌の翻訳開始因子である IF-2 は，ATP 結合タンパク質である．

21）サプレッサー tRNA は，終止コドンを認識してリボソームの P 部位にアミノ酸を運ぶ tRNA である．

22）DNA から転写された RNA のうちアミノ酸配列をコードしていない RNA を非コード RNA（ncRNA）と呼び，この中には mRNA や tRNA などが含まれる．

23）非コード RNA（ncRNA）に含まれるマイクロ RNA（miRNA）は，標的の tRNA に結合することにより翻訳を阻害する．

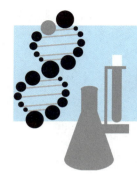

# 第3章　遺伝子工学の基礎技術

◆この章で学ぶこと（キーワード）◆

酵素
　制限酵素（制限エンドヌクレアーゼ），パリンドローム配列（回文配列）
　接着末端（粘着末端），3′突出末端，5′突出末端，平滑末端，アイソシゾマー，スター活性
　DNAメチラーゼ（メチルトランスフェラーゼ，メチル基転移酵素），SAM（S-アデノシルメチオニン）
　DNAリガーゼ，アルカリホスファターゼ，ポリヌクレオチドキナーゼ
　ヌクレアーゼ，エンドヌクレアーゼ，エキソヌクレアーゼ，Bal31，Exo III，DNase I，S1 ヌクレアーゼ，RNase H，3′→5′エキソヌクレアーゼ活性（校正機能），5′→3′エキソヌクレアーゼ活性
　DNAポリメラーゼ，プライマー，α位のリン酸基，クレノー断片，逆転写酵素，cDNA
ベクター
　プラスミドベクター，ファージベクター，コロニー，ローン，プラーク，cfu，pfu，MOI
　λ（ラムダ）ファージ，M13ファージ，ファズミド
　青白判定，β-ガラクトシダーゼ，αペプチド，ωペプチド，IPTG，X-gal，ラクトースリプレッサー
　形質転換，化学的形質転換法，コンピテントセル，電気穿孔法（エレクトロポレーション）
ライブラリー，ゲノムライブラリー，cDNAライブラリー，クローン，遺伝子クローニング，プローブ，コロニーハイブリダイゼーション，プラークハイブリダイゼーション，ウェスタンブロッティング，DNA塩基配列決定法，サンガー法（ジデオキシ法），ddNTP，自動シークエンサー
サザンブロッティング，ノーザンブロッティング，PCR，発現ベクター，組換えタンパク質，レポーターアッセイ，ゲル

　遺伝子工学とは遺伝子の本体であるDNAを解析し改変する技術のことである．その代表的な操作としては遺伝子クローニングがある．遺伝子クローニング gene cloning はDNAを生物から取り出して精製し，その中の特定のDNA領域を切り出して大腸菌細胞中で複製増幅する操作を指している（図3.1）．

　遺伝子工学では様々な生物が対象となるが，どのような生物を対象とする場合でも，DNAを取り扱う基本操作は大腸菌を宿主として行われる．遺伝子を操作するためには，DNAを切断したり修飾したりする様々な酵素類が用いられる．また，DNAを増やすためにはベクター vector と呼ばれる大腸菌内で増幅するプラスミド plasmid やファージ phage をもとに作られた道具を用いる．さらに，

クローニングした遺伝子の配列を解析したり試験管内で増幅したりする．そこで，本章では大腸菌を宿主とした遺伝子工学で用いられるこれらの道具と基礎技術に関して解説する．

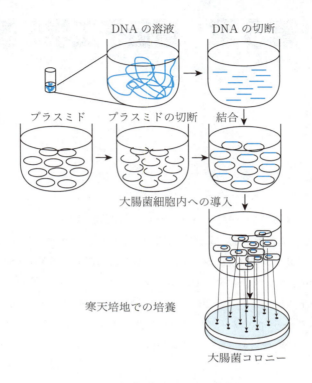

**図 3.1　遺伝子クローニング**

生物のゲノム DNA は $10^6$ 塩基対から $10^9$ 塩基対程度の巨大な DNA 分子であり，そのまま取り扱うことはできない．遺伝子クローニングでは，まず DNA を切断して $10^3 \sim 10^4$ 塩基対程度の長さにする．すると $10^3 \sim 10^6$ 種類の異なった DNA 断片の混合物となる．次いで，プラスミドと呼ばれる大腸菌内で自己増幅する環状 DNA を準備，切断して，ゲノム DNA 断片と結合する．すると，異なった多数の DNA を結合したプラスミドができあがる．これを大腸菌細胞内に導入する．この時，大腸菌細胞に 1 分子のプラスミドだけが入るようにする．大腸菌細胞を寒天培地上で一晩培養すると，1 細胞が増殖してコロニー colony と呼ばれる細胞の塊をつくる．それぞれのコロニーは 1 細胞に由来するので，1 種類の DNA 断片を結合したプラスミドをもっている．したがって，どのコロニーが目的遺伝子の DNA であるかがわかれば，そのコロニーの大腸菌を大量に培養してプラスミドを回収する．こうして目的遺伝子の DNA を大量に入手することができる．この一連の操作をクローニングと呼ぶ．

## 3.1　遺伝子工学の道具　酵素とベクター

　遺伝子工学では DNA や RNA を取り扱うために種々の道具が開発され利用されている．その中で最も重要なものとして，核酸を基質とする種々の酵素と，大腸菌内で DNA を複製増幅するためのベクター vector がある．この項では両者に関して解説する．

### 3.1.1 ◆ 制限酵素

制限酵素 restriction enzyme は遺伝子操作において最も基本的な酵素である．制限酵素は二本鎖 DNA の 4 塩基から 8 塩基の特異的な DNA 塩基配列を認識して切断する一群の酵素である．図 3.2 では *Eco*R I という名称の制限酵素の機能を説明している．制限酵素 *Eco*R I は図 3.2 のように長い DNA 鎖の中に GAATTC という配列があると，その部位を見つけ出し，G と A の間で切断する．5′ と 3′ は DNA の方向を表していることは第 2 章で述べた通りである．DNA の二本鎖は互いに逆平行であるが，制限酵素はパリンドローム配列 palindromic sequence を認識して切断する．パリンドローム配列とは二本の相補鎖のそれぞれの鎖を 5′ から 3′ 方向に読んだとき同じ配列であるような配列のことをと呼ぶ．パリンドローム配列は回文配列と呼ばれる場合もある．制限酵素は二量体でそれぞれのサブユニットがパリンドローム配列の一方を認識して切断する．

図 3.3 ではいくつかの制限酵素がどのような配列を認識して，どのように切断するかという例が図示してある．上の 3 つの制限酵素は認識する配列は異なるが，認識する 6 塩基の中で 1 番目と 2 番目の配列の間を切断するという点では同じである．これらの制限酵素の切断でできた 2 つの断片の末端には 5′ 側の配列（*Eco*R I の場合 AATT）が突出しているので，5′ 突出末端と呼ばれる．4 番目の

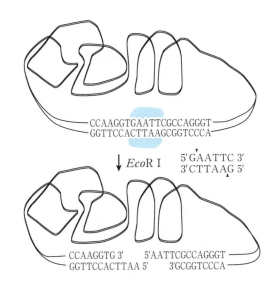

**図 3.2 制限酵素による切断**

制限酵素は，制限酵素ごとに二本鎖 DNA の特異的な塩基配列を認識して切断する酵素（エンドヌクレアーゼ）である．制限酵素は，長い二本鎖 DNA の配列を移動しながら調べていき，その制限酵素の認識配列を見つけ出す．図では *Eco*R I という制限酵素が 5′GAATTC3′ という認識配列を見つけ出す．制限酵素は二量体なので，DNA 相補鎖の 2 つの 5′GAATTC3′ 配列に 2 つのサブユニット（着色）が 1 つずつ結合する．認識配列の中で制限酵素ごとに決まった塩基の位置で DNA 鎖を切断する．*Eco*R I の場合には G と最初の A の間が切断される．切断されてできた 2 つの DNA 切断末端には 5′ 側に AATT という一本鎖部分が形成される．2 つの末端は互いに相補的で，相補的な一本鎖部分をもつ切断部位を粘着末端と呼ぶ．

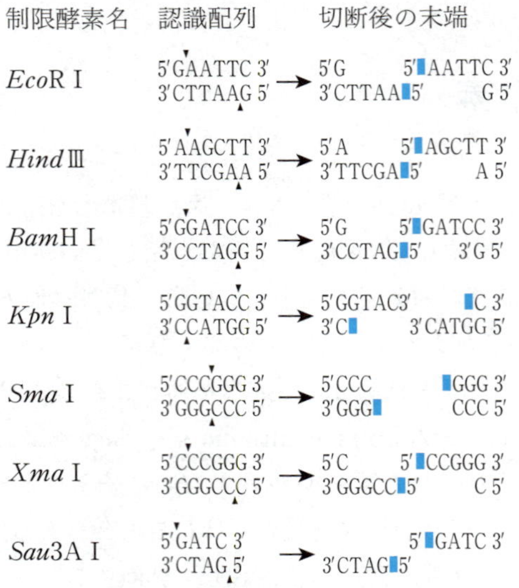

制限酵素名　　認識配列　　　切断後の末端

**EcoR I**
5'GAATTC 3'　→　5'G　　　5'AATTC 3'
3'CTTAAG 5'　　　3'CTTAA 5'　　　G 5'

**Hind III**
5'AAGCTT 3'　→　5'A　　　5'AGCTT 3'
3'TTCGAA 5'　　　3'TTCGA 5'　　　A 5'

**BamH I**
5'GGATCC 3'　→　5'G　　　5'GATCC 3'
3'CCTAGG 5'　　　3'CCTAG 5'　　　3'G 5'

**Kpn I**
5'GGTACC 3'　→　5'GGTAC 3'　　　C 3'
3'CCATGG 5'　　　3'C　　　3'CATGG 5'

**Sma I**
5'CCCGGG 3'　→　5'CCC　　　GGG 3'
3'GGGCCC 5'　　　3'GGG　　　CCC 5'

**Xma I**
5'CCCGGG 3'　→　5'C　　　5'CCGGG 3'
3'GGGCCC 5'　　　3'GGGCC 5'　　　C 5'

**Sau3A I**
5'GATC 3'　→　　　　　5'GATC 3'
3'CTAG 5'　　　3'CTAG 5'

**図 3.3　制限酵素の認識配列と切断部位**

いくつかの 6 塩基認識制限酵素と 4 塩基認識制限酵素の例が示してある。左から制限酵素名，認識配列と切断部位（▼印），切断後の DNA 末端を図示している。上の 3 つの制限酵素は 5′ 突出末端，4 番目の Kpn I は 3′ 突出末端，Sma I は平滑末端を生じる。Sma I と Xma I は認識する 6 塩基が同じで互いにアイソシゾマーである。Sau3A I はよく利用される 4 塩基認識の制限酵素で，その切断末端の配列 5′GATC は，BamH I の切断末端と相補的である。したがって，Sau3A I で切断された DNA を BamH I で切断した DNA 断片と結合することができる。ほとんどすべての制限酵素はリン酸基を 5′ 末端側に残して（青四角）DNA 鎖を切断する。

Kpn I の場合には認識する配列の 5 番目と 6 番目の間を切断するので，切断断片の末端は 3′ 側が突出することになり，3′ 突出末端と呼ばれる。5′ 突出末端と 3′ 突出末端は両方とも，できた 2 つの切断末端の一本鎖部分が互いに相補的で結合する傾向をもつので粘着末端と呼ばれる。Sma I は認識配列の真ん中を切断し，切断断片の末端は平滑となるので，平滑末端と呼ばれる。

　様々な微生物がもっている制限酵素が遺伝子工学で用いられている。制限酵素の名称は，その制限酵素の由来する生物の学名から命名する決まりになっている。例えば EcoR I は大腸菌の学名 *Escherichia coli* から 3 文字（属名から大文字 1 文字，種小名から小文字 2 文字）*Eco* をとっている。R は菌株名，I はローマ数字の 1 で，この菌株から最初に発見された酵素であることを意味している。制限酵素の名前は学名に由来するので，学名が斜字体であることを踏襲して制限酵素名は斜字体で書く慣わしであったが，最近は斜字体ではなくローマ字体で書く場合も増えている。

　異なった生物が同じ認識配列の酵素をもつ場合があり，それらは互いにアイソシゾマー iso-schizomer と呼ばれる。例えば Sma I と Xma I は認識する 6 塩基が同じで互いにアイソシゾマーである。しかしこの場合，2 つのアイソシゾマーの認識配列は同じであるが，切断する場所が異なっている。切断する場所が同じかどうかを問わず，同じ配列を認識する酵素はアイソシゾマーと呼ばれる。

## 3.1 遺伝子工学の道具 酵素とベクター

**Tea break** 「制限酵素」という名前の由来

　制限酵素は決まった配列を認識してDNA二本鎖を切断するので，切断配列が「制限」されていると理解している読者もいるかもしれない．しかし，「制限」の名前の由来は認識配列が「制限」されているということではない．もともと，制限酵素はバクテリオファージ（以下，単にファージ）の感染を「制限」する酵素として見つかった．ファージは細菌に感染して細菌を殺してしまう．細菌はファージ感染を防ぐために，ファージDNAを切断する制限酵素をもっている．制限酵素は，感染したファージゲノムを切断してファージの感染を防ぐという機能をもった核酸分解酵素である．しかし，制限酵素は細菌のゲノムDNAを切断して，細菌そのもの（自分自身）を殺してしまう可能性もある．細菌はそれを防ぐために，制限酵素認識配列をメチル化する酵素，DNAメチラーゼをもっている．同じ細菌がもつ制限酵素とDNAメチラーゼは同じ配列を認識する．DNAメチラーゼでメチル化した細菌ゲノムDNAのDNA配列は同じ配列を認識する自分の制限酵素では切断されなくなる．こうして細菌は自分のゲノムDNAをDNAメチラーゼで守りつつ，制限酵素でファージ感染を「制限」している．なお，このような現象により見つかった最初の制限酵素はⅠ型と呼ばれるもので，認識部位と切断部位が異なるため遺伝子工学には不向きであり，現在，遺伝子工学で使用される制限酵素はⅡ型という認識した特異配列を切断する制限酵素である．

## 3.1.2 ◆ DNA メチラーゼ

　制限酵素と同じ細胞に由来し，制限酵素と同じ配列を認識してメチル化する酵素がDNAメチラーゼ methyltransferase である．メチル化される塩基はアデニンかシトシンで（図3.4b，c），制限酵素の認識部位の特定の位置の塩基がメチル化されると制限酵素が認識配列を切断できなくなる．どのような位置がメチル化されると切断されなくなるかということは，制限酵素ごとに決まっている．例えば，図3.4aで示したDNAメチラーゼで認識配列がメチル化されると，同名の制限酵素によって切断されなくなる．

　このメチル化と制限酵素との関係は2つの面で見ておく必要がある．1つは不都合な側面である．切断しようとするDNAが何らかの理由でメチル化していると，認識配列での切断が希望通りに起きない可能性が出てくる．一方，メチル化を積極的に利用する場合もある．すなわち，切断したくない配列をあらかじめDNAメチラーゼによってメチル化したあとで，制限酵素による切断を行うことで，切断したい認識部位だけを切断するという手法が用いられる．

　なお，DNAをメチラーゼでメチル化するときにはメチル基を供与する基質としてSAM（$S$-adenosylmethionine）が必要である（図3.4d）．細胞内ではSAMは代謝で合成されて供給されているが，遺伝子操作のためにDNAメチラーゼを試験管内で用いる場合には，SAMを反応液中に添加する必要がある．メチル基を転移する反応なので，メチラーゼはメチルトランスフェラーゼあるいはメチル基転移酵素とも呼ばれる．

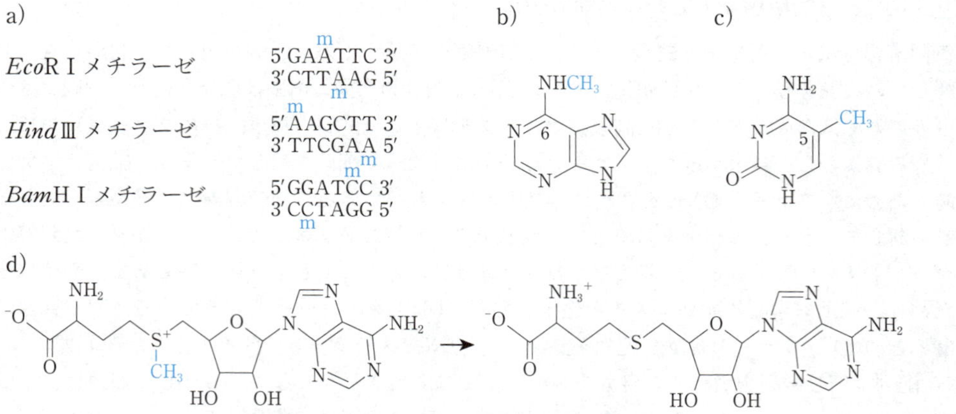

第3章　遺伝子工学の基礎技術

a)

*Eco*RIメチラーゼ　　5′GAATTC 3′
　　　　　　　　　　3′CTTAAG 5′

*Hind*Ⅲ メチラーゼ　　5′AAGCTT 3′
　　　　　　　　　　3′TTCGAA 5′

*Bam*HIメチラーゼ　　5′GGATCC 3′
　　　　　　　　　　3′CCTAGG 5′

b)

c)

d)

**図3.4　DNAメチラーゼの性質と機能**

a) 細菌由来のDNAメチラーゼの例．3つの異なったDNAメチラーゼとその認識配列，メチル化される塩基をm（青）で表している．同名の制限酵素と認識配列は同じであり，図示された塩基がメチル化されると，同名の制限酵素はその配列を切断できなくなる．アデノシンとシトシンがメチル化される位置はb），c）のように決まっている．b) $N^6$-メチルアデニン $N^6$-methyladenine. c) 5-メチルシトシン 5-methylcytosine. d) DNAメチラーゼ反応では，SAM（S-アデノシルメチオニン）のSについたメチル基（青）からDNAにメチル基を転移し，SAMは S-アデノシル-L-ホモシステイン（右の化合物）となる．

---

**Tea break**　**制限酵素の切断断片の平均長**

　制限酵素によってどれくらいの長さのDNA断片が得られるかは計算で推定することができる．例えば，4塩基を認識して切断する制限酵素*Sau*3AIの場合を考えてみよう．*Sau*3AIの認識配列はGATCである．大腸菌や多くの多細胞生物ゲノムのACGTそれぞれの比率は25%，約1/4である．つまり，どこかのDNA塩基を調べた時にそこがGである確率は25%である．Gの次の配列がAである確率も25%．さらに次がTである確率が25%，その次がCである確率も25%である．つまり，今DNAの配列を5′から3′の方向に調べていったとき，GATCという配列が現れる確率は次の式で計算できる．

$$P = 0.25 \times 0.25 \times 0.25 \times 0.25 = \left(\frac{1}{4}\right)^4 = \left(\frac{1}{2}\right)^8 = \frac{1}{254}$$

　GATCという配列は254塩基に1回現れるということになるので，GATCという配列が現れてから次のGATC配列が現れるまでの塩基数は約250となる．つまり*Sau*3AIの切断でできるDNAの平均長は250塩基対くらいになる．6塩基認識の制限酵素で切断してできるDNAの平均長は約4,000塩基対になるが自分で計算してみてほしい．このDNA長が遺伝子操作に便利な，扱いやすい長さであるため，遺伝子操作では6塩基認識の制限酵素が最もよく用いられる．

## 3.1.3 ◆ DNA リガーゼ

DNA リガーゼ DNA ligase は，DNA と DNA を結合する反応を触媒する．DNA リガーゼの反応には ATP が反応液中に共存する必要がある．また，DNA リガーゼによって結合できる基質は限られている．DNA リガーゼによって結合反応が触媒される基質を図 3.5 に示した．最初の例 a）は粘着末端同士の結合である．末端の一本鎖部分が相補的な 2 つの DNA 末端はリガーゼによって結合する．ただし，青四角で示した 5′ 末端のリン酸基の有無によって，リガーゼによって DNA 断片が結合するかどうかが決まる．a）の DNA 断片の 5′ 末端にはリン酸基が付いているので，2 本の DNA 鎖がともに結合する．仮にどちらかの 5′ リン酸基がない場合には，片方の鎖は結合するがもう一方の鎖が結合できず，次に説明するニックが入った状態になる．

図 3.5 の b）は，5′ も 3′ も突出していない平滑末端同士の結合である．この場合にも 5′ 末端にリン酸基（青四角）が付いている DNA 鎖はリガーゼによって結合する．c）は真ん中の C と T の間のリン酸基が 5′ 末端にはあるが隣のヌクレオチドと結合していない場合である．これはニック（切れ目）と呼ばれる．5′ にリン酸基（青四角）の付いているニックもリガーゼによって結合する．

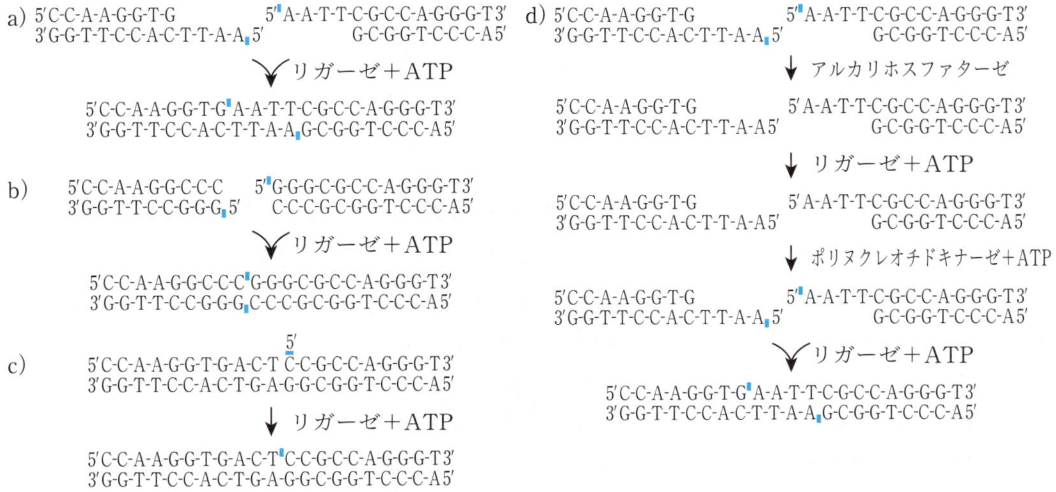

**図 3.5　DNA リガーゼ，ホスファターゼ，キナーゼ**

DNA リガーゼは，ATP を含む溶液中で DNA と DNA を結合する反応を触媒する．a）末端の一本鎖部分が相補的な 2 つの DNA 末端はリガーゼによって結合する．結合前の DNA 断片で 5′ に付いている青四角は 5′ 位にリン酸基が付いていることを表している．b）平滑末端同士はリガーゼによって結合する．c）は真ん中の T と C の間のリン酸基が 5′ 末端にはあるが隣のヌクレオチドと結合していない場合で，ニック（切れ目）と呼ばれる．5′ にリン酸基の付いているニックもリガーゼによって結合する．d）アルカリホスファターゼは DNA 5′ 末端のリン酸基を除去する．すると相補的粘着末端であってもリガーゼによって結合しなくなる．ポリヌクレオチドキナーゼによって ATP の存在下で 5′ 末端がリン酸化されるとリガーゼによって結合する．

## 3.1.4 ◆ アルカリホスファターゼ

ホスファターゼはリン酸基除去酵素を意味している. 遺伝子操作で用いる DNA を基質とするホスファターゼはアルカリ性で強い活性を示すので, アルカリホスファターゼ alkaline phosphatase と呼ばれる. 一般的にはどのようなリン酸基にも作用するが, 遺伝子操作で重要な操作は DNA 断片の 5′ 末端のリン酸基の除去である. 制限酵素による切断末端には 5′ 末端にリン酸基が結合している. 図 3.5 の d) では 2 本の DNA の 5′ 末端のリン酸基（青四角）がアルカリホスファターゼによって除去される. するとリガーゼを作用しても, 2 つの断片は結合しない. リガーゼを作用させた時に結合したくない DNA 断片の 5′ 末端リン酸基除去にアルカリホスファターゼが利用される.

## 3.1.5 ◆ ポリヌクレオチドキナーゼ

キナーゼはホスファターゼの逆で, 基質をリン酸化する機能をもっている. ポリヌクレオチドキナーゼ polynucleotide kinase は DNA や RNA の 5′ 末端のリン酸化を行う. 基質のリン酸化のためには ATP が必要で, ATP のリン酸基が DNA や RNA の末端に付加される. 図 3.5 の d) では, ポリヌクレオチドキナーゼによって DNA の 5′ 末端がリン酸化（青四角）されることによって, その後のリガーゼによる結合が可能になるという反応例を示してある.

## 3.1.6 ◆ ヌクレアーゼ

分解酵素の名称は, 分解される基質名の語尾に「アーゼ」をつける. 核酸の英語はヌクレイックアシドなので, 核酸分解酵素はヌクレアーゼ nuclease と呼ばれる. 核酸を分解するヌクレアーゼ活性は, エンドヌクレアーゼ endonuclease 活性とエキソヌクレアーゼ exonuclease 活性に大別される. エンドの語源はギリシャ語で, 英語の in と同じ内部を意味している. したがって, エンドヌクレアーゼ活性は核酸鎖の内側の結合を切断する活性のことである. 3.1.1 で説明した制限酵素もエンドヌクレアーゼで, 制限エンドヌクレアーゼと呼ばれる場合もある.

また, エキソの語源も同じギリシャ語で, exit と同じ ex で外を意味している. 核酸鎖の外側を切断することはできないが, 核酸鎖末端のヌクレオチドから順に 1 ヌクレオチドずつ切断する活性をエキソヌクレアーゼ活性と呼ぶ. エキソヌクレアーゼ活性は, DNA 鎖の 5′ と 3′ のどちらかに特異的に作用する場合が多い. その活性は 5′→3′ エキソヌクレアーゼ活性, 3′→5′ エキソヌクレアーゼ活性と区別して呼ばれる. 図 3.6 には遺伝子工学でよく用いられる代表的なヌクレアーゼの活性を図示した. それぞれのヌクレアーゼはエキソヌクレアーゼ活性とエンドヌクレアーゼ活性のどちらの活性をもつかあるいは両方か, エキソヌクレアーゼ活性の方向, 基質とする DNA や RNA が一本鎖なのか二本鎖なのか等がヌクレアーゼごとに異なっており, それぞれの特徴を利用して核酸を操作することに用いられる.

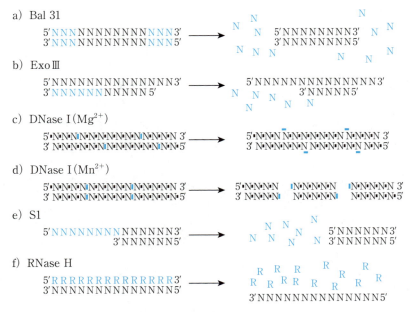

**図 3.6 よく使われるヌクレアーゼ**
N は DNA のヌクレオチド ACGT のいずれかを表している．分解される塩基は青文字，切断されるリン酸基は青四角で示した．a) Bal 31：5′→3′ および 3′→5′ のエキソヌクレアーゼ活性と一本鎖特異的エンドヌクレアーゼ活性をもっていて，DNA の二本鎖を両側から短くする目的で利用される．b) Exo III：3′→5′ エキソヌクレアーゼ活性をもっている．平滑末端および 5′ 突出末端の 3′ ヌクレオチドには作用するが，3′ 突出末端には作用しない．したがって，末端の形状が異なる場合に DNA 二本鎖の一方の端の片側の鎖を特異的に切断することができる．c), d) DNase I：共存する二価金属イオンの種類によって異なった活性を示す．$Mg^{2+}$ の存在下では二本鎖にニックを入れる．$Mn^{2+}$ の存在下では DNA 二本鎖を切断する．リン酸基を小さい黒四角で，酵素が作用するリン酸基を青四角で示している．e) S1：一本鎖の DNA および RNA に対してエンドヌクレアーゼ活性を示し，モノヌクレオチドにまで分解する．Mung Bean ヌクレアーゼも同様の活性をもつ．f) RNase H：N は DNA，R（青）は RNA のヌクレオチドを表している．RNA と DNA のハイブリッド（複合二本鎖）に特異的に作用して RNA 部分を分解する．

## 3.1.7 ◆ DNA ポリメラーゼ

DNA ポリメラーゼ DNA polymerase は DNA の複製反応を触媒する（図 3.7）．DNA 複製反応のためには，鋳型となる一本鎖 DNA と，鋳型 DNA に相補鎖を形成している短鎖 DNA が必要である．相補鎖を形成している短鎖 DNA はプライマー primer と呼ばれる．鋳型に相補的なデオキシリボヌクレオチドが DNA ポリメラーゼによってプライマーの 3′ 末端に付加される．この時，プライマーの 3′ 末端はヒドロキシ基である必要があり，それ以外の場合にはデオキシリボヌクレオチドの付加反応は起きない．また，付加されるデオキシリボヌクレオチドとしてはデオキシリボヌクレオシド三リン酸が基質となる．デオキシリボヌクレオシド三リン酸は 5′ に 3 つのリン酸基をもつが，その一番内側のリン酸基（α 位のリン酸基と呼ぶ）が，プライマー 3′ 末端の水酸基と結合する．その際，β 位と γ 位のリン酸はピロリン酸（リン酸が 2 つ結合したもの）として脱離する（図 3.7）．

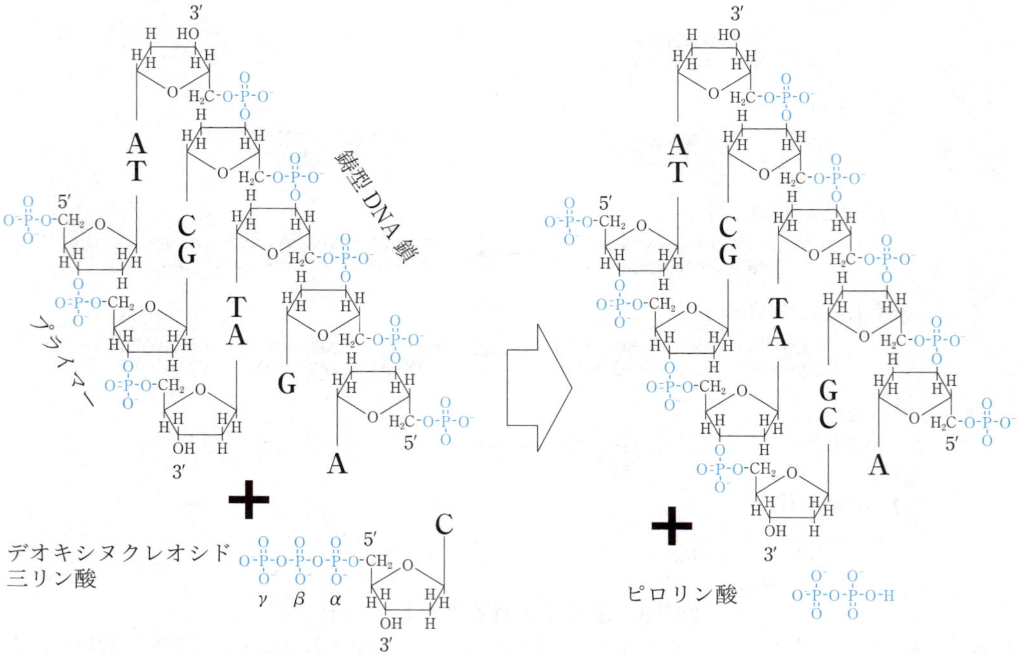

**図3.7　DNAポリメラーゼ活性**

鋳型DNAとプライマーが相補鎖を形成しているとき，デオキシリボヌクレオシド三リン酸（dNTP）を基質として鋳型に相補的なデオキシリボヌクレオチドがプライマーの3′末端ヒドロキシ基に付加される．図ではグアニンに相補的なシトシンがプライマー末端に結合する．ヌクレオチドはdNTPの$\alpha$位のリン酸基でプライマーに付加し，$\beta$位と$\gamma$位のリン酸基はピロリン酸として脱離する．

　DNAポリメラーゼはDNAポリメラーゼ活性の他に3′→5′エキソヌクレアーゼ活性と5′→3′エキソヌクレアーゼ活性をもっている（図3.8）．3′→5′エキソヌクレアーゼ活性は，校正機能 editing function のための活性である．つまりDNAポリメラーゼが伸長反応を繰り返すうちに相補的でないデオキシリボヌクレオチドが間違って結合する場合がある．間違って結合したデオキシリボヌクレオチドはDNAポリメラーゼの3′→5′エキソヌクレアーゼ活性によって一度バックして取り除かれ，正しいデオキシリボヌクレオチドが改めて付加されてDNA伸長反応が継続する（校正機能）．3′→5′エキソヌクレアーゼ活性は3′突出末端のデオキシリボヌクレオチドを除去する活性もある．

　5′→3′エキソヌクレアーゼ活性は，DNAポリメラーゼ進行方向にDNA鎖あるいはRNA鎖がある場合にそれを除去する活性である．DNAポリメラーゼがDNA二本鎖の除去修復を行う場合には，ポリメラーゼ反応の進行方向のDNA鎖を除去する．DNAポリメラーゼがラギング鎖の合成を行う場合には，それまでの複製反応で用いたRNAプライマーに遭遇すると5′→3′エキソヌクレアーゼ活性を利用してそれを除去する（表2.1参照）．

　遺伝子工学では，異なる種類の生物由来のDNAポリメラーゼがその特徴を利用して用いられている．大腸菌DNAポリメラーゼⅠは代表的DNAポリメラーゼであり，上記の3種類の活性をもっている．図3.9は大腸菌DNAポリメラーゼⅠの構造を模式的に示している．このポリメラーゼは3つのドメイン（酵素の構造機能上の単位）からなり，それぞれのドメインがそれぞれの機能を担って

3.1 遺伝子工学の道具 酵素とベクター

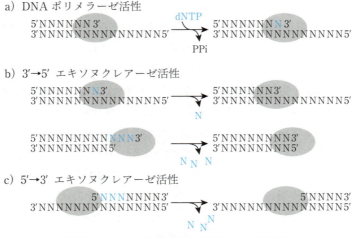

**図 3.8 DNA ポリメラーゼの 3 つの活性**
DNA ポリメラーゼ（灰色）は 3 種類の活性をもっている．a) DNA ポリメラーゼ活性：図 3.7 で詳しく説明した DNA 鎖を伸長する活性である．dNTP（青）を基質として鋳型 DNA に相補的に結合しているプライマーの 3' 末端にデオキシリボヌクレオチド（N 青）を付加していく．N はデオキシリボヌクレオチドで A，C，G，T のいずれかの塩基をもっていることを示している．b) 3'→5' エキソヌクレアーゼ活性：複製途中の DNA 鎖の 3' 末端のデオキシリボヌクレオチド（N 青）を除去する．この活性は 3' 突出末端のデオキシリボヌクレオチド（N 青）を除去する活性も示す．c) 5'→3' エキソヌクレアーゼ活性は，DNA ポリメラーゼが伸長反応を行い移動していく方向に（デオキシ）リボヌクレオチド（N 青）があるとき，それを除去する．

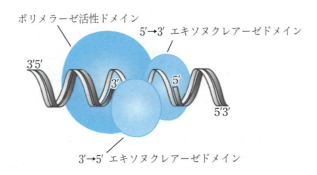

**図 3.9 DNA ポリメラーゼの構造模式図**
DNA ポリメラーゼは 3 つの構造的な領域（ドメイン domain）からなっている．それぞれのドメインはそれぞれの活性をもっている．DNA ポリメラーゼ I のクレノー断片では 5'→3' エキソヌクレアーゼドメインがなくなっている．3'→5' エキソヌクレアーゼ活性はあるので，クレノー断片も校正機能は保持している．

いる．大腸菌 DNA ポリメラーゼ I のクレノー Klenow 断片という DNA ポリメラーゼは遺伝子工学で用いられる代表的な DNA ポリメラーゼの 1 つである．これは少し変わった名前であるが，大腸菌 DNA ポリメラーゼ I がタンパク質分解酵素ズブチリシンで切断されてできる断片の 1 つを指している．クレノー Klenow 氏が発見したためこういう名称が付いたが，単にクレノー断片と呼ばれる場合も多い．図 3.9 で示した大腸菌 DNA ポリメラーゼ I の 3 つのドメインの内，5'→3' エキソヌクレアーゼドメインが失われているため，クレノー断片は 5'→3' エキソヌクレアーゼ活性を示さない．つ

まり，前方方向にあるプライマーを除去する活性がない．多くの DNA 複製反応ではエキソヌクレアーゼ活性によって DNA が不用意に分解されることは望ましくないので，遺伝子工学で単に DNA 鎖の複製が必要な場合にはクレノー断片が用いられる．例えば，図 3.10b) のランダムプライマーラベリング random primer labeling ではクレノー断片を用いる．一方，進行方向のヌクレオチドを除去することが必要な場合には大腸菌 DNA ポリメラーゼ I が用いられる．例えば，図 3.10a) のニックトランスレーション nick translation の場合には，DNA ポリメラーゼ I を用いる．なお，クレノー断片は $3' \rightarrow 5'$ エキソヌクレアーゼドメインは保持しているので，校正機能は保たれている．

　図 3.10 では，これらの DNA ポリメラーゼの特徴を生かした利用法を図示した．いずれも，後の節で説明するハイブリダイゼーション hybridization で用いる放射性同位元素標識した DNA（プローブ probe と呼ばれる）の作製方法である．a) と b) の両方とも DNA ポリメラーゼ反応によってデオキシリボヌクレオチドを取り込ませる．そのとき，放射性のリン（$^{32}$P）を $\alpha$ 位リン酸基にもつ $\alpha$-$^{32}$P-dCTP を基質として使うことによって，複製されてできた DNA の中に $^{32}$P が取り込まれることになる．この DNA を用いてハイブリダイゼーションを行うと，ハイブリダイゼーションした場所が放射性となるので，X 線フィルムを感光することができる．a) のニックトランスレーション法では，二本鎖 DNA をプローブ作製に用いる．$Mg^{2+}$ の存在下で DNase I を作用させると，二本鎖の内の一方にホスホジエステル結合の切断（ニック）が起きる．DNA ポリメラーゼ I はそこから $5' \rightarrow 3'$ ヌクレアーゼ活性によってヌクレオチドの除去をしつつ DNA 複製反応を行っていく．a) と b) いずれの場合にも，放射性 dCTP の 3 つのリン酸基の内の $\beta$ 位と $\gamma$ 位のリン酸基はポリメラーゼ反応でピロリン酸として除去されるため，$^{32}$P を $\alpha$ 位にもつ $\alpha$-$^{32}$P-dCTP を用いて放射線標識を行う必要がある．

　一方，b) のランダムプライマーラベリング法では，ランダムプライマーという単鎖 DNA を用いる．ランダムというのは無作為，任意という意味であるが，完全に任意の配列をもつ単鎖 DNA がプライマーとして用いられる．ランダムプライマーは任意の配列なので，ある頻度で一本鎖の鋳型 DNA に結合する．その場合，両端は相補的でなくても結合するので，その場合が図示してある．クレノー断片の $3' \rightarrow 5'$ エキソヌクレアーゼ活性によって相補的でないヌクレオチドが除去される．その後，ポリメラーゼ活性によって新しいヌクレオチドが取り込まれて DNA 鎖が合成される．$\alpha$-$^{32}$P-dCTP の $\alpha$ 位の放射性リン酸基も同時に取り込まれてプローブができ上がる．

　その他の特徴的活性をもつ DNA ポリメラーゼも目的に応じて用いられる．T4DNA ポリメラーゼは $3' \rightarrow 5'$ エキソヌクレアーゼ活性が強いので，この活性が必要な反応，例えばヌクレオチド置換反応［図 3.10c)］で用いられる．また，この後の 3.5 で説明する PCR 反応では，反応中に温度を 90℃以上に上昇させるため，高温で失活しない好熱菌の DNA ポリメラーゼ（Taq ポリメラーゼ）が用いられる．

## 3.1.8 ◆ 逆転写酵素

　DNA ポリメラーゼの一種であるが，RNA を鋳型として DNA の相補鎖を合成できる酵素は，逆転写酵素 reverse transcriptase と呼ばれる．転写反応は DNA を鋳型とした RNA 合成反応であるので，

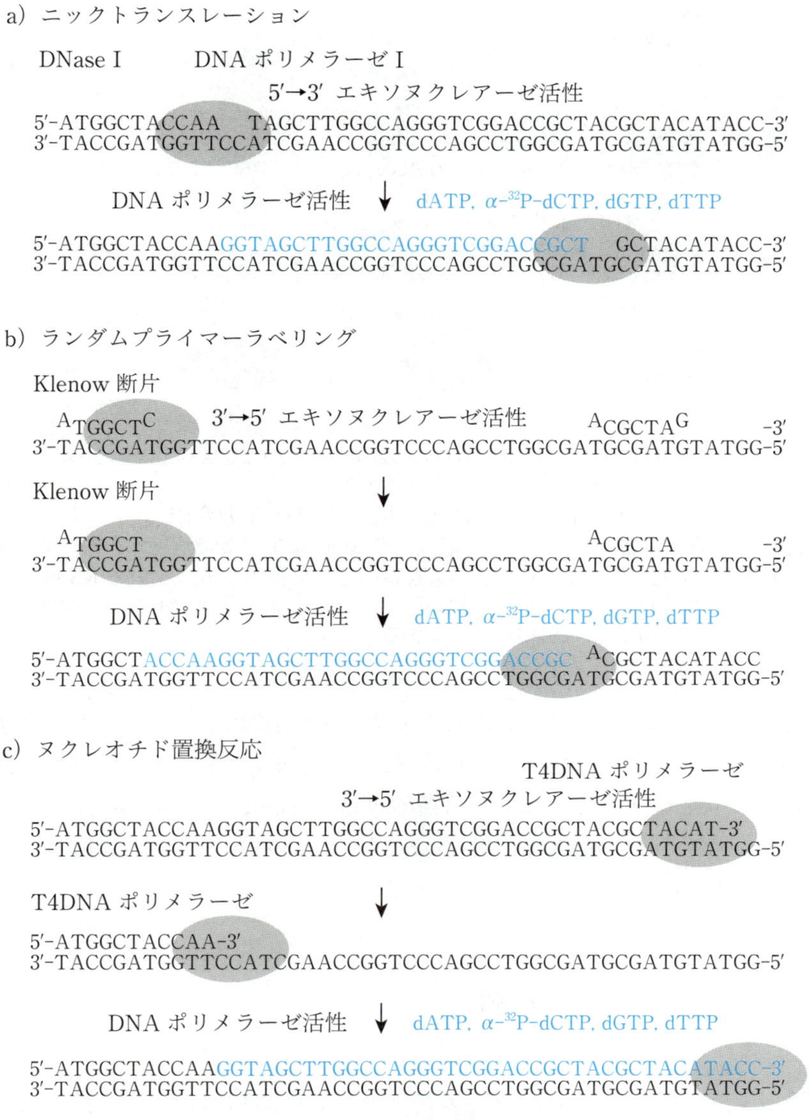

## 3.1 遺伝子工学の道具 酵素とベクター

a) ニックトランスレーション

DNase I　　　DNA ポリメラーゼ I
　　　　　　　5′→3′ エキソヌクレアーゼ活性
5′-ATGGCTACCAA　TAGCTTGGCCAGGGTCGGACCGCTACGCTACATACC-3′
3′-TACCGATGGTTCCATCGAACCGGTCCCAGCCTGGCGATGCGATGTATGG-5′

　　　　　DNA ポリメラーゼ活性　↓　dATP, α-³²P-dCTP, dGTP, dTTP

5′-ATGGCTACCAAGGTAGCTTGGCCAGGGTCGGACCGCT GCTACATACC-3′
3′-TACCGATGGTTCCATCGAACCGGTCCCAGCCTGGCGATGCGATGTATGG-5′

b) ランダムプライマーラベリング

Klenow 断片
　A_TGGCT^C　3′→5′ エキソヌクレアーゼ活性　　A_CGCTA^G　　-3′
3′-TACCGATGGTTCCATCGAACCGGTCCCAGCCTGGCGATGCGATGTATGG-5′

Klenow 断片　　　　　　　　↓

　A_TGGCT　　　　　　　　　　　　　　　　　A_CGCTA　　　　-3′
3′-TACCGATGGTTCCATCGAACCGGTCCCAGCCTGGCGATGCGATGTATGG-5′

　　　　　DNA ポリメラーゼ活性　↓　dATP, α-³²P-dCTP, dGTP, dTTP

5′-ATGGCTACCAAGGTAGCTTGGCCAGGGTCGGACCGC A_CGCTACATACC
3′-TACCGATGGTTCCATCGAACCGGTCCCAGCCTGGCGATGCGATGTATGG-5′

c) ヌクレオチド置換反応

　　　　　　　　　　　　　　　　　　T4DNA ポリメラーゼ
　　　　　　　　　　　　　　　3′→5′ エキソヌクレアーゼ活性
5′-ATGGCTACCAAGGTAGCTTGGCCAGGGTCGGACCGCTACGCTACAT-3′
3′-TACCGATGGTTCCATCGAACCGGTCCCAGCCTGGCGATGCGATGTATGG-5′

T4DNA ポリメラーゼ　　　↓

5′-ATGGCTACCAA-3′
3′-TACCGATGGTTCCATCGAACCGGTCCCAGCCTGGCGATGCGATGTATGG-5′

　　　　　DNA ポリメラーゼ活性　↓　dATP, α-³²P-dCTP, dGTP, dTTP

5′-ATGGCTACCAAGGTAGCTTGGCCAGGGTCGGACCGCTACGCTACATACC-3′
3′-TACCGATGGTTCCATCGAACCGGTCCCAGCCTGGCGATGCGATGTATGG-5′

**図 3.10　DNA ポリメラーゼの特徴を生かした利用法**

a) DNA ポリメラーゼ I を用いたニックトランスレーション法：$Mg^{2+}$ の存在下で DNase I を作用させると，ニックが入る．DNA ポリメラーゼ I（灰色）は 5′→3′ エキソヌクレアーゼ活性によってヌクレオチドの除去をしつつ DNA 複製反応を行っていく（青字）．α-³²P-dCTP を反応溶液に入れておくと，放射性の DNA 鎖となる．b) クレノー断片を用いたランダムプライマーラベリング法：ランダムプライマーはある頻度で一本鎖の鋳型 DNA に結合する．両端は相補的でなくても結合する．クレノー断片（灰色）の 3′→5′ エキソヌクレアーゼ活性によって相補的でないヌクレオチドが除去され，ポリメラーゼ活性によって新しい DNA 鎖が合成される（青）．c) T4DNA ポリメラーゼを用いたヌクレオチド置換反応：T4DNA ポリメラーゼ（灰色）は 3′→5′ エキソヌクレアーゼ活性が強いので，3′ 末端からヌクレオチドを除去していく．その後，基質（青）を加えると，除去された部分に新しい DNA 鎖（青）が合成される．

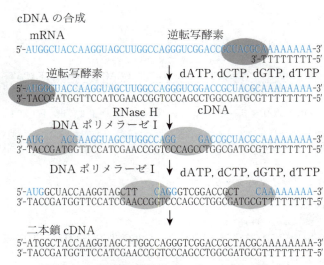

**図 3.11　逆転写酵素を用いた cDNA の合成**
真核生物 mRNA（青字）3′末端のポリ A 配列に相補的な T を複数もつプライマーを対合し，mRNA に相補的 DNA（黒字）を逆転写酵素（濃い灰色）で複製する．次いで RNase H で mRNA にニックを入れる．DNA ポリメラーゼ I（灰色）の 5′→3′エキソヌクレアーゼ活性で mRNA を除去しながら cDNA の二本鎖目（黒字）を合成する．

逆転写はその逆反応という意味である．図 3.11 にその応用例を図示した．逆転写酵素は mRNA を鋳型として相補的配列をもつ DNA の合成に用いられる．mRNA に相補的配列をもつ DNA は cDNA と呼ばれる．c はサイクリックではなく，相補的 complementary の略である．二本鎖 DNA は常に互いに相補的配列をもつが，mRNA に相補的配列をもつ DNA とその二本鎖 DNA に対してのみ cDNA という名称が用いられる．

## 3.1.9　◆ 酵素の反応条件

　ここまで，遺伝子操作で用いられる代表的な酵素の基本的な活性について説明した．この項では，実際に酵素を利用する場合の注意点を説明する．それぞれの酵素が反応するためには特定の条件が必要である．それらの条件は，酵素を供給する会社がマニュアルとして提供しているので，酵素を使用する際にはそのマニュアルをよく読んでそれに従うことが重要である．ここでは，一般的に注意すべき項目について説明する．これは，基本的な知識としてそれほど重要ではないが，実際に遺伝子操作を行う場合にはきわめて重要である．

### A　酵素反応温度

　酵素は何らかの生物由来なので，その生物が生育していた温度で酵素は最も高い反応活性を示す．多くの酵素は 37℃ で生育する生物由来なので，37℃ で使用する場合が多い．しかし，それ以外の温度（例えば 30℃，70℃）で使用する酵素もある．

## B 酵素反応液

反応液の pH と緩衝液が重要である．一般に酵素は中性付近で用いられる場合が多い．反応する pH を維持するために，反応液には pH 緩衝剤が添加されている．普通は Tris（トリス）と塩酸を含む緩衝液（Tris-HCl）が用いられる．

遺伝子操作に用いられる大部分の酵素は二価金属イオンを反応に必要とする．二価金属イオンは基質となる DNA あるいは RNA のリン酸基の負電荷に作用して酵素活性に寄与する．二価金属イオンとしては $Mg^{2+}$ が最もよく用いられるが，酵素の種類によってはそれ以外（$Mn^{2+}$ 等）を活性のために必要とする場合もある．

酵素は種類によって異なった濃度の一価金属イオン（ナトリウムイオンあるいはカリウムイオン）を必要とする．特に制限酵素は酵素ごとに異なった濃度と種類の一価金属イオン濃度依存性をもっている．しかし，多数の制限酵素それぞれに異なった反応液を準備することは煩わしいので，一価金属イオン濃度の異なる数種類の反応液（L：低塩濃度，M：中塩濃度，H：高塩濃度，等）を準備して用いられる場合が多い．

酵素類は不安定であるため，酵素安定化のために保存中あるいは反応液中に安定化材が添加される．例えば SH 基還元剤（2-メルカプトエタノール，グルタチオン），BSA（bovine serum albumin：ウシ血清アルブミン），中性界面活性剤（Triton-100）等が添加される．特に，酵素の保存は低温が好ましいが，凍結すると酵素は失活する．そこで低温での凍結を防ぐために，酵素溶液には高濃度（50％）のグリセロールが添加されて $-20℃$ で保存される．

## C スター活性

制限酵素はその認識配列が酵素ごとに決まっている．しかし，反応条件が適切でない場合には，認識配列の厳密さが失われて，認識配列以外の配列を切断してしまう場合がある．この認識配列以外の配列を切断する活性はスター活性 star activity と呼ばれる．スターは星印のことで，本来の認識配列以外の切断配列に星印をつけたことに由来している．個々の制限酵素のスター活性，すなわちどのような酵素がどのような条件でどのような配列を切断してしまうかということについては，酵素の説明書に詳しく記載されている．一般的には以下のような条件がスター活性を誘導してしまう．a）高濃度の酵素や高濃度のグリセロール．これらは，必要以上に多量の酵素を添加することによって引き起こされる．b）不適切な pH やイオンの濃度と種類．これは，反応液の選択を間違った場合の他，連続して複数の酵素反応を行う場合に引き起こされる．

## D 活性を表す単位（ユニット）

実際に使用する酵素量は，どれくらいの基質（DNA 量）をどれくらいの反応時間で処理できるかという酵素活性量で表示する．その単位（ユニット unit）は酵素の種類ごとに異なる．場合によっては，1 種類の酵素に対しても異なった単位が用いられるので，単位がどのようなものであるのかを

説明書で確認することが重要である.

### E 酵素の阻害因子

以上のような注意や3.1.2で説明したDNAのメチル化を考慮しても期待した反応が起きない場合には，酵素の阻害因子を考える必要がある．それらは，EDTA（エチレンジアミン四酢酸）とDNAの不純物である．EDTAは二価金属イオンのキレーターとして，二価金属イオンを除去するのに用いられる．DNAは一般に化学的には安定であるが，ヌクレアーゼによって分解される．多くのヌクレアーゼは二価金属イオンを活性発現に必要とするので，DNAを保存する場合にはEDTAを含む溶液中で保存する．これが，次の反応液中にもち込まれると反応を阻害する場合がある．DNAは一般に何らかの生物から単離精製される場合が多い．しかし，DNAの単離精製の度合いが不十分な場合，不純物として共存するタンパク質や糖類によって遺伝子操作用酵素が阻害される．

### F 制限酵素切断に必要なDNA鎖長

また，制限酵素が酵素活性を発現するためには，ある程度の長さの二本鎖DNA部分が認識配列の外側に必要である．すなわち，6塩基認識の制限酵素であっても8塩基以上のDNAの長さがないと切断しない場合がある．必要な長さは制限酵素の種類によって異なるが，次節で解説するベクターのMCS（マルチプルクローニング部位）の隣接する2つの部位で切断しようとしても後から用いる酵素で切断されない場合が多い．

## 3.1.10 ── ◆ ベクター

ベクターvectorとは数学のベクトルと語源を同じくし，方向や乗り物を意味する単語である．遺伝子工学におけるベクターは，お客となるDNA断片を載せて細胞内でそのDNA断片を複製増幅する乗り物として用いられる．ベクターにはプラスミドベクターとファージベクターの2種類がある．プラスミドベクターは細胞内では独立したDNAとして複製増幅する．一方，ファージphageはウイルスの一種で細胞に感染する粒子のことであり，細菌（バクテリア）に感染するものをバクテリオファージ（単にファージと略す場合が多い）と呼ばれる．プラスミドplasmidが単なるDNAであるのに対し，ファージはDNA（あるいはRNA）ゲノムがタンパク質（および脂質膜）で包まれた粒子である．ファージ粒子は宿主細胞に感染するとそのゲノムDNA（あるいはRNA）を細胞内に注入し，宿主細胞の遺伝機構を利用して複製増殖し，再び粒子として細胞外に放出される．

## 3.1 遺伝子工学の道具 酵素とベクター

**表 3.1 大腸菌プラスミドベクターと大腸菌ファージベクターの比較**

|  | 大腸菌プラスミドベクター | 大腸菌ファージベクター |
|---|---|---|
| ベクターの形態 | 環状二本鎖 DNA | DNA が殻に包まれた粒子 |
| 大腸菌への DNA の導入方法 | 形質転換 | 感染 |
| 大腸菌への DNA 導入効率 | 低い | ほぼ 100 % |
| クローンの単離方法 | 薬剤耐性コロニー形成 | プラーク形成 |
| 単離のマーカー | 薬剤耐性遺伝子 | プラーク形成能 |
| クローニングできる DNA サイズ | 概ね数 kbp 以下 | 概ね 20 kbp 以下 |

## A プラスミドベクター

プラスミドベクターの中でも代表的 pUC19 を図 3.12 に図示した．個々のプラスミドには名前が付いている．プラスミドの名前の最初は小文字の p である場合が多い．これは plasmid の頭文字である．UC は一連のプラスミドに与えられた名称で，番号の異なるほぼ同じ配列のプラスミドが使われる．pUC19 はその 1 つということになる．現在用いられているプラスミドベクターの多くは Col El 系プラスミド由来で，初期は pMB9，pBR322 などが用いられたが現在は使われていない．現在は，pUC およびその派生プラスミドがもっぱら用いられる．

プラスミドは宿主となる大腸菌細胞内で複製増幅するための複製開始点（ORI）を必ずもっている．ベクターとして用いられるプラスミドにはその他に，いくつかの仕組みが組み込んである．まず，プラスミド保持細胞と，プラスミド非保持細胞とを区別するためのマーカー遺伝子がある．マーカー遺伝子としては抗生物質耐性遺伝子が用いられる．図 3.12 の $Amp^r$ はアンピシリン耐性遺伝子を表す．$Amp$ は Ampicillin の最初の 3 文字，肩の r は resistant の略で耐性であることを表している．つまり，$Amp^r$ は抗生物質アンピシリンに耐性になる遺伝子である．大腸菌は抗生物質アンピシリンを含む培地中では増殖できない．しかし大腸菌細胞内に $Amp^r$ 遺伝子をもつプラスミドがあると，その大腸菌細胞はアンピシリンを含む培地でも増殖し，アンピシリンを含む寒天培地の上でコロニー（p.78，Tea break 参照）となる．

MCS は multiple cloning site（多重クローニング部位）の略である．クローニング部位とはベクターに外来 DNA を挿入する場所のことである．ベクターに外来 DNA を挿入する際には，まずベクターを制限酵素で切断してそこに外来 DNA を結合する．もし，ベクターの複製増幅に必要な配列を切断してそこに外来 DNA がつなぎ込んでしまうと，ベクターの複製が起こらなくなる．そこで，そういう問題が起こらない場所を制限酵素で切断して外来 DNA を挿入する．その場所がクローニング部位である．ベクターに切断部位が複数箇所ある場合の結合反応は厄介なので，プラスミドを 1 か所だけ切断する制限酵素の切断部位がクローニング部位として用いられる．

こうした基準を満たすクローニング部位は初期のベクターでは一種の制限酵素だけであった．そこで，人工的にたくさんのクローニング部位を導入したベクターが作製された．このようなクローニング部位には多数の制限酵素の切断部位を並べてあるので，多重クローニング部位と呼ばれる（図 3.12）．

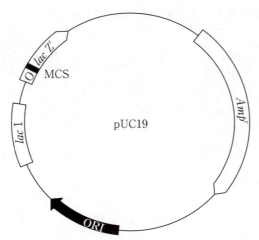

```
MCS         HindⅢ  SphⅠ   PstⅠ   SalⅠ   XbaⅠ   BamHⅠ  SmaⅠ   KpnⅠ   SacⅠ   EcoRⅠ
         5' GCT ATG ACC ATG ATT ACG CCA AGC TTG CAT GCC TGC AGG TCG ACT CTA GAG GAT CCC CGG GTA CCG AGC TCG AAT TCA 3'
         3' CGA TAC TGG TAC TAA TGC GGT TCG AAC GTA CGG ACG TCC AGC TGA GAT CTC CTA GGG GCC CAT GGC TCG AGC TTA AGT 5'
         Lac Z'  Met Thr Met Ile Thr Pro Ser Leu His Ala Cys Arg Ser Thr Leu Glu Asp Pro Arg Val Pro Ser Ser Asn Ser →
```

**図 3.12　プラスミドベクター pUC19 の構造模式図**

プラスミドは環状二本鎖 DNA で円形の線で表してある．プラスミドにはいくつかの遺伝子と複製に必要な配列があるが，それらは矢印あるいは帯で表してある．ORI は Origin の略で複製開始点，$Amp^r$ はアンピシリン耐性遺伝子，lac Ⅰ はラクトースリプレッサー遺伝子，lac Z' は β-ガラクトシダーゼの N 末端断片（α-ペプチド）の遺伝子，O はラクトースオペロンのオペレーターでラクトースリプレッサーの結合部位，MCS は multiple cloning site の略で多重クローニング部位である．MCS は lac Z' 遺伝子の N 末端側に挿入されている．MCS の DNA 配列を図の下部に書き出してある．MCS には多数のクローニング部位がある．この部位の DNA 配列は転写翻訳されて α ペプチドとなる．α ペプチドは左から右の方向に転写翻訳される．翻訳の結果できるアミノ酸配列が最下段に 3 文字表記で記載されている．

## B　青白判定

　プラスミドベクターにはクローニングを効率よく行うための工夫がある（図 3.13）．プラスミドベクター pUC19 には，外来 DNA がクローニング部位に結合したかどうかを見分ける仕組みが組み込まれている．その仕組みは，β（ベータ）-ガラクトシダーゼ β-galactosidase という酵素が X-gal という基質に反応して青色の色素をつくり出す仕組みである．β-ガラクトシダーゼを分断して N-末端側断片 α（アルファ）ペプチドと C-末端側断片 ω（オメガ）ペプチドにすると，それぞれのペプチドは β-ガラクトシダーゼ活性をもたない．2 つのペプチドが結合すると β-ガラクトシダーゼ活性が復活する．β-ガラクトシダーゼは lac Z 遺伝子から発現するが，lac Z 遺伝子を分断した時の N-末端側の lac Z' 遺伝子と C 末端側の lac Z Δ M15 遺伝子の 2 つの遺伝子が用いられる．lac Z' 遺伝子のダッシュ ' は，遺伝子の後半が失われた遺伝子である．lac Z' 遺伝子からは α ペプチドが，lac Z Δ M15 遺伝子からは ω ペプチドが発現する．pUC19 には lac Z' 遺伝子があるので α ペプチドが発現する．一方，宿主大腸菌は lac Z Δ M15 遺伝子を保持しており，この遺伝子から ω ペプチドが発現する．α ペプチドと ω ペプチドは結合して，β-ガラクトシダーゼ活性を発現し，β-ガラクトシダーゼ活性によって X-gal が分解して青色の色素ができ，大腸菌のコロニーは青色になる．

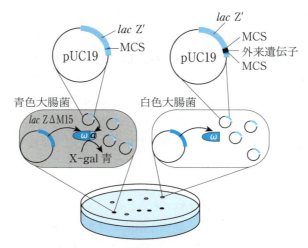

**図 3.13 大腸菌コロニーの青白判定**
寒天栄養培地にはプラスミド保持菌を選択的に生育させるための抗生物質アンピシリン，ラクトースレプレッサーと結合して lac Z′ 遺伝子からαペプチドの発現を誘導する IPTG, 分解して青色となる X-gal を共存させる．大腸菌中プラスミド上の lac Z′ 遺伝子から発現するαペプチドは，大腸菌 DNA 上の lac ZΔM15 遺伝子から発現するωペプチドと融合してβ-ガラクトシダーゼ活性をもち，X-gal を分解して青色に発色し（左：青色大腸菌）コロニーは青くなる．一方，大腸菌中プラスミドのクローニング部位 MSC に外来 DNA（黒太線）が挿入されると lac Z′ 遺伝子が破壊されるために，正常のαペプチドは翻訳されない．β-ガラクトシダーゼ活性がないので，コロニーは白色となる（右：白色大腸菌）．

　一方，lac Z′ 遺伝子を発現させるためには，IPTG を培地中に添加する必要がある．lac Z′ 遺伝子の上流には lac オペレーター operator（図 3.12 の O）がある．一方，プラスミドの lac I 遺伝子からはラクトースリプレッサー lactose repressor が発現しているが，ラクトースリプレッサーは lac オペレーターに結合して lac Z′ 遺伝子の発現を抑制する．IPTG は本来の誘導物質であるラクトースの類似分子で，ラクトースリプレッサーに結合する．ラクトースリプレッサーは IPTG が結合すると lac オペレーターから解離するので，lac Z′ 遺伝子の発現が誘導される．lac Z′ 遺伝子から発現するαペプチドが大腸菌遺伝子から発現するωペプチドと結合してコロニーが青色になる．ここまでが，コロニーが青色になる仕組みである．
　ところで，lac Z′ 遺伝子の上流端には MCS がある．MCS に外来 DNA 断片が結合すると，lac Z′ 遺伝子に余分な配列が挿入されてしまうことになる．また外来 DNA の塩基数によっては，lac Z′ 遺伝子の読み枠がずれる．いずれにせよ，もはや正常なαペプチドが合成されないため，β-ガラクトシダーゼの活性は発現しない．つまり，IPTG と X-gal を含む培地でもコロニーの色は白色となる．つまり，MCS に外来 DNA 断片がうまく結合したプラスミドをもつ大腸菌は白色のコロニーとなる．この仕組みによってプラスミドの MCS に DNA 断片が挿入されているかどうかをコロニーの色が白いか青いかで判別できる．この仕組みは青白判定と呼ばれる．

### C 大腸菌の形質転換

　大腸菌にプラスミドを取り込ませる操作を形質転換 transformation と呼ぶ．形質転換とは，DNA

によって細菌の形質を転換することを意味している．形質転換は，肺炎球菌 R 型菌に S 型菌の DNA を与えて S 型菌に変えたアベリー Avery の実験でよく知られている．抗生物質耐性遺伝子をもつプラスミドを細菌が取り込むと，抗生物質感受性菌が抗生物質耐性に形質転換する．そこで，遺伝子操作でプラスミドを取り込ませる操作も形質転換と呼んでいる．遺伝子操作に慣れて日常的にプラスミドでの形質転換を行うようになると，「大腸菌にプラスミドを形質転換する」といいたくなるが「大腸菌をプラスミドで形質転換する」という表現が本来の表現である．

　アベリーが用いた肺炎球菌は特別な操作をしなくても DNA を取り込む性質をもっている．これは自然形質転換能と呼ばれる性質で，自然界で強い自然形質転換能をもつ生物はそれほど多くない．大腸菌も自然形質転換能をもたないので，特別の操作を行うことで形質転換を行う．その方法は大きく分けると化学的形質転換法と電気穿孔法の 2 つである．

　化学的形質転換法では，培養した大腸菌を特別な組成の試薬で処理することで，DNA を取り込める状態にする．DNA を取り込める状態になった細胞はコンピテントセルと呼ばれる．Competent とは何かをする能力があるという意味であるが，遺伝子操作では形質転換する能力があることを意味していて，コンピテントセルは形質転換受容性細胞と訳される．コンピテントセルを作製するための様々な方法が開発されている．コンピテントセルは，塩化カルシウムや塩化マンガン，ポリエチレングリコールを用いる方法や低温培養法によって作製される．

　電気穿孔法では高電圧パルスで細胞膜に穴をあけることで溶液中の DNA を大腸菌細胞内に取り込ませる．電気穿孔法では，電解質を含まない溶液に大腸菌細胞を懸濁する必要がある．溶液中に電解質が含まれると，高電圧で高電流が流れ発熱により大腸菌細胞が死滅したり，高温による突沸で大腸菌細胞が飛び散ってしまう．電気穿孔法では形質転換に用いるプラスミド DNA と大腸菌細胞を混ぜた溶液に高電圧パルスを印加する．パルス時間が長すぎたり電圧が高すぎると大腸菌が死滅するが，大腸菌細胞のうち 50% 程度が死滅するパルス時間と電圧で最もよい形質転換効率が得られる．

---

### ▎Tea break　コロニーとプラーク，cfu と pfu，MOI

　コロニーとは元々はローマの植民都市のこと．微生物学では，1 個の細胞が分裂して細胞の塊をつくったものをコロニーと呼ぶ．もともと 1 つの細胞に由来しているので，コロニーのどの細胞をとっても同じ遺伝子型をもつクローン細胞の集まりになっている．寒天培地の上に，大腸菌細胞を培養して，1 つの細胞に由来する多数の細胞の塊を一晩で得ることができる．これが，遺伝子工学の強力な武器となっている．

　細胞を含む溶液中にどれだけの細胞があるかを数えることはそれほど簡単ではない．顕微鏡やレーザーを用いた装置が細胞の数を数えるのに用いられている．しかし，その操作は煩雑である．細胞を含む溶液を希釈して，寒天培地上に塗布し，一晩培養すると 1 つの細胞が増殖して肉眼で見えるコロニーを形成する．そこで，コロニーの数を数えて希釈倍率を掛けることで，もとの溶液での体積当たりの細胞の数を推定することができる．このように培養してコロニーの数を数えることから推定した細胞数を cfu（colony forming unit）と呼ぶ．直訳するとコロニー形成単位という意味不明の訳になるが，溶液中の増殖できる生細胞数を表している．

　ファージは大腸菌細胞よりさらに小さい．顕微鏡でも点にしか見えないため，顕微鏡で数を数えることも困難である．電子顕微鏡であれば観察できるが，電子顕微鏡は操作が煩雑で数を数えることには全く向いていない．そこで，ファージを宿主細胞と混ぜたあとで寒天培地上に塗布する．通常，軟寒天

（濃度を通常より薄くした寒天）に宿主細胞とファージを混ぜて寒天培地上に固める．ファージがない場所では宿主細胞は増殖を続けて寒天培地の表面全体が宿主細胞で埋められた状態になる．この状態は宿主菌のローン（芝生）と呼ばれる．1個のファージは宿主細胞に感染して，増殖すると感染した細胞のまわりに放出され，まわりの細胞に感染する．これを繰り返すと，最初に1個のファージがあった場所の近くでは宿主細胞が増殖できないため，透明な部分ができる．もともと1個のファージがあった場所は，宿主菌のローンの中で透明な虫食い状態に見える．これをファージのプラークと呼ぶ．プラークとはそもそも植物の葉っぱの虫の食い跡のことを意味している．

　ファージの溶液を希釈して，宿主菌と混ぜて培養し，プラークの数を数えることで溶液中のファージの数を数えることができる．こうして数えたファージの数を pfu と呼ぶ．pfu は plaque forming unit の略で直訳するとプラーク形成単位であるが，感染可能なファージの数を表している．

　ファージを宿主菌に感染させる時に，ファージと宿主菌の比率が MOI で multiplicity of infection 感染多重度の略である．MOI = pfu/cfu で計算する．1つの細胞に平均していくつのファージが感染するかを表すが，実験の目的に応じて，適切な MOI は異なる．適切な MOI となるように，用いる溶液中の pfu と cfu をあらかじめ測定して実験を行う．

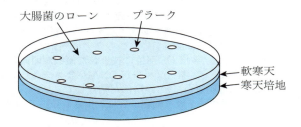

## D　ファージベクター

　プラスミドでの形質転換は特別の操作が必要なのに対し，ファージは特別の操作なしで大腸菌細胞に感染する．ファージは大腸菌に感染して，大腸菌内でファージゲノム DNA を複製して，ファージ粒子を形成，大腸菌細胞外へファージ粒子を放出する．ファージゲノムはこれらの情報を保持している．ファージをベクターとして利用するためにはファージの増殖の仕組みを知っておくことが必要である．遺伝子操作ではいくつかのファージが利用されるが，代表的なものとしてλ（ラムダ）ファージと M13 ファージを取り上げて説明する．この2つのファージの増殖の仕組みを理解しておけば，それ以外のファージに関しては必要となった時に調べれば十分理解できる．

### (1) λ（ラムダ）ファージ

　λファージは現在でもまだ使われることの多いファージである．しかし，溶菌と溶原化という2つの増殖サイクルをもつので，その理解は多少難しい．溶菌サイクルでは文字通り，大腸菌を溶菌して増殖する（図 3.14）．ファージは大腸菌細胞にゲノム DNA を注入すると，ゲノム DNA は大腸菌の遺伝の仕組みを利用して，複製と転写翻訳を行い，多数の娘ファージを細胞内に蓄積する．リゾチームによって細胞壁を分解し，細菌を破壊して娘ファージは細胞外に放出される．十分希釈したλファージを宿主菌に感染させた後，軟寒天（薄い濃度の寒天）と混合して寒天培地の上に固めた物を保温

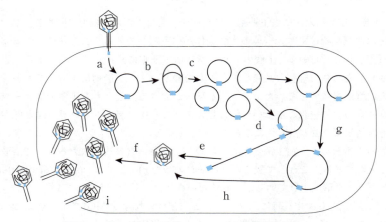

**図3.14 λ（ラムダ）ファージの溶菌サイクル**

λファージの頭殻にはファージDNAが収納されている．ファージDNAは二本鎖環状であるが，COS部位（青四角）で切断され直鎖状で頭殻に収納されている．a) ファージは大腸菌に結合し，ファージゲノムDNAを大腸菌細胞内に注入する．ファージDNAはCOS部位で結合して環状となる．b,c) ファージDNAはθ（シータ）型の複製により増幅する．同時にファージDNA上にある遺伝子の転写翻訳が起こり，ファージの頭殻や尾部を形成するタンパク質が合成される（図示していない）．d) ローリングサークル形式の複製によっていくつものファージゲノムがつながったコンカテマー二本鎖DNAが合成される．e) 2つのCOS部位に挟まれた領域が頭殻に収納され，f) 尾部が頭殻に結合してファージが完成する．g) 環状ファージDNAが2つ結合して2つのCOS部位ができたDNAも，h) ファージ頭殻に収納されて，f) 尾部が結合してファージとなる．i) ファージは溶菌酵素（リゾチーム）によって細胞壁を破り細胞の外に放出される．この過程で大腸菌は溶菌し死滅する．

しておくと，宿主菌が軟寒天中で増殖して一面が薄茶色になる．これは大腸菌のローン（芝生）と呼ばれる．最初にファージがあった場所ではファージ感染によって宿主菌が溶菌して透明な部分ができる．これはプラークと呼ばれる（p.78, Tea break 参照）．

λファージは溶原化してプロファージとなる（図3.15）．溶原化とはファージゲノムが独立して複製せず宿主菌のゲノムに組み込まれた状態をいう．その状態のファージゲノムはプロファージと呼ばれる．プロファージをもつ大腸菌細胞（溶原菌）の増殖が溶原菌の増殖サイクルである．組み込まれたプロファージは紫外線照射などによって再び宿主ゲノムから切り出されて，溶菌サイクルに移行し，宿主菌を溶菌して増殖を始める．つまりλファージは溶菌サイクルと溶原化サイクルの両方をとる．λファージが溶菌サイクルに入るか溶原化サイクルに入るかはファージベクターの種類と宿主の種類に依存しており，2つのサイクルを目的に応じて使い分ける．

## （2）M13ファージ

M13ファージはF1型ファージとも呼ばれる．M13ファージは環状一本鎖DNAをゲノムとしてもつファージで，細長い形状から繊維状ファージとも呼ばれる．M13ファージは性線毛（Fピリ）から感染し（図3.16），大腸菌細胞内で複製すると宿主の生育が遅くなるが，宿主細胞を殺すことはない．したがって，宿主菌とともに軟寒天中で保温するとファージが感染した場所の大腸菌の生育が遅くなるので，周囲より大腸菌密度の薄い部分ができる．λファージと異なりM13ファージは大腸菌を溶菌するわけではないので，M13ファージのプラークは半透明のプラークとなる．M13ファージ

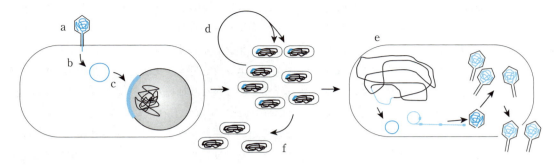

**図 3.15 λ（ラムダ）ファージの溶原化サイクル**

a) λファージが宿主菌に感染するとファージゲノムが宿主菌に注入され，b) 直鎖状ゲノム DNA は COS 部位で結合して環状となる．c) 環状となったファージゲノムは大腸菌のゲノムに組み込まれる（青）．この過程は溶原化と呼ばれる．大腸菌ゲノムに組み込まれた状態のファージ DNA（青）はプロファージと呼ばれる．d) プロファージを保持する大腸菌，溶原菌は，正常な大腸菌と同様に複製増殖する．e) 紫外線等の誘導因子によって，プロファージは大腸菌ゲノム DNA から切り出されて，環状ファージゲノムとなり溶菌サイクルに移行する．ファージが形成され細胞膜を破って細胞の外へ放出される．f) 溶原菌はプロファージを失って正常な非感染菌に戻る場合もある．

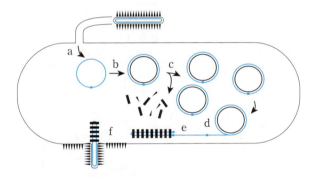

**図 3.16 M13 ファージの増殖サイクル**

a) M13 ファージのゲノムは環状一本鎖 DNA で，M13 ファージは大腸菌の性線毛（F ピリ）に結合してファージ一本鎖 DNA を細胞内に注入する（青）．b) ファージ一本鎖 DNA は大腸菌の仕組みを利用して二本鎖 DNA となる．c) ファージ二本鎖 DNA は複製を繰り返して多数のファージ二本鎖 DNA が細胞内に蓄積するとともに，ファージを構成するタンパク質（黒四角と黒三角）が合成される．d) ファージの一本鎖 DNA がローリングサークル方式によって合成される．e) ファージ一本鎖 DNA の複製開始点（青四角）をファージのタンパク質（黒長四角）が認識して一本鎖 DNA を環状に切り取る．f) ファージ一本鎖 DNA は大腸菌細胞膜上でコートタンパク質（黒三角）をまとい，大腸菌細胞膜を傷つけずに大腸菌細胞外に放出される．

そのものが遺伝子操作で用いられることはほとんどなくなったが，M13 を利用した複合ベクターとして利用されている．

**（3）複合ベクター：ファズミド λZAP**

　プラスミドとファージを組み合わせたベクターは複合ベクターと呼ばれる．プラスミドの取り扱いはファージに比べてはるかに容易で，特に問題がなければプラスミドでの遺伝子操作が行われる．しかし，プラスミドでは数千塩基対以下の比較的短い DNA しか取り扱えない．また，形質転換の効率

はファージの感染効率に比べてはるかに低いので，このあとで説明するゲノムライブラリーを作製する場合にはファージベクターが用いられる．ファージベクターで目的のDNAクローンを入手した後の取り扱いはプラスミドで行う．そのために，クローニングした外来DNA断片を切り出して，プラスミドへ再度クローニングする．この操作をサブクローニングと呼ぶ．しかし，多数のDNA断片を取り扱う場合など，いちいちサブクローニングを行うことはかなり煩雑な操作になる．そこで開発されたのがプラスミドとファージを組み合わせてつくられたファズミドベクターλZAPである．このベクターはλファージベクターなので，高い感染効率でクローニングを行うことができる．その後のサブクローニングを簡単な操作で行い，クローニングしたDNA断片をプラスミドとして扱うことができる（図3.17）．

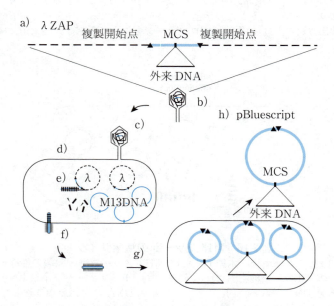

**図3.17　ファズミドλZAP**

a) λZAPはλファージゲノム（黒破線）の中央部にプラスミドpBluescript（色太線）が結合した構造である．プラスミドの両端にはM13の複製開始点が2つに分断されて（黒三角）結合している．図はλZAPのMCS（黒縦線）に外来DNA（黒横線）がクローニングされていることを極細線でつないで表してある．b) 実際にはこのλZAPゲノムはファージ粒子の頭殻の中に収納されている．c) このファージをM13保持菌に感染させる．d) M13保持大腸菌細胞内にはM13のゲノム（青細線）が複数あり，そこから多数のM13タンパク質が転写翻訳されている（黒三角，黒四角）．感染したλZAPのゲノム（黒破線）は大腸菌細胞内で複製増幅する．e) M13のタンパク質はλZAPのM13複製開始点（黒三角）を認識して，複製開始点から複製開始点までを切り出して，f) 一本鎖環状DNAとしてM13ファージ粒子となり放出される．このM13ファージ粒子内にはpBluescriptの一本鎖DNAが入っていることになる．g) M13ファージ粒子を別の宿主大腸菌に感染させると，大腸菌細胞内ではプラスミドベクターpBluescript（青太線）となる．pBluescriptはアンピシリン耐性遺伝子をもっているので，M13ファージ粒子が感染した大腸菌はアンピシリン入り寒天培地上にコロニーを形成する．最初のλZAPのMCSにクローニングされていた外来DNA断片はh) pBluescriptのMCSに結合している．このように，λファージにクローニングした外来DNAをM13保持大腸菌への感染させるだけでプラスミドpBluescriptにサブクローニングできる．

## 3.2 遺伝子クローニングと遺伝子ライブラリー

　そもそも，クローン clone というのは1つの細胞に由来して同じゲノムをもつ細胞集団や動植物個体集団のことを指している．例えば，大腸菌のコロニーはどの細胞も1つの大腸菌細胞から分裂したので，クローンである．

　遺伝子クローニング gene cloning とは DNA を生物から取り出して精製し，その中の特定の DNA 領域を大腸菌細胞中で複製増幅する操作を指している（図3.1）．例えばゲノム DNA を制限酵素で切断すると，数千から数百万種類の DNA 断片の混合物となる．それをベクターに結合して複製増幅し，その中から目的とする1種類の DNA 断片を選び出す操作は，遺伝子クローニングあるいは DNA 分子をクローニングするので分子クローニング molecular cloning と呼ばれる．

　こうした操作の途中で，多種の DNA 断片をベクターに結合して大腸菌中で複製増幅する操作が行われるが，その段階の多種の DNA 断片を結合したベクターの混合物あるいはこの混合物を含む大腸菌の集団のことをライブラリー library と呼ぶ．ライブラリーとは図書館のことである．図書館にはたくさんの情報を記録した多数の本がある．ほぼ全遺伝子を網羅するような多種の DNA 断片を結合したベクター混合物は，あたかも図書館のようにほぼ全ての遺伝子の情報を含んでいるので遺伝子ライブラリーと呼ばれる．

### 3.2.1　ゲノムライブラリー

　ゲノムライブラリー genome library はゲノム DNA から作製される．ゲノム DNA を適当な制限酵素で切断してベクターと結合する．目的とする遺伝子の周辺に都合よく制限酵素切断部位がある場合はよいが，一般にはそうとは限らない．そこで，切断部位が近接して多数ある Sau3A I で部分分解する方法がしばしば用いられる（図3.18）．Sau3A I は4塩基（GATC）を認識するので完全切断すると DNA 断片は短すぎるが，部分分解することで適当な長さ（例えば数千塩基対程度）の DNA 断片とする．すると，多数の切断パターンの中にうまく目的の配列をすべて含む断片が得られる確率が高まる．この部分切断 DNA 混合物をベクターと結合し，増幅することでゲノムライブラリーが得られる．

### 3.2.2　cDNA ライブラリー

　mRNA に相補的配列をもつ DNA は cDNA と呼ばれる．c はサイクリックではなく，相補的 complementary の略である．二本鎖 DNA は常に互いに相補的配列をもつが，mRNA に相補的配列をもつ DNA とその二本鎖 DNA に対してのみ cDNA という名称が用いられる．多種の cDNA をベ

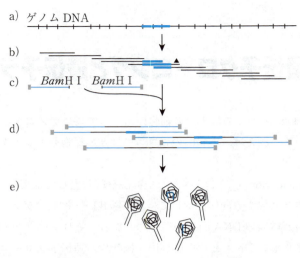

**図 3.18　ゲノムライブラリー作製法**
a) ゲノム DNA を四塩基認識の制限酵素（Sau3A I）で部分分解する．黒縦線が Sau3A I の認識部位である．b) 多種類のゲノム DNA 部分分解断片ができる．部分分解すると様々な位置での切断が起きるため，目的とする領域（青太線）をすべて含む断片（三角印）を得る確率が高まる．c) 制限酵素 BamH I で切断したλファージベクター（λファージは切断によって2つの断片となるので，それぞれ左腕，右腕と呼ぶ）と部分分解ゲノム DNA 断片を結合する．d) 様々な部分分解ゲノム DNA 断片を結合したλファージ DNA ができる．e) それをパッケージングエキストラクトと混合するとファージ粒子ができ上がる．大腸菌に感染させてファージを増殖してライブラリーを作製する．パッケージングエキストラクトとは，ファージ粒子をつくるために必要なすべてのタンパク質を含む混合物のことで，COS 部位（灰色縦線）を認識して COS 部位に挟まれた DNA を頭殻に詰め込みファージ粒子を形成する．

クターと結合して増幅することで cDNA ライブラリー cDNA library が作製される（図 3.19）．

### 3.2.3　◆ ゲノムライブラリーと cDNA ライブラリーの比較

　ゲノム DNA と mRNA を比較するといくつかの点で違いがある．mRNA に転写されるのはゲノム DNA のごく一部であり，プロモーターやエンハンサーなどの転写制御因子はもちろん，遺伝子の上流と下流の領域，真核生物ゲノムの大部分を占める非遺伝子領域は転写されない．疑似遺伝子 pseudogene（元々遺伝子であったが，機能を失った配列）は通常 mRNA とならない．また，遺伝子領域であっても，イントロンは mRNA になる過程で取り除かれる．したがって，イントロンや転写制御情報，遺伝子以外のゲノム配列すべての情報を得るためにはゲノムライブラリーが必要となる．一方，発現するタンパク質に関する情報を得るためには cDNA ライブラリーが適当である．
　クローニング操作の点でも cDNA ライブラリー作製とゲノムライブラリー作製で違いが生じる．ゲノムライブラリーは cDNA ライブラリーに比べて一般に長い DNA 断片を多種類取り扱う必要があるので，ファージでライブラリーをつくる場合が多い．また，ゲノム DNA は体のどの組織からとっても基本的に同一で，配列はゲノムのどの部分も均等な頻度であるのに対し，mRNA は遺伝子ごとに組織によって転写頻度が異なるので，目的とする遺伝子が発現している組織から mRNA を調製

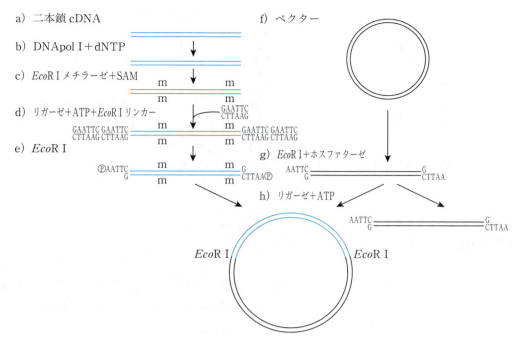

**図 3.19 cDNA ライブラリーの作製方法**

a) 図 3.11 で作成した二本鎖 cDNA の末端を，b) 大腸菌 DNA ポリメラーゼ I と dNTP（デオキシリボヌクレオシド三リン酸，dATP, dCTP, dGTP, dTTP の混合物）を用いて平滑にする．c) 後で EcoR I で切断した時に cDNA が切断されるのを防ぐために SAM（S-アデノシルメチオニン）を基質として EcoR I メチラーゼで EcoR I 認識配列をメチル化する．d) EcoR I リンカーを cDNA 末端に結合する．複数の EcoR I リンカーが結合する．e) EcoR I でリンカーを切断する．5′ 末端にはリン酸基（P）が結合している．f) プラスミドベクターのクローニング部位を，g) EcoR I で切断しアルカリホスファターゼで処理して 5′ 末端のリン酸基を除去する．h) cDNA とベクターをリガーゼで結合する．一般には a) の cDNA は多種の mRNA から作製した多種の cDNA の混合物なので，h) の産物で大腸菌を形質転換して増幅すると，cDNA ライブラリーとなる．h) で cDNA と結合しなかったベクターは，5′ 末端のリン酸基がないため，末端の EcoR I 部位で結合して環状化すること（自己環化）ができないので増幅されない．

して cDNA を作製する必要がある．

### 3.2.4 ◆ 遺伝子クローニング方法

遺伝子クローニング（図 3.20）ではゲノム DNA あるいは mRNA を出発材料として（ステップ 1），いくつかのステップを経て，ライブラリーを作製して（ステップ 4），ライブラリーから目的のクローンを選び出す（ステップ 5）．PCR（3.5 参照）を用いると目的の DNA 配列を特異的に増幅できる場合も多いので，普通ライブラリーとは呼ばないが，その中から目的とする配列を選び出すことができる．ライブラリーの中から目的とする遺伝子を選び出すための多くの方法が考案されている．ここでは，その考え方の基本についてのみ解説する．

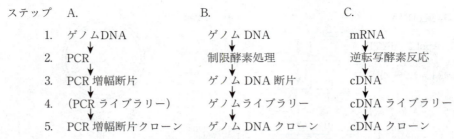

**図 3.20 遺伝子クローニングの材料とステップ**
ゲノム DNA あるいは mRNA から，ライブラリーを作製してその中から目的のクローンを選択する．

## A 配列情報をもとにしたクローニング法

　大部分の代表的生物に関しては既に全ゲノム配列が報告されているので，多くの生物の多くの遺伝子に関しては既に配列情報がわかっている場合が多い．その場合にはライブラリーを作製する必要は必ずしもなく，ゲノム DNA あるいは cDNA から PCR 法によって目的配列を増幅し，クローニングを行うことが可能である．

　PCR が困難な場合にも，既知の配列情報をもとにプローブ（標識した短鎖 DNA）を作製してコロニーハイブリダイゼーション法（図 3.21）あるいはプラークハイブリダイゼーション法（図 3.21）を用いて目的の配列をもつプラスミドあるいはファージクローンを選び出すことができる．配列情報としては，類似生物ですでにわかっている配列をもとに当該生物ゲノム中で見つかる相同配列や目的遺伝子で頻度高く保存されている配列をもとにプローブの作製が行われ，その配列をもつクローンの選択を行う．

　全く新規のタンパク質である場合には，アミノ酸配列の分析が行われる．タンパク質の N-末端からエドマン分解法という方法でアミノ酸配列を解析する．タンパク質分解酵素を用いてタンパク質を数個の断片に分けた後にアミノ酸配列を解析すればタンパク質ほぼ全長のアミノ酸配列を得ることもできる．こうして得たアミノ酸配列を逆翻訳して DNA 配列を推定することができるので，5～10 個のアミノ酸配列情報から推定した DNA 配列をもとにプローブを作製することができる．メチオニンとトリプトファン以外は個々のアミノ酸に対して複数コドンの可能性があるので，DNA 塩基配列は一通りには決まらない．しかし，アミノ酸配列に対応するいくつかの DNA 配列の組合せに絞り込むことはできる．そこで，そのいくつかの DNA 配列をもとにプローブを作製して，混合プローブとしてコロニーハイブリダイゼーションあるいはプラークハイブリダイゼーションが行われる（図 3.21）．

## B DNA 化学合成とその他のクローン検出法

　前項で述べたように DNA ポリメラーゼによって DNA 合成を行う際に放射標識したヌクレオチドを取り込ませて放射性プローブを合成するが，PCR で用いるプライマーや比較的短いプローブ DNA は，DNA 合成機で化学的に合成される．100 ヌクレオチド程度までの長さの DNA は機械で合成で

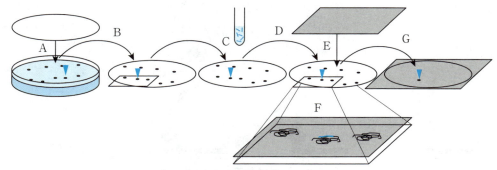

**図 3.21　コロニーハイブリダイゼーション**

A) コロニーのできた寒天培地にナイロンろ紙を置きコロニーを吸着する．
B) ろ紙を処理して大腸菌プラスミド DNA を一本鎖に解離し，ろ紙に固定する．
C) 放射性同位体を含むプローブ（DNA 断片：試験管内）とハイブリダイズさせる．
D) ハイブリダイズしなかったプローブを洗い流す．
E) X 線フィルム（灰色）と重ねて暗所に置く．
F) E のろ紙上の四角で示した場所の拡大図．プローブ（青線）がハイブリダイズした大腸菌プラスミド DNA（黒線）のある場所は放射線が X 線フィルムを感光する．
G) X 線フィルムを現像するとコロニーのあった場所が黒点となる．F で拡大した場所が B のろ紙上の四角に対応するので，A の青三角で示したコロニーがプローブとハイブリダイズした配列をもつプラスミド保持クローンであることがわかる（A と B のコロニーの位置は裏表で反転していることに注意）．ファージライブラリーのプラークで同様の操作を行った場合をプラークハイブリダイゼーションと呼ぶ．

きる．推定した塩基配列に基づいて合成を請け負う業者があるので通常，業者に依頼して合成することが多い．

　以前は，プローブとしては放射性同位元素で標識したプローブがもっぱら用いられたが，現在は非放射性の様々な標識方法と検出方法が用いられている．図 3.22 に様々な検出方法を図解した．

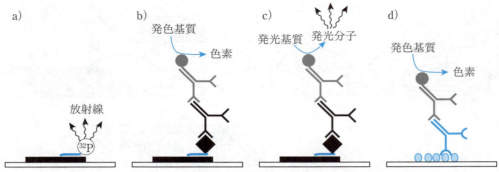

図3.22 様々なクローン検出方法

a) 放射性同位元素法：$^{32}$P で標識した DNA プローブ（青線）をナイロンろ紙に固定した標的 DNA 配列（黒）にハイブリダイズする．$^{32}$P からの放射線を検出する．b) 発色法と蛍光法：プローブ（青線）には特異的分子（AAF，DIG 等）を結合しておく．特異的分子に一次抗体（黒）を結合し，一次抗体に酵素（灰色円）結合二次抗体（灰色）を結合，酵素反応で発色基質から色素を生成して発色する．酵素反応で蛍光色素を生成すれば紫外線照射で蛍光色素は蛍光を発する．c) 発光法：b) と同様に酵素を標的 DNA 配列に結合させ，発光基質を反応して発光分子を生成し発光させる．d) ウェスタン法：クローンライブラリーのコロニーあるいはファージライブラリーのプラークで遺伝子からタンパク質を発現させ，発現したタンパク質（薄青楕円）を PVDF 膜に結合させる．タンパク質にタンパク質特異的抗体（青）を結合する．タンパク質特異抗体に酵素結合二次抗体（灰色）を結合させ，発色基質から色素を生成して発色する．蛍光色素を生成して蛍光で検出，あるいは発光基質を用いて発光によって検出することもできる．

### C 目的とするタンパク質を発現させて検出する方法：ウェスタン法

既知の遺伝子の情報が類似遺伝子を含めても全くない場合には，その遺伝子の産物であるタンパク質を発現させてその性質を用いたクローニングが検討される．

タンパク質の発現は大腸菌で行う場合が多い．ゲノムライブラリーは大腸菌における転写翻訳に適していないので，大腸菌で遺伝子発現が可能なプロモーターをもつベクターを用いて cDNA ライブラリーを作製する．その cDNA ライブラリーのファージあるいはコロニーで cDNA にコードされたタンパク質を発現させ，その中から目的とするタンパク質を発現するクローンを選び出す．例えば，発現したタンパク質を目的のタンパク質の抗体で検出して，抗体が結合するクローンを選び出せばよい（図3.22）．

## 3.3 DNA 塩基配列決定法

目的の性質をもつ DNA クローンが選び出されると，その遺伝子の性質を調べることが可能になる．最初に行うべき解析の1つが DNA 塩基配列決定である．新旧様々な DNA 塩基配列決定法が開発され利用されている．初期にはマキサム・ギルバート Maxam-Gilbert 法が用いられたが，現在はほとんど用いられない．ここでは，代表的な方法であるサンガー法あるいはジデオキシ法について解説す

る．この方法はサンガー（F. Sanger）らが開発したジデオキシリボヌクレオチドを用いる方法である．リボヌクレオチドと比べて，デオキシリボヌクレオチドは 2′ のヒドロキシ基がないが，ジデオキシリボヌクレオチドは 2′ と 3′ のヒドロキシ基がない（図 3.23）．ジデオキシリボヌクレオシド三リン酸は DNA の伸長反応で取り込まれるが，3′ のヒドロキシ基がないので反応はそこで停止する．アデニン，シトシン，グアニン，チミンのジデオキシリボヌクレオシド三リン酸が複製 DNA 鎖に取り込まれると，それぞれのヌクレオチドが取り込まれた位置で伸長反応が停止することになる．電気泳動によって長さの異なる DNA を分離して，その末端にどのヌクレオチドが結合しているかを判別することによって DNA の塩基配列を判読することができる（図 3.24）．

現在は，DNA ポリメラーゼ反応溶液を自動シークエンサー（自動塩基配列解析装置）にかけて，DNA 配列を読み取る（図 3.25）．その場合には 4 種のジデオキシリボヌクレオシド三リン酸 ddATP，ddCTP，ddGTP，ddTTP のそれぞれに異なった色の蛍光を出す色素を結合しておく．すると，結合したジデオキシヌクレオチドが何であるか，蛍光を分光分析することで判定することができる．キャピラリー電気泳動を行って，キャピラリーの末端から溶出する DNA 断片の末端にどのジデオキシヌクレオチドが結合しているかを読み取り，自動的に判読して DNA 塩基配列の解読が行われる．

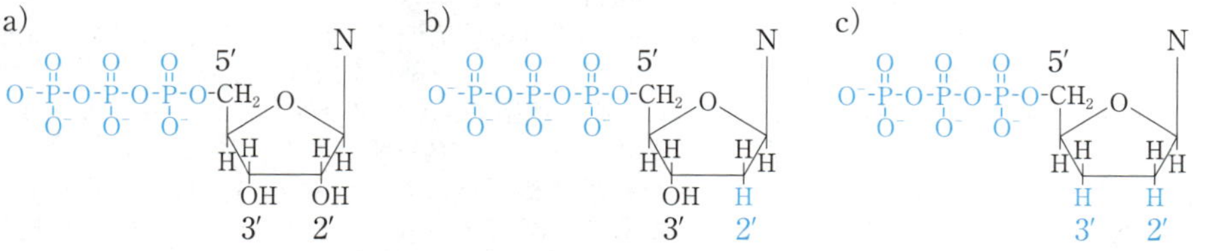

**図 3.23　ヌクレオシド三リン酸の構造**

a) リボヌクレオシド三リン酸, b) デオキシリボヌクレオシド三リン酸, c) ジデオキシリボヌクレオシド三リン酸. a) は RNA, b) は DNA の構造で N は A，C，G，T（U）のいずれかであることを表している．ジデオキシリボヌクレオシド三リン酸は DNA 合成の基質として取り込まれる．しかし，3′ にヒドロキシ基がないので，それ以降の DNA 伸長反応は停止する．

a) 鋳型 DNA　　3'-GGATCTCCGACATAGCAATTCGG-5'
　　プライマー　5'-CCTAGAGG
　　非標識　　　dTTP, dATP, dCTP, dGTP
　　RI 標識　　　$^{32}$P-dCTP
　　ジデオキシ　ddTTP
　　DNA ポリメラーゼ

b) 鋳型 DNA　　3'-GGATCTCCGACATAGCAATTCGG-5'
　　合成 DNA　　5'-CCTAGAGGCT
　　鋳型 DNA　　3'-GGATCTCCGACATAGCAATTCGG-5'
　　　　　　　　5'-CCTAGAGGCTGT
　　鋳型 DNA　　3'-GGATCTCCGACATAGCAATTCGG-5'
　　　　　　　　5'-CCTAGAGGCTGTAT
　　鋳型 DNA　　3'-GGATCTCCGACATAGCAATTCGG-5'
　　　　　　　　5'-CCTAGAGGCTGTATCGT
　　鋳型 DNA　　3'-GGATCTCCGACATAGCAATTCGG-5'
　　　　　　　　5'-CCTAGAGGCTGTATCGTT

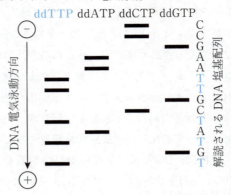

**図 3.24　ジデオキシ法による DNA 塩基配列決定原理**

ジデオキシ法では，塩基配列決定する鋳型 DNA，その 3' 末端に相補的な配列をもつプライマー，非標識のデオキシリボヌクレオシド三リン酸（dATP, dTTP, dCTP, dGTP），放射性同位元素 $^{32}$P で標識したデオキシリボヌクレオシド三リン酸（図では $^{32}$P-dCTP），ジデオキシリボヌクレオシド三リン酸（ddTTP, ddATP, ddCTP, ddGTP）のどれか 1 つと DNA ポリメラーゼを混合して反応する．4 種類の反応液を作製するが，それぞれの反応液中には ddTTP, ddATP, ddCTP, ddGTP のいずれか 1 種類をデオキシリボヌクレオシド三リン酸の約 1000 分の 1 の濃度で添加する．b) では ddTTP を反応させる場合を例示している．鋳型 DNA にプライマーがハイブリダイズする．DNA ポリメラーゼはプライマーの 3' 末端にデオキシリボヌクレオチドを付加していく．$^{32}$P-dCTP が取り込まれると合成されるヌクレオチドが放射性標識されることになる．反応液中には dTTP の約 1000 分の 1 の濃度で ddTTP が混合してある．dTTP が取り込まれた場合には伸長反応がそのまま続くが，ddTTP が取り込まれた場合にはそこで伸長反応が停止する．したがって反応液は，ddTTP が取り込まれるたびに伸長反応が停止した合成 DNA の混合物となる．同様の反応を ddATP, ddCTP, ddGTP に関しても行う．c) 合成された DNA のポリアクリルアミド電気泳動を行い，DNA の長さの違いによって分離する．短い DNA ほど図の下へ泳動する．放射性同位元素で X 線フィルムを感光させると DNA 断片がある場所が黒く感光する．それぞれの反応液から検出された断片の末端にはそれぞれのジデオキシリボヌクレオチドが付加されている．この図では，電気泳動の最先端（図の最下段）まで泳動した分子が ddTTP の反応液で検出されるので，合成された DNA の末端は T であることがわかる．それより 1 塩基長い DNA は ddGTP の反応で検出されるので G，その次は ddTTP の反応で検出されるので T である．同様に泳動先端から順にどの列（レーンと呼ぶ）でバンドが検出されるかを見ていくことで DNA 塩基配列が解読される．

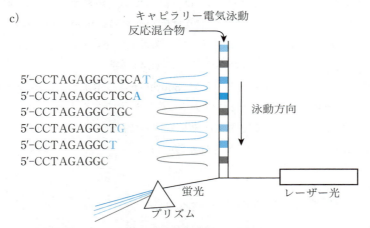

**図 3.25 自動シークエンサー（自動塩基配列解析装置）を用いた DNA 塩基配列決定**
a) 鋳型 DNA と相補的配列をもつプライマー，非標識のデオキシリボヌクレオシド三リン酸（ATP, dTTP, dCTP, dGTP），その約 1000 分の 1 の濃度の蛍光標識したジデオキシリボヌクレオシド三リン酸（ddATP, ddTTP, ddCTP, ddGTP）と DNA ポリメラーゼを混合して反応する．4 種の ddATP, ddTTP, ddCTP, ddGTP には，異なった色の蛍光を発する色素（緑，赤，青，黄）が結合してある（図では色の濃淡で区別してある）．DNA ポリメラーゼ反応を行うと約 1000 分の 1 の確率でどれかのジデオキシリボヌクレオチドが取り込まれ，それ以上の伸長反応が停止する．こうして 1 ヌクレオチドごとに停止した DNA が合成されるが，その末端には末端塩基ごとに異なった蛍光色素が結合していることになる．c) この反応混合物をキャピラリー電気泳動すると，短い DNA から順に下端から流出する．レーザー光を当てた時に発する蛍光を分光してその色を判別することで，DNA 末端の塩基を判別する．溶出される順に末端塩基を読み取れば，塩基配列の解読が行える．蛍光色素の解析は装置によって自動で行われる．

## 3.4 サザンブロッティングとノーザンブロッティング

### 3.4.1 ◆ はじめに

　組織や細胞から得た DNA や RNA が，目的の配列を含むか否かを調べる手段にサザンブロッティング Southern blotting とノーザンブロッティング Northern blotting がある．前者は測定対象がDNA であり，後者は RNA である．両解析法では，試料である核酸をゲル電気泳動で分離し，その後にそれらをニトロセルロース膜などに写し取り反応を進める（blotting）．次に蛍光色素や放射性同位元素で標識化した短い一本鎖の DNA プローブ（探索子）が，相補的な配列の一本鎖 DNA あるいは RNA と結合する性質を利用して結果を判定する（3.4.2 参照）．

　なお，このサザンという名称は開発者名（E.M. Southern）に由来し，偶然に"南の"という言葉であったため，のちに開発された RNA を解析する技術に対称であるノーザン（北の）という名称を当てた経緯がある（なお，タンパク質を電気泳動して抗体で目的のタンパク質の存在を検出する方法をウエスタン（西）ブロッティングという（3.6.4 参照））．

### 3.4.2 ◆ ハイブリダイゼーション

　二本鎖の DNA 分子内では，ATGC の 4 種類の塩基がそれぞれ相補的に TACG と水素結合をしてらせん構造をとっている．二本鎖 DNA は熱を加えて一定の温度に達すると水素結合が解離して，一本鎖の DNA に分離する（変性 denature）．この際，A‒T 間の水素結合は 2 か所であるのに対して，G‒C 間は 3 か所あるため GC 含量の多い DNA ほど変性するのに高熱が必要である．そして，この一本鎖 DNA は生物種に関係なく，温度が低下すると相補的な配列をもつ一本鎖 DNA や RNA と結合する性質がある．この現象をハイブリダイゼーション hybridization という（図 3.26）．

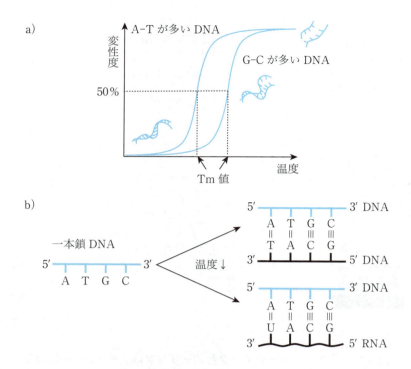

**図 3.26 DNA のハイブリダイゼーション**
a) DNA の変性度と温度の相関概略図．DNA が 50% 変性する温度を Tm 値として表す．A-T 間の水素結合は 2 か所であるのに対して，G-C 間は 3 か所あるため GC 含量の多い DNA ほど Tm 値は高い．b) 一本鎖 DNA は温度が低下すると相補的な配列の一本鎖 DNA や RNA とハイブリダイズする．

### 3.4.3 ◆ サザンブロッティング

#### A 原理と手法

　概略を図 3.27 に示した．制限酵素処理などで断片化した DNA をアガロースゲル電気泳動で分離し，次にアルカリ処理により一本鎖 DNA に変性する．続いてゲルをニトロセルロースやナイロンの膜（メンブレン）と圧着させた後にバッファーに浸したろ紙にのせて軽く圧力をかけると，毛細管現象で DNA がメンブレンに写し取られるので，加熱や紫外線照射で固定する．そして標識化した DNA プローブと結合させた後に化学発光させて，化学発光撮影システムを用いて画像として相補的な配列のバンドを検出する．なお，以前は放射性同位元素（$^{32}$P）をプローブの標識として用い，X 線フィルムなどに感光させる手法（オートラジオグラフィー）が多用されたが，現在の主流は簡便でかつ高感度の化学発光システムである．

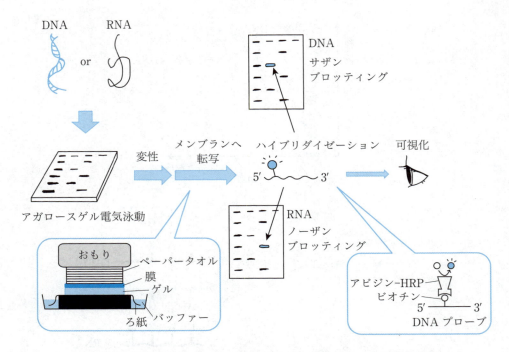

**図 3.27 サザンブロッティングとノーザンブロッティングの概略図**
ビオチン化した DNA プローブを用いて，ビオチン-アビジン結合と HRP（西洋わさびペルオキシダーゼ）を組み合わせた化学発光システムが汎用されている．

## B 長所と短所

　この解析法の長所は，目的とする配列の一部の DNA をプローブとして，様々な遺伝子の中から目的の DNA を検出することができる点である．さらにその周囲のゲノム構造の変化，遺伝子のコピー数の増減あるいは遺伝子の欠失などを検出することも可能である．こうしたことからこの解析法は染色体の異常や一塩基多型による病因の解析などの遺伝子診断に応用されている．短所としては，PCR 法と異なり（3.5 参照），解析は多くの DNA サンプルを入手する必要がある点があげられる．遺伝子診断法の 1 つに制限酵素切断多型法 restriction fragment length polymorphism（RFLP）がある．この方法では標的遺伝子に変異があると制限酵素による切断のされ方が変化し，大きさの異なった DNA が得られることで変異が検出される．RFLP でも標的遺伝子を検出する際には，サザンブロッティングが利用される．

## 3.4.4 ◆ ノーザンブロッティング

### A 原理と手法

基本原理はサザンブロッティングと同じで，測定対象の RNA をアガロースゲル電気泳動で分離する（図 3.27）．RNA は一本鎖のポリヌクレオチド鎖なので，凝集しやすくかつ様々な形状をとるため DNA と異なって通常はラダー状のバンドが得られない．そのため，ゲルにホルマリン等を添加するなどして RNA 鎖が分子内で水素結合を形成せず一本鎖のまま広がるような工夫が必要となる．そして，ニトロセルロース膜への転写や DNA プローブでの検出の手法はサザンブロッティングと基本的に同じである．

### B 長所と短所

ノーザンブロッティングでは mRNA の発現量の多少やその大きさを解析することを目的とすることが多い．すなわち，標的の遺伝子発現の量的な変化や RNA のサイズが解析できるため，遺伝子の機能の情報を得ることができる．また，プロモーターなどの遺伝子の発現調節に関わる研究にも応用が可能である．短所としては，RNA は汗や唾液からの RNase などの混入で分解しやすいので取り扱いに注意を要する点があげられる．さらに細胞から得られる RNA のほとんどは rRNA（リボソーム RNA）で mRNA は少量しか含まれないので，解析に用いるには多くの RNA サンプルを取得する必要がある．

## 3.5 PCR

### 3.5.1 ◆ はじめに

PCR は polymerase chain reaction の略で，1983 年に K. B. Mullis が開発した試験管内での DNA 増幅法である．この功績で彼は 1993 年ノーベル化学賞を受賞した．この方法が開発される以前は，DNA を大量に入手するためには化学合成をするか，プラスミドなどにクローニングして大腸菌内で増やすしかなかった．また，クローニングするにしても目的の DNA が少量しかない場合は困難であった．しかし PCR により，理論上は 1 分子の DNA から短時間で試験管内での大量取得が可能になった．この方法の開発によって遺伝子工学は飛躍的に進歩し，多くの生命現象の理解が深まったこと

は間違いない．

PCRではサーマルサイクラーと呼ばれる高速で温度制御が可能な機器と，**耐熱性DNAポリメラーゼ**を使用する．主な試薬を表3.2に示した．またPCRを行うためには，増幅したいDNA領域の5′側と3′側の塩基配列情報が必要である．PCRの応用は，遺伝子工学ばかりではなく，病気の診断や検査などから食品の産地確認や犯罪捜査，個人鑑定まで多岐にわたっている．

**表3.2 PCRで用いられるDNAと主な試薬**

- 鋳型DNA
- 耐熱性DNAポリメラーゼ（Taqポリメラーゼ）
- dNTP mix（dATP, dTTP, dGTP, dCTP）
- DNAプライマー（5′側と3′側）
- 反応溶液（Mg等の無機塩類を含む）

## 3.5.2 ◆ PCR

### A 原理と手法

PCRでは1分子のDNAを同じ配列をもつ2分子のDNAにDNAポリメラーゼで複製する反応を連続的に行う（chain reaction）ことが基本になっている．この反応は，(1) DNA鎖の一本鎖化（**変性**），(2) プライマーDNAの結合（**アニーリング**），(3) 耐熱性DNAポリメラーゼによるDNA合成（**伸長**）の3ステップからなっている（図3.28）．この反応サイクルを繰り返すことで，元の

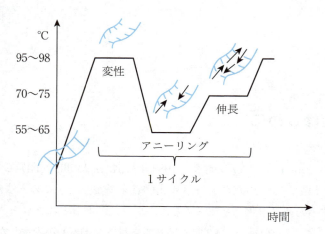

**図3.28 PCRにおける1サイクルの概念図**
アニーリングや伸長反応の温度は，それぞれ設定したプライマーの組成（GC含量）や酵素の種類によって異なる．

DNA は理想的には $2^n$ 倍（n は反応回数）になり，二十数回の繰り返しで 100 万倍に増幅されることになる．

## （1）変　性

二本鎖の DNA 分子内では，ATGC の 4 種類の塩基がそれぞれ相補的に水素結合している（3.4.2 参照）．そのため 95℃ 程度まで加熱することでこの結合が切れて，それぞれ一本鎖の DNA が得られ，これらが増幅する際の鋳型 DNA となる．

## （2）アニーリング

DNA ポリメラーゼにより DNA 合成を行う際には，起点となる DNA プライマーと呼ばれる短い一本鎖 DNA が必要である．増幅したい DNA の下流域（センス鎖の 3′ 側）にはリバースプライマー（アンチセンスプライマーともいう）を結合させる．そして，もう一方の一本鎖 DNA の上流域（アンチセンス鎖の 5′ 側）にはフォワードプライマー（センスプライマーともいう）を結合させる（図 3.29）．プライマーは通常 10 〜 20 塩基程度の長さのものを用いる．この結合には酵素などは必要なく，反応温度を下げることで相補的な配列の DNA 同士がハイブリダイズする．アニーリングの反応温度は，プライマーの塩基組成に依存し，指標には Tm 値（3.4.2 参照）が用いられる．一般にアニーリングは 55 〜 65℃ で行われるが，2 種類のプライマーの Tm 値が近いことが理想である．注意点として，プライマー同士が結合しないように相補的配列のないことや，繰り返し配列のある個所にプライマーを設計しないなどの工夫も大事である．なお，プライマーの表記は一般の DNA と同じく 5′ 側を左に書くことになっている．

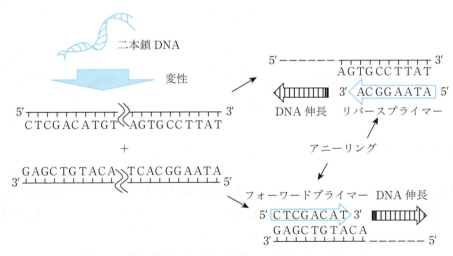

**図 3.29　プライマー DNA のアニーリング**
変性により一本鎖になった DNA の 3′ 側にそれぞれプライマー DNA をアニーリングさせる．そして伸長反応により，2 分子の DNA を得ることができる．

## （3）DNA 伸長

　耐熱性 DNA ポリメラーゼ（Taq ポリメラーゼ）がそれぞれの鋳型 DNA に従って，4 種類のヌクレオチド（dATP, dTTP, dGTP および dCTP）を基質として DNA 合成反応を進めていく．一般に酵素反応というと 37℃ 前後が最適と思われがちだが，この酵素は熱安定性が高く 70℃ 以上（72℃）の温度で最も効率的に DNA 合成反応が行われる．なお，1 回目の伸長反応では増幅したいサイズより長い DNA が合成され，目的のサイズの DNA が生じるのは 2 回目の伸長反応からである．

## B　長所と短所

　PCR の長所は何といっても微量の DNA から大量の DNA を短時間で取得できることである．とくにサーマルサイクラーの性能向上等により，1 時間程度で反応が完了することが可能になった．この性質を利用すると，例えば犯罪捜査では毛髪 1 本に由来する DNA を増幅することで犯人の情報を得ることができる（Tea break 参照）．一方で，この感度の良さが問題になることがある．実験室ではマイクロピペットの共用から微量の DNA が混入し，目的ではない DNA が増幅されてしまうことがある．また，DNA ポリメラーゼが一定の頻度で "読み違え" を起こすので，1000 bp を超えるような長い配列の DNA を増幅した際には，DNA 塩基配列の確認が必要となることがある．

---

### Tea break

　SF 映画などで，髪の毛から遺伝子を取り出し，クローン人間などを作成するシーンがある．これには大きな間違いが含まれている．前述したように，毛髪が遺留捜査などで重要な材料になっているのは事実だが，その際に利用されているのは "毛" ではなく，毛の根元に付着している頭皮細胞や毛母細胞である．これらから DNA を抽出して PCR で増幅するのである．"毛" はケラチンを主成分とするタンパク質からできていて，DNA を得ることができない．さらに犯罪現場に捜査員の体毛が落ち，捜査に混乱をきたしたという笑えない話もある．

---

## 3.5.3　◆ RT-PCR

## A　原理と手法

　PCR は DNA を増幅するための技術であり，基本的に RNA を増やすことはできない．そのため，RNA の情報を増幅したい場合には，一度 DNA に写し取る必要がある．そこで利用するのが逆転写反応である．

　長らく遺伝情報は，生命現象の中で DNA から RNA に一方的に写し取られるとされていた（これを中心教義：セントラルドグマという）．しかし，逆転写酵素 reverse transcriptase（以下，RT と略す）という RNA 依存性 DNA ポリメラーゼをもつウイルス（レトロウイルスという）が見いださ

れ，RNAの情報もDNAに転写が可能であることがわかった．そして今日，このRTを利用して微量のRNAをDNAに逆転写して**相補DNA complementary DNA（cDNA）**を作成することで，引き続きPCRでの情報の増幅が可能となった（RT-PCR）．

RT反応では，目的のRNAの3′側にプライマーDNAの結合が必要であり，これが逆転写の開始点となる．真核細胞のmRNAにはポリ(A)鎖（ポリAテイル）というAの繰り返し配列があるため，この領域に相補的なオリゴdTを結合させてこれをプライマーとして転写させることができる．これにより，微量のmRNAからRT-PCRにより選択的にcDNAを作成してさらにPCRによりこれを増幅することが可能である（図3.30）．なお，RT反応では一本鎖DNAが合成されるので，通常はDNA polymeraseと組み合わせて二本鎖のcDNAを合成し，これをPCRの鋳型DNAとする．

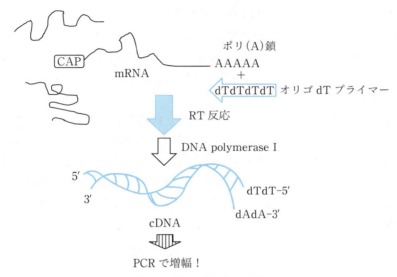

**図3.30 RT-PCRの概略図**
ポリ(A)鎖を指標とすることで，多くのRNAの中からmRNAを選択的に逆転写することが可能である．RT反応では一本鎖DNAが合成されるので，通常はDNA polymeraseと組み合わせて二本鎖のcDNAを合成する．

## B 長所と短所

同一個体であれば，肺や肝臓でも細胞のもっているDNAは同じ遺伝情報をもっているはずである．しかし，実際は臓器ごとに様々なタンパク質がつくられており，異なったmRNAが選択的に転写されていることがわかる．RT-PCRにより，これらのmRNAからある遺伝子のcDNAを増幅させることで従来の遺伝子クローニング法より効率的にクローニングを行うことができる．そして必要に応じてこのcDNAを大腸菌などに導入して発現させることにより，"遺伝子工学的"にこのタンパク質を大量に作製することも可能である（3.6参照）．

RT-PCRは微量のRNAを増幅が可能なため，**ヒト免疫不全ウイルス（HIV）**や**C型肝炎ウイルス（HCV）**などRNAウイルスの検出に利用されている．さらに得られた遺伝情報からウイルス固

有のタンパク質を作製して，これらを標的にした様々な抗ウイルス薬が開発されてきている．なお，RNAは凝集しやすいため，加熱によりRNA鎖がほぐれた状態でRT反応を実施させる必要があり，実験条件によっては逆転写効率が著しく低下する欠点があるので注意を要する．

### 3.5.4 ◆ リアルタイムPCR

#### A 原理と手法

PCRで増幅されたDNAの検出は，基本的に電気泳動上でバンドとして確認される．プライマーの設計を含めて，実験条件が整っていれば目的の大きさのバンドが得られる．しかし，得られたDNAは30サイクル程度の複製反応の結果であるため，バンドの濃さから元の鋳型DNA量の相違を正確に判定することは難しい．この欠点を克服するために開発された技術が**リアルタイムPCR（定量PCR）**である（図3.31）．

対象DNAの量が多ければ，少ないサイクル数で一定量のDNAが得られるのに対して，微量のDNAであれば多くのサイクル数が必要である点に着目されて開発された．既知の様々な量のDNAと測定対象のDNAを同じ条件下でPCRを行い，増幅するのに必要だったサイクル数を比較することで元の鋳型DNA量の定量を行う．この方法にはSYBRグリーン法や蛍光プローブなどがあるが，これらの方法では通常のゲル電気泳動法は用いず，蛍光標識したDNAをリアルタイムでモニタリングすることで正確な情報を得ることができる．

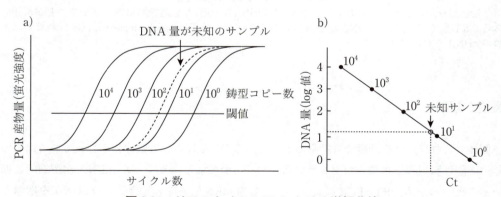

**図3.31　リアルタイムPCRにおける増幅曲線**
a) 段階希釈したスタンダードならびにDNA量が不明なサンプルのPCRをリアルタイムに計測した模式図．PCRは1サイクルごとに2倍ずつ指数関数的に増幅し，やがて飽和に達する．鋳型コピー数が多いほど，立ち上がりは早くなる．b) a) で得られた適当な量を閾値と設定し，増幅曲線と交わる点としてCt（Threshold cycle）が算出される．DNA量（log値）とCtには直線関係があり，検量線を作成することができる．この検量線から未知サンプルのDNA量を推定することができる．
（金田典雄，伊東進編（2014）薬学のための分子生物学，廣川書店　より一部引用）

## B 長所と短所

RT 反応と組み合わせることで mRNA の正確な定量あるいは量的な比較も可能であり，応用範囲は非常に広い．しかし，特殊な増幅検出機器と高価な試薬が必要であることが欠点である．

# 3.6 タンパク質の発現

## 3.6.1 ◆ はじめに

遺伝子工学において最も"工学的"な技術は，人為的にタンパク質を作製することであろう．そして最も汎用されている手法は，大腸菌の中に目的の遺伝情報（主に cDNA）を載せた発現ベクターを組み込み，大腸菌の生育とともに組換えタンパク質を産生する方法である．この手法では基本的には生物種を問わずに様々なタンパク質を作製することができる．一方で，大腸菌はタンパク質に糖鎖付加など翻訳後修飾をする機能をもたないため，目的のタンパク質がほ乳動物由来でこれらの付加や修飾が必要な場合は，ほ乳動物細胞や酵母が宿主として利用される．これらの細胞においては，大腸菌とは異なった発現ベクターが必要であり，また，それらの導入方法も異なっている．

## 3.6.2 ◆ 大腸菌でのタンパク質の発現

### A 原理と手法

大腸菌内で異種のタンパク質を生産させるためにはクローニング（3.2 参照）時とは異なった発現ベクターが必要である（図 3.32a）．このベクターには T7 プロモーターなど転写効率の良いプロモーターが導入されている以外に，目的の遺伝子を導入するマルチクローニングサイトの前後にタグ配列を入れて，生産したタンパク質を後に精製しやすいような工夫がなされている（図 3.32b）．このタグにはヒスチジンの繰り返し配列などが利用されており，ニッケルカラムを用いたアフィニティークロマトグラフィーで容易に精製が可能になっている．このように遺伝子工学的に生産したタンパク質は組換えタンパク質（あるいは単に組換え体）と呼ばれている．

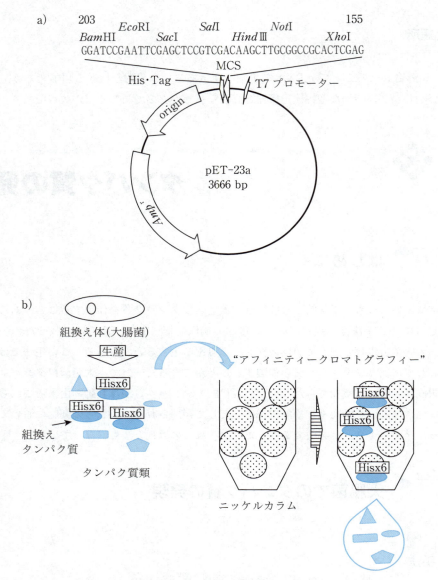

**図 3.32 組換えタンパク質の生産と His タグによる精製**
a) 代表的な大腸菌発現用のベクター．タグ配列として他に GST（グルタチオン S-トランスフェラーゼ）が組み込まれたベクターが用いられることもある．b) 組換えタンパク質精製の一例．タグ配列と組換えタンパク質の間には酵素で切断できる配列が入っているので，簡単に組換えタンパク質を取り出すことができる．
（金田典雄，伊東進編（2014）薬学のための分子生物学，廣川書店 より一部引用）

### B 長所と短所

組換えタンパク質の生産系が確立できると，大量のタンパク質を容易に入手することが可能になる．特に生理的な条件下で精製が可能であれば，ホルモンや酵素など医薬品開発の強いツールになる．一方で，組換えタンパク質が大腸菌の生育に好ましくない場合，産生効率が非常に低くなってしまう欠点もある．また，大腸菌内で封入体という不溶性のタンパク質として生産されてしまう場合もあり，その際には取得したタンパク質を化学的に可溶化させるための処置が必要である．

## 3.6.3 ◆ ほ乳動物細胞でのタンパク質の発現

### A 原理と手法

ほ乳動物細胞内で遺伝子を発現させるためには，発現ベクターにほ乳動物細胞用のプロモーターを組み込む必要がある．代表的なものにSV40やCMVなどウイルス由来のプロモーターがある．なお，この発現ベクターに目的の遺伝子をクローニングし，増やす際には大腸菌内で増殖させる必要がある．そのため，このベクターには大腸菌とほ乳動物細胞の両方で生存可能な工夫がしてあり，シャトルベクターと呼ばれている（図3.33）．

大腸菌にベクターを導入する際には，菌を遺伝子導入されやすい状態に処理したものが用いられるが（3.1参照），ほ乳動物細胞に遺伝子を導入する（トランスフェクション）には数種類の方法が知られている（表3.3参照）．

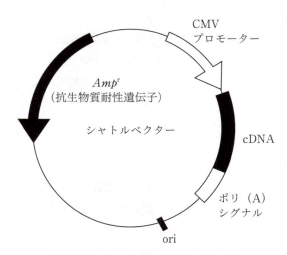

**図3.33 シャトルベクターの一例**
大腸菌とほ乳動物細胞の両方へ移行できるので，バドミントンの"シャトル"からこの名称が付いた．なお，このベクターは大腸菌内とは異なり，ほ乳動物細胞内で複製して増えることはできない．

第 3 章　遺伝子工学の基礎技術

**表 3.3　代表的なトランスフェクション法**

| 方　法 | 特　徴 |
|---|---|
| リポフェクション | 現在の主流．リポソームや非脂質ポリマーと共に細胞のエンドサイトーシスで取り込ませる．特殊な機器は不要． |
| エレクトロポレーション | 電気せん孔法．高電圧のパルスで細胞に穴をあけ，流入させる．特殊な機器が必要． |
| リン酸カルシウム | 古典的．共沈させることで細胞に取り込ませる． |

他に遺伝子変異動物の作製などに利用されるマイクロインジェクション法がある（4.1 参照）．

### B　長所と短所

　生産された組換えタンパク質が翻訳後修飾等を受けて，より自然界に存在する状態に近い形で取得できる長所がある．一方で，概して発現量が少なく，また細胞によっては遺伝子の導入効率が非常に低いものがあり，理論通りに取得できないこともある．

## 3.6.4 ◆ ウェスタンブロッティング

### A　原理と手法

　遺伝子工学的に作製した組換えタンパク質が，本来の目的のものかどうかを検証する方法の代表的なものにウェスタンブロッティングがある．これは，DNA の検出方法であるサザンブロッティングをタンパク質解析用に応用した技術である（3.4 参照）．試料を SDS-ポリアクリルアミドゲル電気泳動（SDS-PAGE）で分離したのち，サザンブロッティングと同様に膜へ転写し，プローブとして抗体を用いるものである（図 3.34）．この方法は分子量と抗原抗体反応の特異性を利用してタンパク質を検出する手法であり，様々なタンパク質の同定に幅広く使用されている．なお，DNA や RNA は毛細管現象でメンブレンへ移行しやすいが，タンパク質はその効率が良くないので電気的に転写させる手法が主流である．

### B　長所と短所

　検出抗体に化学発光を組み合わせることで，ほ乳動物細胞で産生されたような微量のタンパク質でも検出することが可能である．一方で，抗原性に影響がないようなアミノ酸が置換された変異体などでは，その差異を認識することができない．また，ELISA 法と異なり，多くの試料を一度に評価するのには適していない．

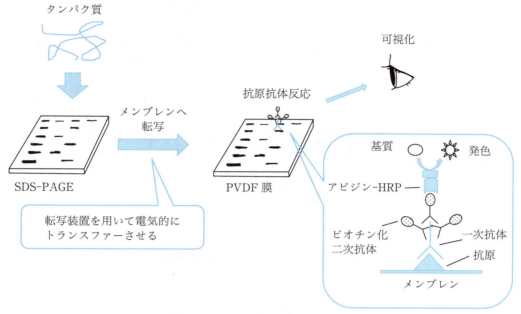

**図 3.34　ウェスタンブロッティングの概略図**
タンパク質のメンブレンへのトランスファーは電気的に行われることが多い．その後，メンブレンを非特異的なタンパク質の結合を抑制するためにブロッキングし，引き続き抗原抗体反応によりバンドを検出する．なお，発色基質には DAB（ジメチルアミノベンジジン）などが用いられるが，検出感度が 10 倍以上高い化学発光システム（ECL）も利用されている．

## 3.7　その他の遺伝子解析技術

### 3.7.1　レポーターアッセイ reporter assay

#### A　目的・原理

　遺伝子の発現は，**プロモーター領域**と転写因子等が結合する**転写調節領域**によって制御されている．レポーターアッセイでは，興味ある遺伝子の転写調節領域およびプロモーター領域の下流に，遺伝子の代わりに**レポーター遺伝子**をつなぎ，そのレポーター遺伝子の活性を測定することで，本来の遺伝子の活性化状態や遺伝子発現を制御している転写調節領域の同定ができる（図 3.35）．レポーター遺伝子としては，感度の高い発光レポーターとして**ホタルルシフェラーゼ**が繁用される．細胞への導入効率の補正や細胞毒性を補正するための内部標準コントロールとして，ウミシイタケルシフェラーゼ

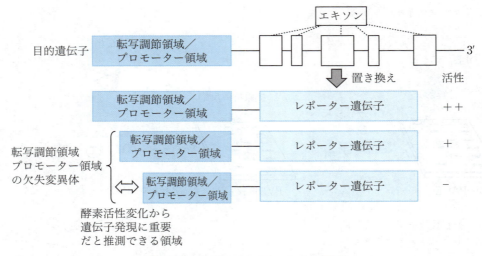

図 3.35　レポーターアッセイの原理

を使ったデュアルルシフェラーゼアッセイとして行うことが多い．通常細胞を破壊して抽出したルシフェラーゼ活性を測定するが，生きた細胞での転写活性を観察したいときはレポーター遺伝子として蛍光 GFP などが使われる．レポーター遺伝子の条件としては，高感度・低バックグラウンドが要求されるため，使用する細胞や生体内での活性がない（低い）こと，感度が良いことが重要である．

また転写調節領域以外の目的として，細胞内シグナル伝達の On/Off 解析のため，cAMP/PKA，カルシウムシグナル伝達経路などに反応する CRE，NFAT 等を導入したホタルルシフェラーゼベクターや，これらのベクターがすでに安定的に発現した HEK293 細胞も Promega 社から市販されている．こうしたベクターや細胞を用いて，ある特定のシグナルを遮断または活性化する薬剤候補のスクリーニングをレポーターアッセイで実施することができる．

## B 方法（試薬等，手順，図 3.36）

a) ホタルルシフェラーゼ遺伝子の入ったベクター（pGL4 vector, Promega 社）のマルチクローニングサイトに目的遺伝子の転写調節領域/プロモーター領域を挿入する．
b) 細胞にこのベクターを細胞にトランスフェクションする．トランスフェクション効率のコントロールとしてウミシイタケルシフェラーゼ遺伝子の入ったベクターを一緒にトランスフェクションする．
c) 細胞をホルモン，薬剤等で処理し，発現調節領域を活性化し，ルシフェラーゼの発現を誘導する．その細胞を破砕してルシフェラーゼタンパク質が存在する可溶性画分を調製する．
d) ホタルルシフェラーゼおよびウミシイタケルシフェラーゼの活性は，それぞれの発光基質を添加し，ルミノメーターで発光量を測定する．ウミシイタケルシフェラーゼ活性でトランスフェクション効率を補正してノーマライズする．種々のルシフェラーゼアッセイキットが Promega 社から市販されている．

3.7 その他の遺伝子解析技術

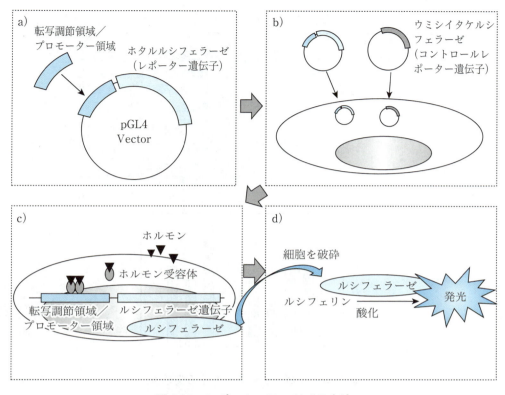

図 3.36 レポーターアッセイの方法

### C 実験例

以下のような A〜E からなる転写調節領域/プロモーター領域を用意し，ホタルルシフェラーゼ遺伝子の入った pGL4 ベクターに導入する．細胞にこのベクターをトランスフェクションした後，ホルモン処理を行い，レポーター活性を測定した（図 3.37）．

この実験例（図 3.37）では，A と E 領域は転写に関係ないこと，B 領域と D 領域は転写を促進する領域であること，C 領域は（D 領域を介して）転写を負に制御する領域であることが示唆される．

## 3.7.2 ◆ ゲルシフトアッセイ electrophoretic mobility shift assay（EMSA）

### A 目的・原理

転写因子等のタンパク質（**トランスエレメント**）と転写調節領域などの DNA 鎖（**シスエレメント**）との結合を確認することを目的としている．DNA 鎖とタンパク質が結合すると，ゲル上で分離

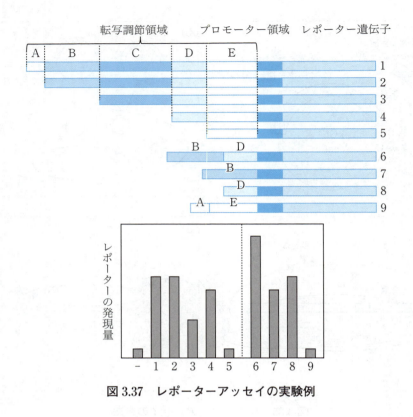

図3.37 レポーターアッセイの実験例

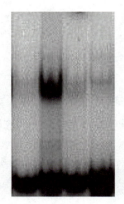

| | 内容物 | DNA-タンパク質複合体の形成 |
|---|---|---|
| 1 | 標識結合DNA | × |
| 2 | 標識結合DNA＋核抽出物 | ○ |
| 3 | 標識結合DNA＋核抽出物＋非標識結合DNA過剰量 | × |
| 4 | 標識変異DNA＋核抽出物 | × |

図3.38 ゲルシフトアッセイの原理

した時に高分子量側にDNA鎖がシフトすることからこの名称がついている．ビオチンでラベルしたDNAと核抽出物中の転写因子を結合させ，DNA-タンパク質複合体を電気泳動で分離し，ナイロン膜に転写後，horseradish peroxidase（HRP）-ストレプトアビジンと反応させ可視化する（図3.38）．

DNA鎖の配列に変異を導入し，結合を確認することで，結合に必要な塩基配列を正確に決定することができる．

## B 方法 (試薬等，手順，図3.39)

a) 結合が予想される DNA 鎖（25〜40 bp 位）をビオチンラベルし，アニーリングにより二本鎖 DNA とする．ビオチンラベルは外注できる．

b) 刺激等の処理をした細胞の核抽出物を調製する．低張バッファーで細胞を膨張，細胞膜を破壊させて細胞質画分を除いた後，高塩濃度バッファーで核抽出物を調製する[1]．既に転写因子が判明している場合は，精製したリコンビナントタンパク質を使用することもできる．

c) ビオチンラベルした二本鎖 DNA とタンパク質の複合体を形成する．結合バッファー（10 mM Tris-HCl，pH 7.5，1 mM $MgCl_2$，0.5 mM DTT，0.5 mM EDTA，50 mM NaCl，4% glycerol，0.05 mg/mL poly（dI-dC））中で，DNA（〜1 pmol）と核抽出物（〜10 mg）を室温で 20 分間反応させる．DNA-タンパク質の複合体形成は，塩濃度や pH，反応温度に影響される．核抽出物は塩濃度が高いため，全体容量（20 μL）の 1/10 程度までにする．結合の特異性を確認するために，結合予想 DNA 塩基配列に変異を入れた DNA や，競合阻害用のビオチンラベルしていない非標識 DNA を用意する．

d) 4〜6% 非変性ポリアクリルアミドゲル（in 0.5 × Tris/Borate/EDTA（TBE）バッファー）にて電気泳動する．あらかじめプレランを 30 分ほどしておく．スタッキングゲル（濃縮用ゲル）は使わない．

e) 正電荷ナイロンメンブランに転写する．

f) UV クロスリンカー等を用いて，二本鎖 DNA および DNA-タンパク質複合体を膜に固定する．

g) 膜をブロッキング後（Blocking Reagent；Roche 等），HRP-ストレプトアビジンと反応させ，基質を加えて酵素反応によりバンドを検出する．

## C 実験例

　核内受容体をもつホルモンで細胞を処理すると，ホルモン・ホルモン受容体（核内で形成）は転写因子として転写調節領域（特異的 DNA）に結合する（図3.40）．レーン1では，ホルモン・ホルモン受容体（転写因子）を含む核抽出物が存在しないので，標識 DNA・タンパク質複合体が形成されない．レーン2では，ホルモン処理をしていないので，転写因子であるホルモン・ホルモン受容体がそもそも形成されない．レーン3では特異的標識 DNA と転写因子であるタンパク質複合体が形成されるが，レーン4では変異した標識 DNA とはタンパク質複合体が形成されない．レーン3の条件下で特異的非標識 DNA を過剰量加えると標識 DNA と競合し，DNA-タンパク質複合体は検出できなくなる（レーン5）．競合しない変異した非標識 DNA を過剰量加えても，標識 DNA-タンパク質複合体形成は影響されない（レーン6）．

---

1) Dignam, *et al.*（1983）*Nucleic Acid Res.* **11**, 1475

110　第3章　遺伝子工学の基礎技術

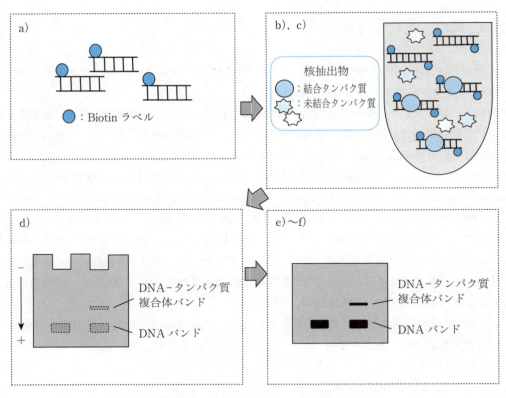

図3.39　ゲルシフトアッセイの方法

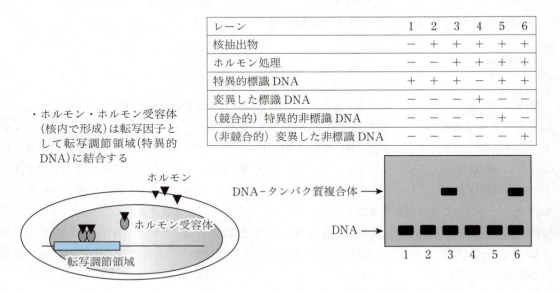

図3.40　ゲルシフトアッセイの実験例

## ◆ 演習問題 ◆

次の記述の正誤を答えよ.

1）サザンブロッティングはDNAをプローブとして用いて，RNAの解析を行う手法である.（　）

2）二本鎖のDNAでは，ATの含量が多いほど変性しにくい.（　）

3）PCRでは，鋳型DNAの3′→5′方向に沿ってDNAが合成される.（　）

4）PCRでは，DNAの変性→伸長→アニーリングの順に反応が進む.（　）

5）逆転写酵素は，DNA依存性RNAポリメラーゼである.（　）

6）cDNAはイントロンを含まない.（　）

7）塩基配列が同じであれば，大腸菌とほ乳動物細胞では全く同じ組換えタンパク質を作製できる.（　）

8）リポフェクションは，高電圧パルスを細胞にかけて遺伝子を導入する手法である.（　）

9）ウェスタンブロッティングでは，抗体を用いて標的のタンパク質を検出する.（　）

10）EMSAは，酵素標識免疫吸着試験法の略称である.（　）

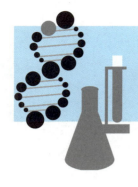

# 第4章　遺伝子工学と発生工学

◆この章で学ぶこと(キーワード)◆

トランスジェニックマウス，ノックアウトマウス，マイクロインジェクション，ジーンターゲッティング，ES細胞，ターゲッティングベクター，相同組換え（標的組換え），ゲノム編集，体細胞クローン，ドリー，iPS細胞，リプログラミング，多能性幹細胞，FACS，*in situ* hybridization，組織幹細胞，間葉系幹細胞

## 4.1  トランスジェニックマウスとノックアウトマウス

　人為的に**外来遺伝子**（トランスジーン）が導入され，**生殖系列**を含む全身の細胞のゲノム上にその遺伝子が挿入された，すなわち，外来遺伝子が子孫に伝達されるようになった動物を**トランスジェニック動物**という．当初は受精卵に外来遺伝子をコードするDNAを注入したり，あるいは外来遺伝子が組み込まれた組換えレトロウイルスを感染させてこれらのDNAがランダムに組み込まれるのを利用していたが（狭義のトランスジェニック動物），今日では**相同組換え**によって特定の領域に外来遺伝子を挿入した**ノックイン動物**を用いる方が一般的である．一方，相同組換えの際に薬剤耐性などのマーカー遺伝子が挿入されることにより，特定の遺伝子のみが破壊された動物を**ノックアウト動物**という．これらは作出法の簡便さからマウスでの作製例が大多数であったが，レトロウイルスの仲間である**レンチウイルスベクター**および**体細胞クローン技術**（4.2.2参照）の開発によって様々な動物種で作出が可能になった．さらに，**ゲノム編集**技術の開発・普及によって今後あらゆる生物種での作出が容易になると考えられる．

### 4.1.1 ── ◆ 狭義のトランスジェニックマウス（遺伝子機能が亢進しているマウス）

　1980年，米国のJ.W. Gordonらはマウスの受精卵雄性前核(受精後，卵子由来の核と融合する前の精子由来の核)にプラスミドを注入することによって，そのゲノム上に外来のDNA断片を挿入可能なことを報告した(図4.1)．彼らはプラスミドを注入した受精卵を仮親マウスの卵管内に移植して仔

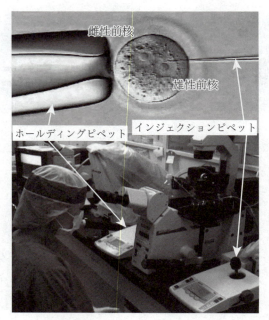

**図4.1　マウス受精卵へのマイクロインジェクション（上）と
マイクロマニピュレーター（下）**
（東北大学　三好一郎博士 提供）

マウス（ヘテロ接合体）を得，サザンブロット法によってそのすべての細胞中にプラスミド由来の配列が含まれることを確認した．このマイクロインジェクション法では，通常，ゲノム上の1か所に1～数百コピーがタンデムに挿入される．本法では50 kb 程度までの巨大な DNA 断片が挿入可能であり，目的の遺伝子に適当なプロモーターやエンハンサー，イントロンなどを加えることで特定の組織で発現させることも可能である．しかしながら，導入遺伝子の発現は挿入されたゲノム上の位置（位置効果）やコピー数の影響を受けるため，予想される発現パターンと異なる場合も多く再現性に乏しい．

### 4.1.2　◆ マウス以外のトランスジェニック動物

　マイクロインジェクション法を用いる場合，多くの動物種の受精卵では，マウスと異なり細胞質が不透明なため，前核内へ正確に DNA を注入することは難しい．さらに，一度に数百個程度の受精卵を必要とすることから，マウス以外ではこの方法によるトランスジェニック動物の作製は現実的ではなかった．一方，組換えレトロウイルス法を用いる場合，遺伝子導入効率は高いが，分裂期の細胞にのみ感染可能なことから卵割中の胚を用いる必要があった．そのため，1個の胚内でウイルス感染の有無あるいは挿入位置の異なる割球が生じ，結果としてキメラ動物が誕生する場合が多かった．特別なマーカーを用いることなくキメラを純化することは難しく，その後の解析をさらに複雑にした．しかしながら，この問題は非分裂細胞にも感染可能なレンチウイルスベクターの開発によって解決された．外来遺伝子（約8 kb まで可能）を導入した組換えレンチウイルスは，囲卵腔という卵細胞周囲

の間隙に注入するだけで効率良く卵割前の受精卵に感染する．さらに，ウイルスはゲノム上の複数の個所に1コピーずつ遺伝子発現ユニットを挿入するため，マイクロインジェクション法とは異なり，位置効果を相殺することができる（図4.2）．本法によりマウス，ラットの他，ブタやウシなどの家畜でトランスジェニック動物が作製されている．また，2009年には霊長類初のトランスジェニック動物であるトランスジェニックマーモセットが，日本の実験動物中央研究所の佐々木らによって報告されている．

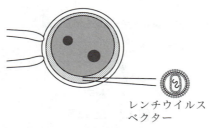

図4.2 レンチウイルスベクター法

### 4.1.3 ◆ ジーンターゲッティング

2007年のノーベル生理学・医学賞は，「胚性幹細胞（ES 細胞）を用いてマウスの特定の遺伝子を改変する原理の発見」により M. R. Capecchi, M. J. Evans, O. Smithies の3氏に授与された．このジーンターゲッティング法の開発によって再現性のある遺伝子改変動物の作製が可能になった．Evans はマウスの ES 細胞樹立に，Capecchi と Smithies は相同組換えを引き起こすターゲッティングベクターの開発が認められての受賞であった．

#### A  ES 細胞

受精卵は卵割を繰り返し，桑実胚を経て内部に空洞を有する胞胚となる．マウスを含む哺乳動物では，将来胎仔となる内細胞塊と羊水を包むようになる胚膜に分かれていることから，これを特に胚盤胞と呼ぶ．この胚盤胞の内細胞塊を採り出し，支持細胞上で培養を繰り返すことによって不死化した未分化な細胞集団が得られる．この細胞を同系統マウスの腹腔や皮下に移植すると，様々な組織の細胞が混在する奇形種が形成される．この現象は，移植した細胞が胎仔のすべての組織に分化可能である．すなわち全能性を有することを示し，この胚に由来する不死化した全能性細胞を ES 細胞と呼ぶ（図4.3）．ES 細胞は，分化誘導能を有する物質を加えた培養液で培養することによって，様々な組織の細胞に分化する．また，他のマウスの胚盤胞内に注入するとそのマウスの内細胞塊と混ざり合い，それぞれの細胞に由来する組織からなるキメラマウスが生まれることになる．レトロウイルスベクターで生じるキメラとは異なり，体色の違うマウス由来の ES 細胞を他のマウスの胚盤胞に注入することによって容易にキメラ個体を識別でき，さらに，ES 細胞の寄与率も推定することが可能である．また，GFP 遺伝子を導入した ES 細胞を用いる等によって，体色によらない識別も可能である．

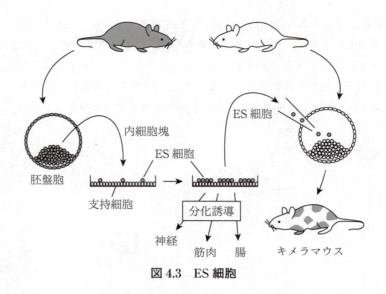

図4.3　ES 細胞

### B ノックアウトマウス（遺伝子機能が破壊されたマウス）とノックインマウス

　用いるターゲッティングベクターは，標的遺伝子ごとにデザインされる．図4.4に示すように，薬剤耐性遺伝子を標的遺伝子と共通のエキソンの配列で挟み，その外側に薬剤高感受性（あるいは自殺）遺伝子を配したベクターをES細胞に導入する．ゲノム上に薬剤耐性遺伝子（ネオマイシン耐性遺伝子 $neo^r$ など）が挿入されたES細胞は耐性を獲得して，G418含有培地などの選択培地中で生き残る．ここで，相同組換え（標的組換え）によって標的遺伝子部位に挿入された場合には共通配列の外側にある薬剤高感受性遺伝子がゲノム上に挿入されることはない．一方，共通配列を介さずに標的遺伝子以外の部位へランダムに薬剤高感受性遺伝子が挿入されたES細胞では，薬剤高感受性遺伝子が発現して，ガンシクロビル含有培地などの選択培地中で（あるいは自殺遺伝子が発現して）死滅する．これらの正（ポジ）と負（ネガ）の選択で生き残ったES細胞では，標的遺伝子のみが相同組換えにより薬剤耐性遺伝と入れ替わって破壊されることになる．これをポジティブネガティブ選別という．このES細胞を用いてキメラマウス（F0）を作出し，体色からES細胞の寄与率が高いと考えられるマウスを選択する．このF0と野生型マウスを交配すると，ES細胞に由来する精子（精子の方が数多くできるので，通常キメラマウスにはオスを使う）により受精した胚から発生したF1世代から，破壊された遺伝子を片方の染色体にもつヘテロ接合体のノックアウトマウスが得られる．破壊された遺伝子機能が劣性形質であればこの世代で表現型に変化が現れるが，優性形質であればヘテロ接合体の雌雄を交配して得られるホモ接合体で初めて表現型に変化が現れる．この際，標的とする遺伝子が胚の発生や胎仔の成育に必須なものであれば，その遺伝子を完全に破壊されたホモ接合体は胎生で死滅するため生まれてこない．受精卵を培養するか，子宮から胎仔を取り出してどの時点で死んだかを解析することによって標的遺伝子の発生段階における役割を推定することが可能となる．

　ノックインマウスを作製する場合は，ターゲッティングベクターにおいて薬剤耐性遺伝子と直列にプロモーターを伴った外来遺伝子を配置すればよい．挿入位置を選ぶことによって，野生型遺伝子を

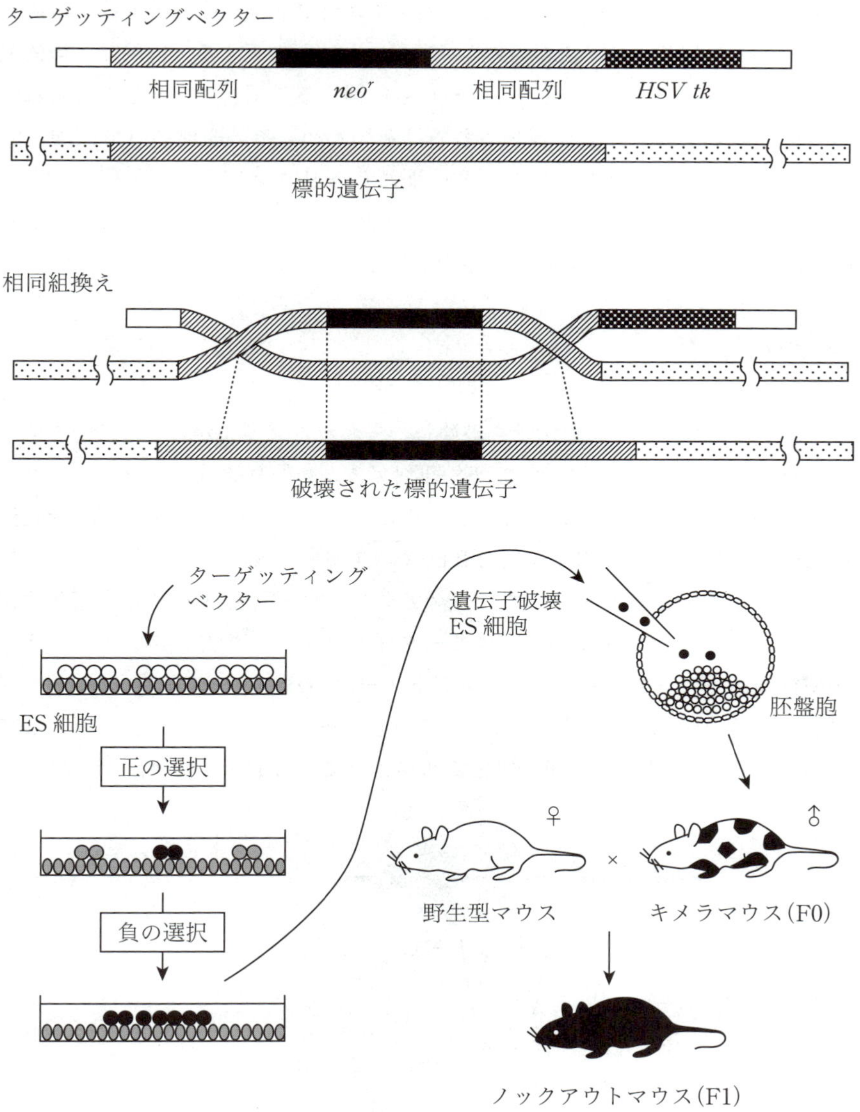

ターゲッティングベクター

相同配列　*neo^r*　相同配列　*HSV tk*

標的遺伝子

相同組換え

破壊された標的遺伝子

ターゲッティング
ベクター

遺伝子破壊
ES細胞

ES細胞

胚盤胞

正の選択

負の選択

野生型マウス　×　キメラマウス（F0）

ノックアウトマウス（F1）

**図 4.4　ノックアウトマウスの作製法**

変異型遺伝子に置換することも特定の領域に新たな遺伝子を導入することも可能である．このように，ノックインマウスでは外来遺伝子の挿入位置とコピー数の制御が可能なため再現性が担保される．

## C　コンディショナルノックアウトマウス

　ノックアウトおよびノックインでは，標的遺伝子は受精卵から生涯にわたり，恒常的に破壊あるいは挿入されている．これに対し，組織特異的または時期特異的に標的遺伝子が取り除かれて機能しなくなる場合をコンディショナルノックアウトという．バクテリオファージ P1 由来の組換えシステムである Cre-loxP 系の Cre リコンビナーゼは，34 塩基からなる loxP と呼ばれる配列に挟まれた

DNA断片を切り出して環状化する．まず，このCreリコンビナーゼ遺伝子を特定組織あるいは時期特異的なプロモーターの下流に配してノックインしたマウスを作製する．同時に，標的遺伝子の両側にloxPを挿入したマウス（floxed mouseという）も作製する．両者を交配して得られるマウスでは，特定組織でのみCreリコンビナーゼが発現される．そのため，その組織のみで標的遺伝子は切り出されて発現しなくなる．時期特異的プロモーター下にCreリコンビナーゼを配した場合には，特定時期以降標的遺伝子の発現がなくなる．コンディショナルノックアウトには，Cre-loxP系の他，出芽酵母由来の組換え酵素FLPとFRT配列も頻用される．

## D ジーントラッピング

　ノックアウトは，存在が明らかな遺伝子を破壊し，失われた発現型からその機能を明らかにする手法であった．一方，ジーントラッピングは，ES細胞ゲノムの転写領域にトラップベクターをランダムに挿入し，人為的なスプライシングを生じさせることによって本来のmRNAの機能を破壊する．次いで，そのES細胞に由来するF1ないしF2世代の発現型を解析することによって対応する遺伝子座を明らかにする手法である．スプライシングアクセプター（SA）・IRES・薬剤耐性遺伝子・ポリAシグナルからなるベクターを用いるプロモータートラッピング法とポリAシグナルとプロモーター下の薬剤耐性遺伝子がSAとスプライシングドナー（SD）に挟まれたベクターを用いるポリAトラッピング法がある（図4.5）．実際には，①これらのベクターをES細胞に導入して薬剤耐性細胞クローンを樹立する，②未分化なES細胞で転写されている遺伝子では，プロモータートラップ

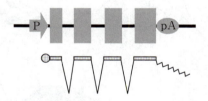

プロモータートラップベクター

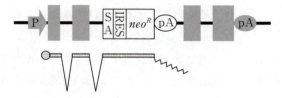

ポリAトラップベクター

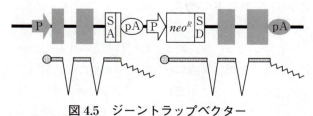

図4.5　ジーントラップベクター

ベクターの SA が本来の mRNA の SD をトラップしてしまい ES 細胞タンパク質の C 末側を欠損させる（この場合，薬剤耐性遺伝子は IRES によって発現している），③一方，ポリ A トラッピングベクターでは，挿入されたベクターの SA が ES 細胞転写物の SD を乗っ取りポリ A シグナルにより転写を終結させることにより ES 細胞タンパク質の C 末側を欠損させる（この場合，ベクターのプロモーターから転写されて発現する薬剤耐性遺伝子によって耐性を獲得する），④ポリ A トラッピングベクターではまた，薬剤耐性遺伝子プロモーターからの転写物の SD が，ES 細胞が分化する過程で産生される転写物の SD に代わってその SA に繋がる．そのため，ES 細胞の分化過程で発現する遺伝子も破壊することができる．2015 年末，International Mouse Phenotyping Consortium（IMPC）によって 3,500 を超える変異 ES 細胞株の供給が可能になっており，その半数以上の表現型が明らかにされている．

## 4.1.4 ◆ ゲノム編集

ゲノム上の任意の配列で DNA の二本鎖切断を起こし，その修復ミスを利用して特定遺伝子を破壊するのがゲノム編集技術である（8.3 参照）．二本鎖切断は，破損末端に短鎖の挿入または欠損を導入して修復される．そのため，高頻度でフレームシフトが生じて遺伝子が破壊される．また，修復の際に相同組換えを利用して外来遺伝子を導入することも可能である．受精卵に操作を加えることにより特定遺伝子のノックアウトおよびノックインが可能であることから，ジーンターゲッティングと異なり ES 細胞を樹立することなく，しかも一代で遺伝子改変動物が得られる．

### A ジンクフィンガーヌクレアーゼ（ZFN）と TALEN

まず，任意の塩基配列で DNA の二本鎖切断を起こす人工酵素として，DNA 結合ドメインであるジンクフィンガーモチーフと制限酵素 *Fok*I のキメラタンパク質である ZFN が開発された．しかし，ZFN はデザイン通りに DNA を認識しない場合も多く，ベクターの構築も困難であった．そのため，多くの研究室に普及することはなかった．

次いで，ZFN の DNA 結合ドメインを植物の病原体である *Xanthomonas* 属細菌のもつ TALE エフェクターに代えた TALEN が開発された．一般に，TALEN の DNA 結合部位は 34 アミノ酸ユニットの 18 回繰返しで構成され，ユニット中の第 12 位と 13 位のアミノ酸が A，T，G，C それぞれの塩基に対応することによって認識特異性が得られる．*Fok*I が活性を示すためには二量体を形成する必要があるため，TALEN は対で用いられる．したがって，TALEN 法の特異性は 36 塩基の配列に基づくことになり，誤った切断を起こすオフターゲット活性はほとんど無視できる（図 4.6）．

### B CRISPR／Cas システム

ZFN と TALEN はタンパク質が標的配列を認識するのに対し，CRISPR／Cas システムでは 20 塩基余りの相補的 RNA が認識を行う．一部の細菌は，ファージなどに感染した際にその DNA を断片

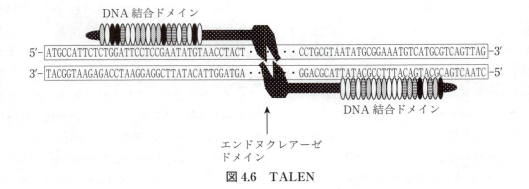

図 4.6　TALEN

化して自らのゲノムに組み込む．さらに，再感染時にはそこから転写される 2 つの小分子 RNA を用いて標的 DNA にハイブリダイズし，それを目印にヌクレアーゼが標的配列で二本鎖切断を起こすという免疫システムを有している．2013 年，2 つのグループが同時に，これらの小分子 RNA を 1 つのキメラ RNA（ガイド RNA：gRNA）とし，Cas9 ヌクレアーゼと組み合わせることによってゲノム DNA を塩基配列特異的に切断可能であることを報告した（図 4.7）．理論的には，合成 gRNA と Cas9 タンパク質を受精卵の核内に注入するだけでノックアウト動物が作製可能となったわけである．しかも，本システムでは効率良く両方の対立遺伝子に変異が導入されるため，最初の世代でホモ接合体のノックアウト動物が得られる．また，当初難しかった長い配列のノックインも gRNA の改良によって効率良く行えるようになった．さらに，TALEN に比べオフターゲット活性が高くなることが予想されていたが，受精卵や ES 細胞ではさほど問題にならないようである．gRNA の転写と Cas9 タンパク質の発現を同時に行えるプラスミドベクターやレンチウイルスベクターが市販されるなど CRISPR/Cas システムを用いたゲノム編集は瞬く間に普及し，研究レベルではアレルギー物質を含まない卵を産むニワトリや成長の早いマダイなどが生み出されている．また，2015 年 4 月には中国の研究者によりヒト受精卵を対象とした実験が報告され，センセーションを巻き起こした．一方，2016 年 6 月にはがん治療の臨床試験が米国国立衛生研究所（NIH）により承認されている．

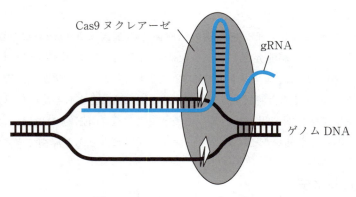

図 4.7　CRISPR/Cas システム

# 4.2

## クローン動物

　遺伝子再構成を経て成熟するリンパ球を除き，全身の体細胞の遺伝子情報が全く同一の動物個体を
クローン動物という．一卵性双生児は自然に発生するクローン動物の例であるが，人為的な作製方法
には受精卵クローン法と体細胞クローン法がある．クローン技術は，遺伝的に優良あるいは特殊な形
質により選抜された家畜や実験動物，また遺伝子改変を施した動物を安定的かつ大量に生産すること
を可能にする．さらに，希少動物の絶滅回避や移植用臓器の生産などへの応用も期待されている．一
方，ヒトへのクローン技術の適用は「人の尊厳の侵害」，家族秩序の混乱による「社会秩序の混乱」，
「安全性の問題」から「ヒトに関するクローン技術等の規制に関する法律」によって禁止されている．

### 4.2.1 ◆ 受精卵クローン（図 4.8）

　母体から受精卵を採取して初期胚の段階で割球を分離し，それぞれを培養して胚盤胞まで成長させ，
代理母の卵管内に移植する．これにより，一卵性多胎児と同様の胚分割クローンが得られる．一方，
16 〜 32 細胞期を過ぎた受精卵（ドナー）からは，核を除いた未受精卵（レシピエント）にその核を
移植することによって核移植クローンが得られる．移植操作はドナーから取り出した核をレシピエン
トの細胞質内に注入するか，ドナーとレシピエントを電気的に融合させることによって行われる．通
常の受精では，精子が卵子に侵入する刺激がシグナルとなって個体発生のプログラムが始動する．一
方，核移植クローンでは電気刺激がその役割を果たす．そのため，核のみを注入する場合には別途電
気刺激を加える必要がある．移植を受けたレシピエントは，胚分割クローンと同様，胚盤胞期まで培
養されて代理母に戻される．胚分割クローン，核移植クローンともに，全能性をとどめている初期胚
の期間が限られていることから，得られるクローン数には限界がある．しかしながら，原理的には培
養中の核移植細胞をドナーとすることによって無限に増やすことが可能である．

### 4.2.2 ◆ 体細胞クローン

　体細胞クローンは，様々な組織に分化した成体の細胞の核を，除核した未受精卵の細胞質内に移植
することによって得られる．既に分化を遂げた体細胞をドナーとして用いるためには，その核が個体
を構成するすべての組織や臓器に分化し得る全能性を再獲得する必要がある．このリプログラミング
（初期化）には，ドナー細胞の細胞周期をレシピエントである未受精卵のそれに同調させることが重
要であった．未受精卵は細胞周期を M 期の途中で停止している特殊な細胞であり，受精による刺激
を受けると同時に G1 期に移行し，その後 S 期と M 期を交互に繰り返す．一方，ドナーとしての体
細胞は，体外の血清飢餓状態下で一定期間培養され，G0 ／ G1 期に同期化されたものが用いられる

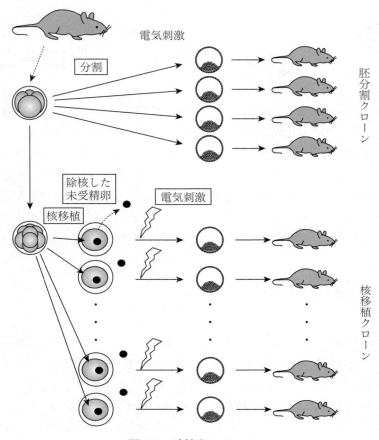

図 4.8　受精卵クローン

（図 4.9）．このことにより，核を移植された直後のレシピエントに電気刺激を加えると，両者の細胞周期はほぼ一致することになり，体細胞由来の遺伝子をもった受精卵となって，ドナーと同一の個体，すなわちクローンの作製が可能となる．最近は体細胞中に山中4因子（4.4参照）等のリプログラミング関連因子を導入することによって，DNAのメチル化やヒストンの修飾などによるエピジェネティックな制御が受精卵のそれに近い状態に戻されて万能性を獲得することが示された．

1997年，英国ロスリン研究所のウィルムット（I. Wilmut）らによって成体の体細胞をドナーとする哺乳類で初のクローンヒツジの「ドリー」が報告された（図 4.10）．6歳のヒツジの乳腺細胞をドナーとするドリーは誕生後5歳にして関節炎を発症し，その悪化と感染症のため6歳半で安楽死に至った．ヒツジの平均寿命は11, 12歳程度であることから早すぎる老化が疑われた．6歳のヒツジの核から発生したドリーでは，出生時において既に染色体のテロメアが短くなっていたと推察されたのである．しかしながら，後に作製された多くのクローン動物ではテロメアの長さも初期化されることが確認された．一方，今日においても体細胞クローンの出生率は受精卵クローンに比べ低く，クローンの代数にも限界がある．また，マウスの体細胞クローンを詳細に調べた研究では，個体ごとに遺伝子の転写量が異なっていた．これらは，DNAのメチル化などエピジェネティックな制御の初期化が不完全であるためと考えられる．

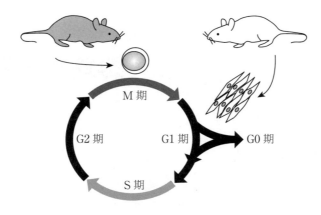

図 4.9　体細胞クローンのドナー，レシピエントと細胞周期

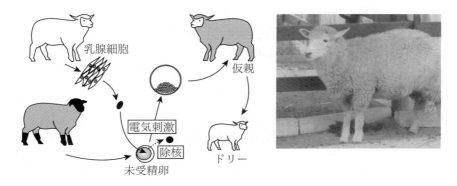

図 4.10　ドリーが生まれるまで

　ドリーが生まれた翌年，同じロスリン研究所でヒトのアンチトリプシンを産生するトランスジェニックヒツジ「ポリー」と「モリー」が誕生した．雌雄のヒツジ胎仔由来線維芽細胞に乳腺で働くプロモーター下に配したヒトの遺伝子をノックインし，それぞれの細胞核をヒツジの除核未受精卵に移植して雌雄のヘテロ接合体クローンを得た．これらを交配して生まれたホモ接合体がポリーとモリーであり，その乳汁中にはヒトのアンチトリプシンが検出された．ポリーやモリーの体細胞をドナーとして多数のクローンを作製することで，ヒトアンチトリプシンの大量生産が可能となる．このように，ES 細胞の樹立が難しい種では，遺伝子改変動物の作製には体細胞クローン技術が必須である．現在，乳牛にヒト血液凝固因子等の様々な医薬品タンパク質を産生させることやヒトの移植用臓器をブタの体内で生産することなどが試みられようとしている*．

---

\* ブタのゲノム上には内在性レトロウイルスがコードされており，ブタで生産した臓器の移植はその感染リスクのため危険視されていた．しかし，ゲノム編集技術によってウイルスの除去が可能になったことから，現実性が増している．

## 4.3 幹細胞と再生医療

### 4.3.1 ◆ 幹細胞とは

幹細胞の特徴は，自己を維持する「自己複製能」と色々な種類の細胞に分化できる「多分化能」をもっていることである．幹細胞が細胞分裂するときは一般に，自己と同じ幹細胞と分化した前駆細胞（transient amplifying cell；TA 細胞）への不均等分裂を行う．

幹細胞は，多能性幹細胞と組織幹細胞に分類できる．多能性幹細胞には，胚性幹細胞（ES 細胞）と induced pluripotent stem cell（iPS 細胞）がある．ES 細胞は，受精卵から分裂した胚盤胞のステージで内部細胞塊を単離して作製する．iPS 細胞は，2006 年山中伸弥教授らが 4 つの遺伝子を表皮細胞に導入することによるリプログラミングにより作製した．iPS 細胞については 4.4 に記載する．組織幹細胞は，組織に存在する生理的な幹細胞で，神経幹細胞，造血幹細胞や間葉系幹細胞，腸管上皮幹細胞，皮膚幹細胞等多くの種類が存在している．

個体の発生の過程では，受精卵から外胚葉系幹細胞，中胚葉系幹細胞，内胚葉系幹細胞が形成され，次に外胚葉系幹細胞からは神経幹細胞と上皮幹細胞，中胚葉系幹細胞からは主に造血幹細胞や間葉系幹細胞，内胚葉系幹細胞からは肝幹細胞等が形成される（図 4.11）．さらに例えば神経幹細胞からは，神経細胞と 2 つのグリア細胞，アストログリアとオリゴデンドロサイトが，造血幹細胞からは，赤血球，白血球，血小板などが形成される．こうした階層的な分化は厳密な細胞系譜をつくり出し，一度分化の方向性である運命が決められた細胞は別の階層の細胞にはならないというのが定説だった．しかし最近，グリア細胞や線維芽細胞が神経細胞に分化したり，造血幹細胞から心筋や骨格筋が形成し得ることが判明してきている．分化した細胞から別の分化した細胞へ幹細胞を経ずに変換することをダイレクトリプログラミング，運命付けされたもの以外の細胞に分化することを「可塑性」と呼ぶ．胚葉を越えた分化，すなわち，外胚葉からの神経幹細胞が中胚葉である血液や筋肉細胞に分化することや，骨髄中の幹細胞から外胚葉組織の神経細胞や皮膚，内胚葉系の肝細胞に分化することも報告されてきている．

成体内での幹細胞性維持には，基底層などの間葉系細胞に接触することなどの幹細胞微小環境（ニッチ）の存在が重要で，幹細胞維持のための因子が作用して幹細胞の性質を維持している．培養系においては未分化性を保つためにフィーダー細胞やサイトカインなどの分化阻害薬を必要とする．ES 細胞や iPS 細胞の *in vitro* での培養法は確立してきているが，組織幹細胞を *in vitro* で未分化性を維持したまま培養し続ける技術は，まだほとんど確立されていない．また再生医療を行うにあたっては，ヒト以外の動物由来細胞や血清を使えないため，幹細胞ニッチを模倣する培養条件の設定が重要である．

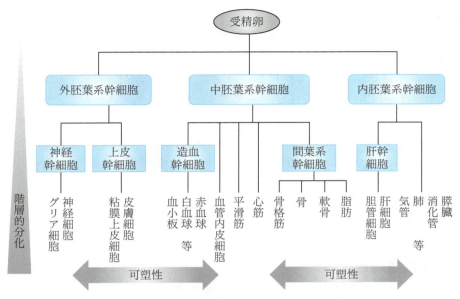

図 4.11 発生における幹細胞からの細胞系譜

## 4.3.2 ◆ 組織幹細胞の同定

### A 目 的

組織の機能を考える上ではまずその組織がどういった細胞で構成されているか，どのように分化してくるのか細胞系譜を知る必要がある．また医療応用のための機能的な細胞をつくり出すためにはその組織幹細胞を同定・単離し，分化誘導を行うことが必要である．組織幹細胞の同定と検証方法としては，label-retaining cell（LRC）の同定，幹細胞マーカー遺伝子の解析，スフェロイド形成法，軟寒天コロニー形成試験，骨髄再構築法，目印した移植細胞のマウスなどの個体で細胞追跡等が挙げられる．

### B 原理・方法

**（1）label-retaining cell（LRC）法**

幹細胞は無限の自己複製能をもつため増殖性が高いと考えられがちだが，実際は成体では新陳代謝が盛んな組織以外ではほとんど分裂しない．腸管上皮幹細胞，皮膚幹細胞など新陳代謝の盛んな組織では多くの細胞が増殖・分化していくが，そうした組織においても，幹細胞の増殖能は低い．そこで細胞を放射性同位体の［$^3$H］チミジンやブロモデオキシウリジン（BrdU）でラベルし，細胞分裂により DNA 標識が失われない label-retaining cell（LRC）が幹細胞であると考えられた．

## （2）幹細胞マーカー遺伝子の解析

　組織での幹細胞マーカー遺伝子による幹細胞の局在の同定，また逆に幹細胞での幹細胞マーカー遺伝子の同定を行う．

　幹細胞マーカー遺伝子が判明し，単離できる場合は定量RT-PCR（quantitative reverse transcription（qRT)-PCR）による方法が簡便である．定量性，安定性がある．血球系細胞では幹細胞マーカー遺伝子が細胞表面に存在することが多いので細胞表面抗原に結合する蛍光標識抗体を用いた解析法であるセルソーターあるいはfluorescence-activated cell sorting（FACS）を用いた同定や分取が行われる．単離できない組織切片での局在解析には，幹細胞マーカー遺伝子の抗体による免疫染色や組織におけるmRNA発現を調べる *in situ* hybridization（ISH）を行う．近年は，レーザーによるマイクロダイセクションで幹細胞と想定される細胞を単離し，qRT-PCRで網羅的に遺伝子を解析することも可能である．

## （3）スフェロイド形成法

　幹細胞は細胞同士の接着性が強く，プレート表面細胞が接着しないように加工したシャーレで培養すると球状のスフェロイドを形成し，生育する．幹細胞以外は死滅することから，幹細胞の単離法としても使用される．

　神経幹細胞を含む脳組織を，プレート表面細胞が接着しないように加工したシャーレ（Ultra Low Attachment Culture Dish；Corning社，細胞低吸着製品「PrimeSurface®」；住友ベークライト社他）で血清無添加専用培地を用いて培養すると，神経幹細胞から成る球状のニューロスフィアが形成される．こうしたスフェロイドは腸管クリプトやがん組織からも形成されるので，腸管上皮幹細胞やがん幹細胞の単離法としても利用される．

## （4）軟寒天コロニー形成試験

　正常細胞はシャーレに接着しないと培養・生育ができない．これに対して，幹細胞やがん細胞は軟寒天中で接着せずに増殖ができる「足場非依存的増殖」が可能である．そこで幹細胞やがん細胞であることの検証のためにコロニー形成能を行う．

　軟寒天法は，0.6％の栄養層に0.3％の細胞層を重層する．コロニー形成まで3〜4週間を要する．ES細胞を簡単に定量できる測定キットStemTAG™ 96-ウェル幹細胞コロニー形成アッセイ（コスモバイオ）も市販されている．

## （5）再構築法

　幹細胞であるかの最終的判断は，幹細胞から色々な細胞からなる組織が作製できるかを *in vivo* で検証できるかである．

　**骨髄再構築法**：造血幹細胞が幹細胞性をもっているかについては，*in vivo* 骨髄移植で最終的に検証する．骨髄や一時的にG-CSFで末梢血中に放出した造血幹細胞をFACSでマーカー遺伝子依存的に単離し，強い放射線（9 Gy）で造血幹細胞を破壊したレシピエントマウスに骨髄移植を行う．移植した細胞が赤血球，白血球型細胞，血小板等を産生することで造血幹細胞であることを検証する．ドナー細胞由来であることを担保するため，ドナー細胞はレシピエントマウスと異なる白血球共通抗

原 CD45 をもつマウスを用いる．

**毛包や腸管クリプトの再構築**：それぞれの幹細胞を in vivo 移植することで組織の再構築を検証する．

### C 実験例

　表皮幹細胞，腸管上皮幹細胞で組織幹細胞の局在が LRC により同定され，幹細胞マーカー遺伝子が明らかになっている．

　毛の形成を司る毛包幹細胞はバルジと呼ばれる位置に存在している．LRC 法で分裂の遅い細胞がバルジに存在することから見出された（図 4.12）[1]．毛周期の成長期に入ると毛包幹細胞はバルジから出て毛乳頭 dermal papilla と接触しながら下方に向かって分化しながら動いていく．毛乳頭は幹細胞マーカー Sox2 陽性細胞で，毛乳頭に分布する神経堤由来の細胞は神経細胞，グリア細胞，平滑筋細胞，脂腺細胞，メラノサイトに分化できる幹細胞であることが報告されている[2]が，毛包形成ではニッチを形成する支持細胞として重要である．表皮の形成は表皮幹細胞が行うが，大規模な傷の修復では，バルジに存在する幹細胞が毛包形成以外にも表皮や脂腺を形成することから，バルジの幹細胞はより可塑性に富んだ幹細胞と考えられている．

　腸管クリプトでは，LRC として同定されたものは腸管クリプト下部から 4 つ目の +4 細胞で，Bmi1 陽性細胞であり，多分化能をもつことが明らかになっている．一方，Lgr5 は腸管上皮幹細胞のマーカー遺伝子と考えられたが，実際 Lgr5 陽性細胞をマウスで可視化し細胞系譜を辿った結果，種々の小腸分化細胞を産生することが判明した．パネート細胞は Lgr5 陽性細胞の間にあり，支持細胞として重要である．

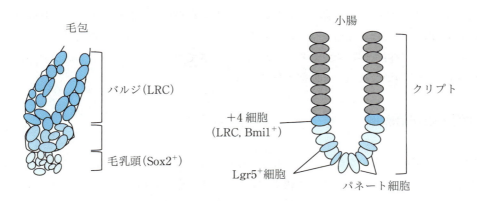

**図 4.12　毛包幹細胞と腸管上皮幹細胞の同定**

128 第4章 遺伝子工学と発生工学

---

**Tea break** がん幹細胞と抗がん薬

　がん組織にも**がん幹細胞**が存在し，生理的な組織幹細胞と同様に自己複製能と様々な細胞への分化能をもっている．がんは遺伝子の変異の蓄積で生じるので，増殖の遅い幹細胞で変異が蓄積され，種々の段階のがん細胞を生み出すと考えられている．またがん細胞では，がん微小環境に依存して脱分化により容易にがん幹細胞が生じるともいわれている．こうした異なる遺伝子変化をもつ細胞の存在が，がん組織の多様性を生み出していると考えられる．

　これまでの多くの抗がん薬は，がん細胞の強い増殖性をターゲットとした DNA 複製阻害薬である．このため新陳代謝が活発な組織での脱毛，消化管出血，血球系の減少等の抗がん薬の副作用が生じている．一方，がん幹細胞は増殖が遅く，こうした抗がん薬に耐性であることが，再発の大きな原因となっている．そのため，がん幹細胞特有のエピゲノム変化等をターゲットとした薬剤の開発が進んでいる．またがん幹細胞を取り巻くがん微小環境の解析も進み，特に間葉系細胞であるがん線維芽細胞 cancer-associated fibroblast（CAF）や免疫細胞との相互作用が注目されている．

---

## 4.3.3 ◆ 再生医療

### A 目的・方法

　再生医療とは，胚性幹細胞 ES 細胞や iPS 細胞，そして組織幹細胞から，分化誘導させて特定の細胞，組織を新たに作製し，損傷・疾患で失われた組織の機能を補うことを目的としている．人の体の中には，皮膚や小腸，血液などのように常に細胞増殖を繰り返し新しい細胞をつくり出している組織や，肝臓のように再生能力の高い臓器があるが，損傷時の修復能力は組織ごとにかなり異なり，機能分化した神経細胞や心筋などは増殖しないと考えられてきた．しかし近年，再生可能な神経幹細胞が存在し，新たな神経の再生が可能であることが判明してきており，パーキンソン病など神経変性疾患の治療が可能になるのではないかと期待されている．

### B 実験例・臨床治験例

　いまだ完全な組織そのものをつくり出すことは成功していないが，少ない組織幹細胞をどう単離し（または活性化し），意図する細胞に分化誘導していくのか，臨床応用・実用化に向けて現在以下のような研究の方向性が進展している（図4.13）．

a）分化した細胞を直接移植する方法

　ex. パーキンソン病におけるドパミン分泌神経細胞の移植，関節への軟骨細胞の移植

b）組織幹細胞または組織幹細胞を含む細胞群を移植し，個体のなかで分化した細胞をつくり出す方法

　ex. 骨随移植，（iPS 細胞から誘導した）神経幹細胞を移植して神経細胞・グリア細胞を形成，腸管上皮幹細胞を移植してクリプト形成，心筋前駆細胞

c）ダイレクトリプログラミングにより，分化した機能細胞を作製する方法

ex. 心筋線維芽細胞からウイルス等を使って *in vivo* で遺伝子を導入し心筋細胞を作製，*in vitro* で線維芽細胞から神経細胞を作製

d）分化した細胞を移植し（ニッチの形成），その細胞から分泌される液性因子（増殖因子やサイトカイン）等によって本来の組織幹細胞の潜在的再生能力を誘導する場合

ex. 心筋シート

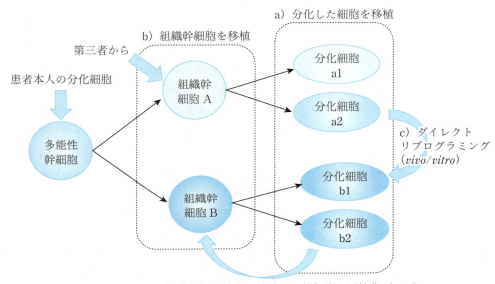

**図 4.13 再生医療の実験例・臨床治験例**


**参考文献**

1) Cotsarelis, G., Sun, T., & Lavker, R.M.（1990）*Cell* **61**, 1329-1337
2) Toma, J.G., Akhavan, M., Fernandes, K.J., Barnabé-Heider, F., Sadikot, A., Kaplan, D.R., & Miller, F.D.（2001）*Nat. Cell. Biol.* **3**, 778-784

# iPS 細胞

iPS 細胞 induced pluripotent stem cell（人工多能性幹細胞）は，ゲノム編集や次世代シークエンサーと並んで，夢の医療を実現する革命的技術の1つとして登場した．山中伸弥博士による発表からわずか6年でノーベル賞を受賞したという異例の早さからもそのインパクトの大きさが窺われる．

再生医療の切り札としては，1998年にトムソンが樹立したヒト ES 細胞があった．ES 細胞は受精卵の一部の細胞であり，どのような組織の細胞にも分化可能な万能細胞であったが，この ES 細胞には大きく2つの問題点が存在した．1つは受精卵の扱いに関する問題である．体外受精した受精卵の余剰卵（使用しなかった受精卵）を破壊して，そこから ES 細胞を取り出すという点について，ES 細胞の研究当初，日本では，人工授精してできた受精卵の余剰卵を人工授精の研究以外に使用することが日本産科婦人科学会の会則（ガイドライン）で禁止されていて，これを行うと学会の会則に違反したということで除名されるような状況であった．この会則が，クローン禁止法案の制定によって緩和され，余剰卵は ES 細胞研究に使用できるようになったという経緯がある（Nakanishi, T., *Nature* **405**, 882, 2000）．しかし海外では，キリスト教の教義において受精卵は生命の始まりとされており，これを破壊することは許されない行為とされている．それ故，バチカンのローマ法王も，この研究には強く反対していた．また受精卵の余剰卵の提供については，実施した夫婦の同意が必要であり，やっと実施した人工授精の結果生まれた受精卵が破壊されることへの提供者の抵抗を和らげる方法も必要である．もう1つの問題点は，受精卵を破壊して樹立した ES 細胞を分化誘導して作製した組織の細胞は，両親に由来する組織適合性抗原を発現しているので，これを第三者に移植した場合，拒絶反応により移植が困難になる場合が多いということである．この問題を解決するため，まず受精卵の段階で核を除去して，移植を受ける人間の体細胞の核を入れたクローン胚なるものを作製し，ここから ES 細胞を樹立することが考えられた．この実験は難しく，論文ねつ造事件も起こるほどであった．さらに，この核移植のステップは，クローン羊ドリーを作製する最初のステップと全く同じであり，このクローン胚を子宮に戻すとクローン人間ができるのではないかとの危惧があった．この点は，上述のクローン人間禁止法案で避けられることになったが，このような法案をもっている国は主に先進国であり，世界的に禁止されたわけではない．

このような問題を抱えた万能細胞である ES 細胞に対して，新たに山中博士らによってつくり出された iPS 細胞は，こうした問題点をことごとくクリアーできる万能細胞であった．まず，移植治療する本人の体細胞から iPS 細胞を作製するため，その iPS 細胞からつくり出した組織の細胞を移植しても拒絶されることがない．クローン胚を作製する必要もない．また，受精卵を破壊する必要がないため，宗教的，倫理的な問題が生じることもない．こうした長所を備えた iPS 細胞は，発表当時，夢の万能細胞といわれた．ローマ法王にも歓迎され，バチカン生命科学アカデミーは2007年歓迎のコメントを出している．

この iPS 細胞の作製法と，山中博士がこの iPS 細胞の樹立に至った経緯や背景について少し述べてみよう．

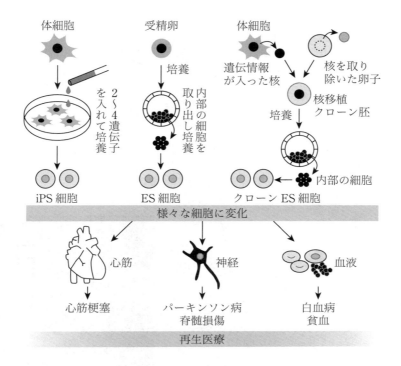

**図 4.14 万能細胞の作製法と再生医療への応用**

iPS 細胞は，人工多能性幹細胞という名前の通り，人工的に作出した万能細胞である．既に分化の終わった体細胞，例えば皮膚の線維芽細胞に山中因子といわれる 4 種の遺伝子（Oct 3/4, Sox2, c-Myc, Klf4）を導入するだけで，導入した細胞群から iPS 細胞が出現するのである．いわば，個体発生で，受精卵が増殖，分化して組織が形成されるという方向性が逆転する，あるいは時間を逆行するような現象といえるのである．このように，生命の基本が逆転するような現象がわずか 4 種の遺伝子の導入で可能になることはにわかに信じ難いし，山中博士も発表にはかなり慎重を期していたといわれている．

導入する 4 種の遺伝子のうち，3 つ（Oct 3/4, Sox2, Klf4）は初期化に関係する遺伝子であり万能性の付与に関係する．残りの 1 つ（c-Myc）はがん遺伝子であり，iPS 細胞に増殖能力を与える役割を果たす．こうしてこれら 4 種の遺伝子を導入することで iPS 細胞は万能性と増殖能力を獲得するのである．

当初，これら 4 種の遺伝子はレトロウイルスベクターにより細胞に導入されていたが，がん遺伝子が細胞のゲノムに組み込まれることで細胞ががん化する恐れがあることから，現在では，導入した遺伝子がゲノムに組み込まれないように，エピソーマルベクターという細胞質に留まるベクターや，やはりゲノムに組み込まれないセンダイウイルスベクターというベクターを使用している．さらに用いる遺伝子の種類や数について多くの改良が試みられている．例えば，がん関連遺伝子の c-Myc のがん化のリスクが低い L-Myc への置き換えが行われている．遺伝子を導入した後は，分化を抑える LIF や増殖因子の bFGF という因子などを含む培養液で培養し，出現した iPS 細胞をさらに拡大させる．

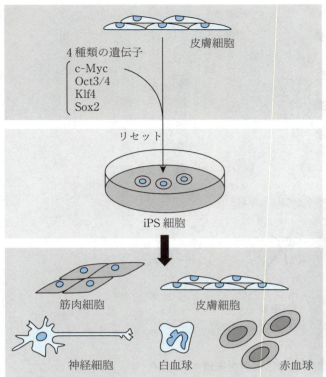

図 4.15　iPS 細胞の作製と分化誘導

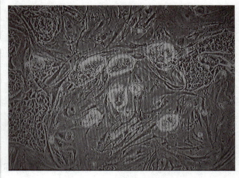

図 4.16　マウス iPS 細胞
（中西提供）

　それではなぜ，山中博士はこのような細胞を作製できると考えるに至ったのであろうか？　この答えは 1975 年のガードン博士の研究にまで遡ることで理解できる．ガードン博士の研究は一言でいえば「核移植による細胞の初期化」，すなわち体細胞からのクローンの作出であるが，この研究では，1997 年のウィルムット博士によるクローン羊ドリーの作製が有名である．にもかかわらず，山中博士とガードン博士がノーベル賞を受賞したのはなぜか．ガードン博士が行ったのは，アフリカツメガエルを使ったクローンの作製研究で，分化した体細胞の核を使ってクローンを作出した点では 20 年以上ドリーに先んじているのである．常に世界初を重要視するノーベル賞ではこの点が評価されたのである．

　ガードン博士の研究は，同じ初期化でも分化した体細胞の核を脱核した未受精卵に移植することで，細胞の影響を受けながら移植した核が初期化される．すなわち，初期化に関係する細胞の因子はこの研究では明らかにされていなかった．しかし，山中博士は，この初期化を促す因子を，iPS 細胞を作製する過程で 4 種の遺伝子の働きまで絞り込んだことになる．

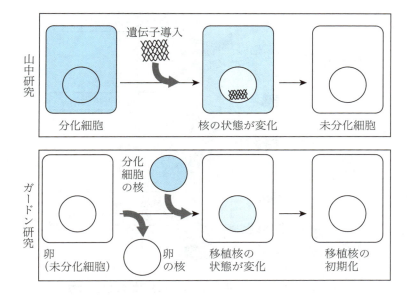

**図 4.17 山中研究とガードン研究**

　山中博士は，2005 年の段階で，導入する遺伝子を，ES 細胞のデータベースなどから ES 細胞で活発に働いている遺伝子 100 個に絞り込んでおり，これをさらに 24 個，そしてここからは 1 個ずつ抜いていく方法で 1 年足らずで 4 個の山中因子を選ぶという快挙を成し遂げた．多くの研究者が複雑なメカニズムを予想し，しかもまだ本当に iPS 細胞ができるかどうかもわからない段階で，全部で 2 万個近い遺伝子から 4 遺伝子を選ぶという困難な研究を粘り強く続けられたのは，山中博士のリスクを恐れない稀有な気質によるところが大きいのであろう．

　現在，この iPS 細胞は再生医療の切り札として，臨床応用に向けた研究が急速に進められている．いわゆる新薬が頭打ちになっている現状で，この再生医療の市場は 2050 年には 50 兆円に達するともいわれており，世界の医薬品市場 100 兆円に匹敵する規模になることから，多くの製薬企業も熱い視線を送っていて，例えば，武田薬品はこの iPS 細胞による細胞治療研究プロジェクトを進めるため，山中博士が所長をつとめる京都大学 iPS 細胞研究所（CiRA）と 10 年間の長期契約を結び，120 億円の研究支援を行うことになっている．また大日本住友製薬は，CiRA や理化学研究所，さらに慶應義塾大学と，iPS 細胞を用いた加齢黄斑変性やパーキンソン病，さらに脊髄損傷の治療研究を共同で進めている．これらを後押ししているのは，2014 年 11 月に施行された改正薬事法である．再生医療等製品の早期承認制度によって，条件付きながら従来の半分程度に承認までの期間が短縮されることになった．既に日本発の 4 つの再生医療等製品が承認されている．

　現状で iPS 細胞を用いた再生医療研究で最も進んでいるのは，世界初の臨床研究として 2014 年 9 月に神戸市先端医療センターで実施された，網膜の中心にある黄斑が変形する加齢黄斑変性の移植治療である．失明原因として日本 4 位であるこの疾患の治療のため，患者の iPS 細胞から網膜色素上皮細胞のシートを作製してこれを移植した．1 年後の評価では，視力の悪化が抑えられ，拒絶反応や腫瘍化も認められないことから一応目標は達成されたと評価された．しかし，2015 年に予定されていた 2 例目の移植は，使用する iPS 細胞に遺伝子変異が見つかり中止された．

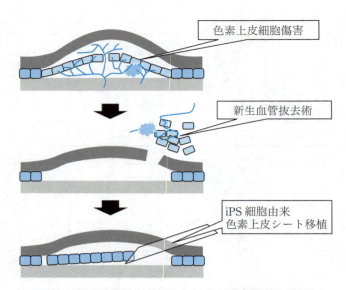

**図 4.18　iPS 細胞を用いた加齢黄斑変性の移植治療**

　これ以外にも，パーキンソン病の治療への応用が考えられており，既にサルのパーキンソン病のモデルにおいて，iPS 細胞から作製したドーパミン産生細胞を移植することで治療効果が認められているという．また脊髄損傷の治療への応用が期待されていて，この損傷を起こした小型のサルが，iPS 細胞から作製した神経前駆細胞を移植することで歩けるほどまでに回復したという．さらに様々な臓器の細胞の作製や血小板の作製など，報告には暇がないほどである．2016 年 10 月には，マウスの iPS 細胞から卵子を作製しこれを受精させることで，マウスが誕生するという驚くべき報告もなされた．

　2016 年 7 月には山中博士が会見を行い，移植医療のため iPS 細胞のストックを作成して，迅速で安全な治療を可能にするプランを発表した．これは，日本人に多い組織適合性抗原の型をホモ接合型としてもつ iPS 細胞を何種類か作製して凍結保存しておき，患者の型に合うものから組織の細胞を作製することで，迅速かつ安価に iPS 細胞を利用した移植医療を可能にしようというものである．加齢黄斑変性の治療でも 1 億円近い費用がかかるといわれていて，体細胞から iPS 細胞を作製する過程をスキップして，既にストックされている細胞を使用すればかなりのコストダウンが実現し，しかも治療にかかる時間も短縮できることになる．

　iPS 細胞は，移植医療以外にも，難病治療のための新薬開発に役立つ．例えば，神経が変性して体の自由がきかなくなる難病の場合，患者の体細胞からまず iPS 細胞を作製し，次にそこから運動神経細胞をつくり出せば，その過程で運動神経が変性する様子を再現できる．そこでこの変性を抑制する薬物を発見できれば，難病の治療につながるというわけである．他にも，初期化による細胞の若返りに着目して，iPS 細胞技術を美容の分野で活用しようという化粧品会社の研究も報告されている．

　iPS 細胞を移植医療に用いるための費用と治療にかかる時間の問題は，ストックされた iPS 細胞を用いることである程度解決できそうだが，これ以外にも iPS 細胞を移植医療に用いるために解決すべき問題はいくつかある．

　そもそも人工多能性細胞というように，体細胞に人為的に操作を行ってつくり出したのが iPS 細胞である．この細胞からつくり出した組織の細胞は，もともと体にある組織の細胞と同一なのか，移植

して安全なのか，またそもそも iPS 細胞は ES 細胞と同じなのか，またどこまで初期化されているのか，といった問いが，改めて今 iPS 細胞に投げかけられている．樹立された当初はあらゆるハードルをクリアした夢の細胞といわれ，最近も，あと数年で夢の治療とうたわれた iPS 細胞であるが，臨床研究が進むにつれて，今度は，品質保証や開発コストなど，いろいろな面で，想像以上に治療用細胞として認可を受けるための国内でのハードルの高さが浮き彫りになっている．実際，早期認可制度によって開発が進んでいる再生医療等製品は，いずれも人工的な手はほとんど加えていない，間葉系幹細胞等の，ヒトの成人にも普通に存在するような細胞であり，開発スピードやコストの差から，この間葉系幹細胞に最近大きな注目が集まっている．さらには ES 細胞の価値を見直す動きもあって，iPS 細胞にとってこれからしばらくは試練の時代といえそうである．またこうした意味で，移植用細胞以外の iPS 細胞の用途（評価用や医薬品以外への応用）にも改めて関心が集まっている．

---

**Tea break** **山中博士と洗濯機**

2012 年秋に山中博士がノーベル賞を受賞されてから一週間もたたない頃，横浜で開催されたBioJapan で，山中博士は多くの応募者から選ばれた少数の聴衆を前に，おそらく受賞が決まってからの一般向けとしては初めての講演をされた．当時の首相に受賞の報告を行った帰途ということであったようである．受賞の直後ということもあり，山中博士からはオーラのようなものが感じられ，聴衆は博士が登場すると思わず一斉に立ち上がって拍手をして迎えた．ここでは，発明か発見かといった受賞の感想や iPS 細胞の将来計画などが話されたが，いくつかおもしろいエピソードも紹介された．その中の1つにノーベル賞受賞の連絡があった時の話がある．山中博士が自宅で洗濯機の修理をしている時に受賞の連絡があった話は知られているが，これは，実は洗濯機ではなくて洗濯機を置く台の修理をしていたという話だそうで，これが間違って洗濯機の修理と伝わったため，当時の首相や大臣がお金を出し合って山中博士に洗濯機をプレゼントすることに発展してしまったそうである．聴衆の一人はこの講演会が終わって会場を出ると，聞けなかった人たちに取り囲まれて「どんな話でした？」と聞かれて，まるで自分がノーベル賞を受賞したような気分だったという．WEB 版の新聞の取材も来ていたらしく，その新聞の BioJapan のサイトには，新聞による講演参加者のインタビューの様子がすぐに動画でアップされていて興奮が伝わってきた．

---

**Tea break** **間葉系幹細胞とトランスディファレンシエーション**

間葉系幹細胞は成人の骨髄などに存在するいわゆる組織幹細胞である．ES 細胞や iPS 細胞のような万能性はもたないが，限定された多分化能をもっている．間葉系幹細胞の場合，骨，軟骨，脂肪細胞といった組織に分化することが可能である．この細胞を分離して移植すると，骨や軟骨の欠損が修復されるなどの効果があり，あるベンチャー企業では，単離した間葉系幹細胞をバンク化してこれらの移植治療に用いるビジネスを展開している．早期認可制度によって，この間葉系幹細胞が再生医療等製品として認可されていることから，最近この細胞に改めて注目が集まっている．実は，この間葉系幹細胞は，上記以外の組織にも分化できることがわかっていて，胚葉の壁を越えた分化が可能という認識が一般に広まっている．また，皮膚の線維芽細胞に山中因子を導入した際に，iPS 細胞以外にこのような間葉系幹細胞様の細胞が出現することが知られていて，iPS 細胞を経由しない組織細胞づくりなども研究されている．さらに，作製された iPS 細胞にも，性質の異なる様々なクローンが存在することがわかっていて，移植治療への応用にはこのクローンの選択も重要なカギとなってきている．

## 4.5 生殖医療

### 4.5.1 ◆ 受精とは

受精とは，卵と精子が融合し受精卵ができて，個体の発生が始まることをいう．排卵された卵は卵管で精子を待つ．精子は卵の周りを取り囲んでいる透明帯を分解して通過することが必要で，卵の透明帯に触れると精子先体からプロテアーゼを放出する．これを精子先体反応 acrosome reaction と呼び，生物種が一致しないと起こらないなど異種生物間の受精を防ぐ役割も担っている．その後精子と卵が融合し，卵では種を越えてカルシウムオシレーションと呼ばれるカルシウム濃度の周期的な上昇が観察される．融合の際に精子から卵に導入される sperm factor が卵でのカルシウム濃度の上昇を引き起こすと考えられていたが，カルシウム動員に重要なリン脂質代謝酵素 PLCζ が sperm factor として同定された．精核と卵核が融合すると受精卵となり個体の発生が始まる．受精卵は，卵管から子宮に移動する過程で，第二極体の放出，二細胞期，四細胞期，桑実胚期となり，胚盤胞期を経て子宮に着床する（図4.19）．

### 4.5.2 ◆ 生殖補助医療

#### A 目 的

自然妊娠が成立しない不妊の要因は色々あり，受精卵の異常の他，女性側の要因としては，排卵が起こらないことや着床不良，男性側の要因としては，精子数が少ないことや動きが悪いなどが挙げられるが，原因のわからないことも多い．

こうした不妊治療法として行われているのが，体外受精 in vitro fertilization（IVF）や顕微授精（卵細胞質内精子注入法，ICSI）などの生殖補助医療 assisted reproduction technology（ART）である．

#### B 体外受精の歴史と現状

体外受精は，ケンブリッジ大学名誉教授ロバート・エドワーズと産婦人科医パトリック・ステプラーによって，英国で初めて成功した．1978年にルイーズちゃんという女の子が誕生し，当時「試験管ベビー」という言葉で呼ばれた．日本においても，1983年に体外受精による第1子が誕生してか

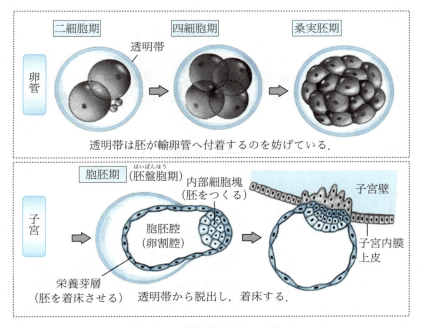

**図 4.19 受精から着床までの過程**

らは，その数が増えつづけ，1998 年には年間 1 万人を突破した．現在では，累計で 6 万人以上が，体外受精によって誕生している．不妊のカップルにとっては子供をもつチャンスが得られることになり非常に恩恵が大きく，この功績によって 2010 年，ロバート・エドワーズらはノーベル生理学・医学賞を受賞している．

一方で ART は卵，精子，胚提供による多様な受精が可能になり，複雑な親子関係，従来の家族像と異なる価値観をもたらす結果となった．産まれてくる子の「遺伝的な親を知る権利」も問われている．生殖補助医療のなかでも，法的・倫理的に問題とされるものは，第三者（ドナー）の配偶子・胚を利用する生殖補助医療や，妻以外の女性に「妊娠・出産」してもらう代理懐胎（出産）に関するものである．現在第三者から精子や卵子の提供を受けての生殖補助医療に関して国内に関連する法律がなく，法整備の検討が行われている．基本的な方向性は，女性が第三者から卵子の提供を受けて妊娠・出産したときは，出産した女性をその子の母とすることや，妻が夫の同意を得て夫以外から精子の提供を受け妊娠した子どもについて，夫はその子が自分の子どもであることを否認できない，とするものである．代理出産に関しては，第三者の母体を妊娠出産の道具とするという倫理的な問題や，出産に伴うトラブルを考慮し，日本では現時点では認められていない．フランス，ドイツ，イタリア，スペイン等では日本と同様に代理出産を認めていないが，アメリカ（州による），UK，アイルランド，デンマーク，ベルギー，インド，タイなどでは無償等の条件は異なるものの合法とされている．

近年，未婚の女性らによる未受精卵の保存が注目されているが，未受精卵は大きく細胞内の水分が多いため，凍結・融解の際にダメージを受けやすく，凍結保存は技術的にも推奨されない．

着床前診断の技術も進み，伴性遺伝疾患や染色体異常を原因とする流産の回避を目的として海外では実施されているが，日本では，まだ臨床研究段階である．

また最近非常にゲノム編集技術の革新が著しく，受精卵での遺伝子操作が可能になりつつある．2015年に中国から，廃棄予定のヒト受精卵を使用したゲノム編集の研究が報告された．成功率が低いことや目的外の遺伝子にも変異が導入される等，現状では大きな問題があるが，遺伝子疾患への医療応用が期待できる．同時に，親が希望する知能，身長，皮膚や目の色など好みの遺伝子を組み合わせたデザイナーベビーの誕生も可能になるという大きな倫理的な問題に直面している．

### 4.5.3 ◆ マウスを使った体外受精（IVF）

#### A 目 的

作製した遺伝子欠損マウスの仔が少ない，産まれないという場合等で受精時の異常が想定される場合，体外受精（IVF）を施行する．*in vivo* での受精の異常には交配などの行動異常に起因するものも多いため，こうした要因を排除するためにも *in vitro* で直接受精のステップを検討する必要がある．また遺伝子欠損マウスの系統維持を目的とした体外受精も行われ，汎用される技術となっている．

#### B 方法・試薬 （図4.20）

以下概略を示すが，他も参照されたい（http://card.medic.kumamoto-u.ac.jp/card/japanese/sigen/onlinemanual/mouseivf.html, http://ja.brc.riken.jp/lab/bpmp/SDOP/en/rep_tec/docs/BRC%20IVF%20protocol%20（Japanese).pdf）．
a）培養液の準備：卵用にはCARD MEDIUM（九動株式会社）またはHTF培養液，精子用には

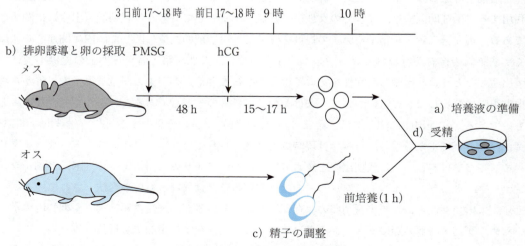

図4.20 マウスの体外受精の概略
詳細は本文参照．

FERTIUP®-精子前培養培地（九動株式会社）または HTF 培養液，受精卵洗浄用培地として mHTF 培養液（九動株式会社）を用意する．35 mm 培養皿にそれぞれ培養液でドロップを作製し（必要に応じて複数個），シリコンオイルで覆い，使用前に 5 % $CO_2$，37℃ インキュベーターで静置しておく．

b）排卵誘導と卵の採取：実験 3 日前の夕方に 1 匹当たり 7.5 単位（200 $\mu$L）の PMSG（妊馬血清性性腺刺激ホルモン），その 48 時間後に 1 匹当たり 7.5 単位（200 $\mu$L）の hCG（ヒト胎盤性性腺刺激ホルモン）をメスマウスの腹腔内に注射し，過排卵を誘導する．hCG 投与後 15 ～ 17 時間後に卵管膨大部から卵を採取する．マウスの系統にもよるが，1 匹のマウスから 20 個くらいの卵が採取できる．採取した卵は CARD MEDIUM のドロップに入れすぐにインキュベーターに入れ，30 ～ 60 分置く．卵の質を保つためには，採取からインキュベーターに入れるまでを手際良くすることが非常に重要である．

c）精子の調整：実験当日にオスマウス精巣上体尾部から精子を採取する．尾部に圧力をかけるように指でつまみ，解剖針で穿刺し出てきた精子塊を採取して，FERTIUP®-精子前培養培地のドロップに入れる．精巣上体の周りには脂肪が多いので，脂肪を入れないように気をつける．また機械的な衝撃にも弱いので無理に拡散させないようにする．精巣上体からの精子は採取時運動能が低いので，前培養液に 1 時間ほど入れることで運動能が獲得できる．

d）受精：卵の入った培養液に媒精する．媒精後約 4 時間後に，受精卵の周りの卵丘細胞を除くために洗浄し，新たな培養液に取り替える（mHTF 培養液）．受精が起こっていれば媒精後 6 時間後には第二極体の放出が見られる．24 時間後には二細胞，96 時間後には胚盤胞になるので，この割合で受精率を算出する．マウスを作製する場合は，胚盤胞を仮親に移植する．受精時のカルシウム上昇を観察するためには，あらかじめ卵を Fura-2 や Fluoro 3 などのカルシウムインジケーターでラベルしておき，媒精直後のカルシウムオシレーションを測定する．

## C 実験例

リン脂質代謝に関与する酵素 PLCδ4 遺伝子欠損マウスは，自然交配では非常に仔が産まれにくいことが判明したため，体外受精を行った（図 4.21）.

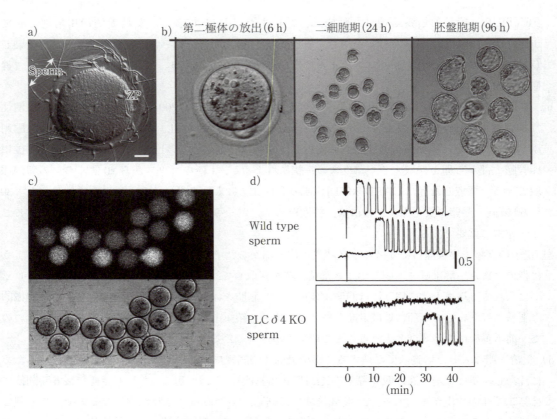

**図 4.21 体外受精の実験例**
マウスでの体外受精．a）媒精直後．卵の周りに多くの精子が集まっている．Sperm：精子，ZP：卵透明帯．b）受精後 6 h の第二極体の放出，24 h 後の二細胞期，96 h 後の胚盤胞期をそれぞれ示す．c）卵をカルシウムインジケーター Fluoro 3 でラベルし，受精時の細胞内カルシウムの上昇を示す．下図は明視野．d）野生型マウス精子を用いたときの卵でのカルシウムオシレーションパターンを示す．リン脂質代謝に関与する酵素 PLC δ4 遺伝子欠損マウス精子を用いると，卵でのカルシウムオシレーションパターンが誘導できない．体外受精の結果，PLC δ4 遺伝子欠損オスマウスは精子先体反応不良で仔が産まれにくいことが判明した．
（K. Fukami *et al.*（2001）*Science* **292**, 920-923）

◆ 演習問題 ◆

次の記述について正誤を答えよ．
1) トランスジェニックマウスは，調べたい遺伝子の発現を低下させて機能を調べる．（ ）
2) トランスジェニックマウスは，調べたい遺伝子の発現を亢進させて機能を調べる．（ ）
3) トランスジェニックマウスは，マウス受精卵の細胞質に DNA 溶液を微量注入する．（ ）
4) トランスジェニックマウスでは，注入された DNA は染色体 DNA に組み込まれない．（ ）
5) ノックアウトマウスは，ターゲットベクターを受精卵に導入し，相同（標的）組換えを起こした細胞を選別する．（ ）

6）ノックアウトマウスは，選別された ES 細胞を胚盤胞に注入してキメラ個体を作製する．（　）

7）ノックアウトマウスは，ノックアウトマウスのホモ接合体をかけあわせてヘテロ接合体を得る．（　）

8）ノックアウトマウスとは，調べたい遺伝子の機能が亢進しているマウスである．（　）

9）iPS 細胞は受精卵を用いて作製する．（　）

10）iPS 細胞は胚性幹細胞と呼ばれる．（　）

11）iPS 細胞は ES 細胞のような万能性をもたない．（　）

12）iPS 細胞は成人の細胞からは作製できない．（　）

13）iPS 細胞は再生医療や新薬の開発に利用される．（　）

14）iPS 細胞の日本語表記は胚性幹細胞である．（　）

15）iPS 細胞の日本語表記は人工多能性幹細胞である．（　）

16）iPS 細胞の日本語表記は組織幹細胞である．（　）

17）iPS 細胞の日本語表記は間葉系幹細胞である．（　）

18）iPS 細胞の日本語表記はがん幹細胞である．（　）

19）クローン羊ドリーは体細胞の核を除核した胚細胞に移植して作製された．（　）

20）クローン羊ドリーは世界初の哺乳類の体細胞クローンである．（　）

21）クローン動物は未分化の胚を複数に分割する杯分割によっても作製できる．（　）

22）凍結保存された細胞からはクローン動物は作製できない．（　）

23）日本においてヒトクローンの作製は法律で禁止されている．（　）

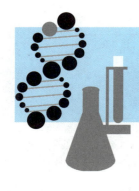

# 第5章　遺伝子工学と医薬品

◆この章で学ぶこと(キーワード)◆

バイオテクノロジー，バイオ医薬品，組換え医薬品，組換え体，アンチセンス，siRNA，インスリン，インターフェロン，トランスジェニックマウス，ファージディスプレイ，発現ベクター，GST（グルタチオン-S-トランスフェラーゼ），t-PA，エリスロポエチン，抗体医薬品，モノクローナル抗体，分子標的医薬品，遺伝子多型，一塩基多型（SNP），オーダーメイド医療

## 5.1　バイオ医薬品概説

### 5.1.1　バイオ医薬品とは

　広義に解釈して，遺伝子組換え・細胞培養・核酸技術などのバイオテクノロジー（生物工学・生命科学技術）を利用することにより製剤化した医薬品の総称を「バイオ医薬品」といい，有効成分はタンパク質，細胞，核酸である．中でも組換えDNA技術を利用して作製した生物（大腸菌・酵母・細胞・動物）から産生されるペプチド・タンパク質のことを「組換え（組換え体）医薬品」という．現在，市販されている多くのバイオ医薬品は組換え医薬品（ホルモンなど）である．バイオ医薬品には，これらの他に細胞治療用医薬品（培養皮膚），遺伝子治療用医薬品（遺伝子，ベクター），核酸医薬品（DNA・RNA）などがある．核酸医薬品に分類されるsiRNA，miRNAも実用化に向け研究が進められている．バイオ医薬品の分類と種類を表5.1にまとめた．

表5.1　バイオ医薬品の分類と種類

| 分　類 | | 種　類 | 目　的 |
|---|---|---|---|
| バイオ医薬品 | 組換え医薬品 | 酵素，ホルモン，血液凝固因子，サイトカイン，血清タンパク質 | 補充 |
| | | 酵素，ホルモン，サイトカイン，抗体 | 調節 |
| | | ワクチン | 予防 |
| | 細胞培養医薬品 | サイトカイン | 調節・補充 |
| | | ワクチン | 予防 |
| | 細胞治療用医薬品 | 培養皮膚，培養真皮 | 補充 |
| | 遺伝子治療用医薬品 | 遺伝子 | 調節・補充 |
| | | ウイルスベクター，リポソーム | |
| | 核酸医薬品 | DNA，RNA，siRNA，miRNA | 調節・補充 |
| | | ウイルスベクター，リポソーム | |

## 5.1.2 ◆ バイオ医薬品の種類

　狭義にはバイオ医薬品のことを組換え医薬品として考える場合もある．組換え医薬品の多くは**タンパク質医薬品**であり，酵素，ホルモン，血液凝固因子，血清タンパク質，サイトカイン，ワクチン，抗体が製剤化に成功している．組換え DNA 技術を利用しない天然の細胞から産生されるタンパク質（ワクチン・サイトカイン）を組換え医薬品と区別して細胞培養医薬品ということもある．組換え医薬品の詳しい説明については，「5.2　組換え医薬品」の項で述べる．

　近年市販されている細胞治療用医薬品は培養した皮膚のみである．正常な皮膚組織から作成した**培養皮膚**や**培養真皮**は，熱傷患者等の移植に利用される．

　癌・遺伝子欠損症・後天性疾患患者等に対して投与する遺伝子（癌抑制遺伝子，遺伝子欠損症関連遺伝子，免疫力増強遺伝子）または遺伝子を標的細胞に効率よく導入するベクター（アデノウイルスを含むウイルスベクター，リポソーム）のことを遺伝子治療用医薬品という．遺伝子治療用医薬品の特徴は，標的細胞内で遺伝子発現を介して作用することである．

　DNA あるいは RNA を基本骨格とした医薬品の総称を核酸医薬品といい，遺伝子発現を介さずに直接作用することが特徴である．低分子である核酸医薬品は，医薬品の基本骨格や作用の違いから大きく分けて 4 つに大別される．① 標的 mRNA と一本鎖 DNA あるいは RNA が直接結合することにより翻訳レベルを抑制する**アンチセンス法**，② 標的 mRNA と短い二本鎖 RNA が結合し mRNA を分解することにより翻訳レベルを抑制する siRNA，ならびに標的 mRNA の 3′-非翻訳領域と短い一本鎖 RNA が結合し mRNA の分解あるいは標的遺伝子の翻訳レベルを抑制する miRNA（**RNA 干渉**），③ 標的タンパク質に一本鎖あるいは二本鎖 RNA が結合し作用を抑制する**アプタマー法**，④ 標的遺伝子を制御する転写因子と二本鎖 DNA が直接結合することにより転写レベルを抑制する**デコイ法**などがある．核酸医薬品を用いた遺伝子治療を行うためには，標的組織・細胞内に効率よく導入

できるベクターの開発も重要となる。核酸医薬品の詳しい説明については，「5.4　核酸医薬品」の項で述べる。

## 5.1.3 ◆ バイオ医薬品の特徴

　正常な生体反応維持に利用される医薬品の主な目的は，調節・補充・予防の3つに大別される（表5.1）．低分子医薬品は標的タンパク質の機能を調節することにより，生体を正常な状態に維持する．バイオ医薬品，特に組換え医薬品は生体に必要なタンパク質の補充（ホルモン）を行う．一部の組換え医薬品は標的細胞の機能調節・細胞傷害（抗体），免疫反応による予防（ワクチン）に使われる．

　合成医薬品とバイオ医薬品（組換え医薬品）の違いを表5.2にまとめた．低分子化合物は，いくつかの化学合成の工程を経て製剤化される．よって，均一な医薬品を容易に，安価でつくることができる．しかし，分子量が大きく複雑な構造をもつバイオ医薬品は，大量生産が可能になったとはいえ生物を利用した複雑な工程により製剤化されることから，製造コストが高く，目的物質・製造工程由来の不純物混入や病原微生物の汚染が懸念される．また，各工程のわずかな違いで不均一な医薬品ができてしまうことから，バイオ医薬品の製造工程内管理試験（約250）は，低分子医薬品（約50）の試験に比べかなり多くの試験段階が設けられている．製剤化されたバイオ医薬品の有効成分は均一ではなく同等性・同質性の物質を含む不均一な混合物として存在する．市販されているバイオ医薬品の多くはペプチド・タンパク質であることから，経口投与ではなく，主に注射・点滴による投与が行われる．

### 表5.2　合成医薬品と組換え医薬品の違い

| 項　目 | 合成医薬品 | バイオ医薬品（組換え医薬品） |
|---|---|---|
| 目的物質 | 低分子化合物 | タンパク質 |
| 製造方法 | 化学反応を利用<br>製造方法が容易 | 組換えDNA技術と生物（大腸菌・酵母・動物細胞）を利用<br>製造方法が複雑 |
| 有効成分 | 同一性の物質が得やすい | 同一性の物質が得にくい（不均一，同等性の物質を含む混合物） |
| 製造コスト | 安い | 比較的に高い |
| 不純物混入 | 目的物質由来（分解物，副反応物）<br>製造工程由来（試薬・製造関連物質） | 目的物質由来（前駆体，分解物，凝集体）<br>製造工程由来（細胞・製造関連物質，微生物） |
| 製造工程内管理試験 | 約50 | 約250 |
| 経口投与 | 可能 | 不可能（静注，皮下注，筋肉注等） |

## 5.1.4 ◆ バイオ後続品とジェネリック医薬品

特許が切れた先発バイオ医薬品の後発品をバイオ後続品（バイオシミラー）という．バイオ後続品と後発医薬品（低分子化合物の後発品：ジェネリック医薬品）の違いを表5.3にまとめた．ジェネリック医薬品を開発する場合，有効性・安全性評価試験の大部分が不要になることから，開発コストの削減が見込まれる．また，先発医薬品との同一成分がつくりやすいことから，製造コストも安く抑えることができる．しかし，複雑な構造を有するバイオシミラー（ペプチド・タンパク質）は先発品同様，生物内で生産されることから，先発バイオ医薬品との同一成分をつくることは困難になる．さらに，他の会社がバイオシミラーを製造する場合，生産細胞樹立の検討から始める必要がある．よって，バイオシミラーは先発品との同等性・同質性の検証，安全性評価試験等が求められる．検証試験等からもわかるように，バイオシミラーの承認申請時にはジェネリック医薬品に比べはるかに多くの資料を必要とする．ゆえに，バイオシミラーの開発・製造には先発品と同程度の技術力（生産細胞の樹立・セルバンクシステムの構築等）と多額の資金を必要とすることになる．バイオシミラーは先発品の製造方法・有効成分ともに同じ方法・同一成分とはいえないことから，後発品ではなく後続品という名称がつけられているのも特徴の1つである．

**表5.3 バイオ後続品と後発医薬品の違い**

| 項　目 | 後発医薬品（低分子化合物） | バイオ後続品（タンパク質） |
|---|---|---|
| 製品 | 特許が切れた先発医薬品の後発品 | 特許が切れたバイオ医薬品の後発品 |
| 名称 | 後発品（ジェネリック） | 後続品（バイオシミラー） |
| 品質有効性安全性 | ① 有効性・安全性評価試験の大部分不要<br>② 先発医薬品と同一の成分をつくりやすい | ① 有効性・安全性評価試験必要<br>② 先発医薬品と同一の成分はつくりにくい（同等性の作用を示す混合物） |
| 開発費用製造費用 | 安い | 高い |
| 異なる会社での再現性 | 再現しやすい | 再現しにくい |
| 開発要件 | 少ない<br>生物学的同等性試験 | 多い<br>生産細胞樹立<br>セルバンクシステムの開発<br>各種試験等 |
| 承認申請時に必要な資料 | 少ない | 多い |
| 開発費用 | 1億円程度 | 〜300億 |
| 薬価 | 先発品の60% 以下 | 先発品の約70% |

# 5.2 組換え医薬品

## 5.2.1 ◆ 組換え医薬品の有用性

　組換え医薬品の種類は生体成分，抗体，ワクチンの3つに大別される．生体成分（酵素，ホルモン，血液凝固因子，サイトカイン，血清タンパク質，これらの改変型を含む）は主に補充を目的とした治療に使われる．抗体はリガンドや膜タンパク質に結合し標的細胞の機能調節・細胞傷害を引き起こす（治療）．ワクチンは免疫反応（抗体産生）により感染症の予防を行う．生体成分と同じ構造をもつホルモンなどのタンパク質を第一世代バイオ医薬品，抗体医薬品や改変により以前よりも効力が高められたホルモン等の組換え医薬品を第二世代バイオ医薬品として区別することもある．

　従来の創薬アプローチは，数多くの低分子医薬品候補物質を合成あるいは天然物・微生物から抽出し，その中から有効成分を探索していた．しかし，このような方法では有効成分の発見に長い年月と労力を費やす．組換え医薬品の創薬アプローチは，現在までに解明されている疾患メカニズムを理解し，生体内で低下しているホルモンや標的細胞に影響を与える抗体をつくることである．よって，低分子医薬品開発のような候補物質を絞り込む作業時間は削減できる．つまり，組換え医薬品の創薬プロセスは，低分子医薬品に比べ合理的であるといえる．また，調節・補充に使われる組換え医薬品は生体成分であることから，低分子医薬品のような予期せぬ副作用を引き起こすことも少ない．さらに，組換え医薬品の作用の持続性あるいは特異性を今以上に高めたい場合，組換えDNA技術により，組換え医薬品の改変が容易にできる．近年，天然型タンパク質のアミノ酸配列の一部置換，ポリエチレングリコール（PEG）等の化学修飾や脂肪酸付加により，体内動態の制御（速効化・持効化）が可能になった（表5.4）．これらの利点は組換え医薬品の特徴ともいえる．欠点としては，高分子であ

### 表5.4　改変技術による生体への至適化

| 改　変 | 作　用 | 一般名 |
|---|---|---|
| アミノ酸配列<br>（一部置換） | ヒトインスリンのアミノ酸を1つ置換<br>二量体形成阻害，六量体から単量体へ速やかに移行 | インスリン アスパルト<br>（超速効型） |
| 脂肪酸付加 | ヒトインスリンにミリスチン（脂肪酸）を付加<br>脂肪酸がアルブミンと結合し，標的組織への到達を遅延 | インスリン デテミル<br>（持効型） |
| | グルカゴン様ペプチド-1（GLP-1）にパルミチン酸を付加<br>脂肪酸がアルブミンと結合し，尿排泄・分解（ジペプチジルペプチダーゼ）阻害により持続時間増加 | リラグルチド<br>（GLP-1：持効型） |
| ポリエチレングリコール（PEG）付加 | インターフェロン アルファ-2b にメトキシPEGを付加<br>PEG化（高分子化）によりインターフェロンの分解を阻害し持続時間増加 | ペグインターフェロン アルファ-2b<br>（INFα：持効型） |

ることから変性しやすく，経口投与できないことである．また，免疫反応（組換えタンパク質に対する抗体産生）により効力がなくなる可能性も考えられる（表5.5）．

**表5.5　組換え医薬品の長所と短所**

| | |
|---|---|
| 長　所 | ① 創薬アプローチが合理的（候補物質を絞り込む作業時間の削減） |
| | ② 副作用の軽減（目的物質がタンパク質であることから，低分子医薬品のような副作用は起きない） |
| | ③ 改良が容易 |
| 短　所 | ① 変性しやすい |
| | ② 経口投与できない |
| | ③ 製造コストが高い |
| | ④ 免疫反応により効力がなくなる可能性あり |

## 5.2.2 ◆ 組換え医薬品の製造方法

組換え DNA 技術を利用した製造方法は大きく分けて 3 つに大別される．① 生体微量タンパク質等を生物内（大腸菌・酵母・動物細胞）で製造する方法（図5.1：一般的なタンパク質医薬品），② ヒト抗体産生トランスジェニックマウスとヒト骨髄腫細胞を利用した製造方法（図5.2：抗体医薬品），③ ファージディスプレイ法と動物細胞を利用した製造方法（図5.3：抗体医薬品）である．タンパク質医薬品の製造方法と抗体医薬品の精製方法を以下に示す．

### A タンパク質医薬品の製造方法

① **組換え体 DNA の作製（遺伝子クローニング）**：ヒト（細胞・毛根など）から mRNA を採取し，逆転写酵素により cDNA を作製する．目的タンパク質をコードする遺伝子は，プライマー（制限酵素部位とタグをコードする DNA を含む）と cDNA を用いて PCR 法により増幅させる（PCR 産物）．シークエンサーにより DNA の塩基配列を確認する．

アミノ酸配列を改変したい場合：塩基配列を確認した PCR 産物を用いて塩基置換を行う．

② **遺伝子発現ベクターの作製**：発現細胞に適したベクターを決定し，PCR 産物とともに制限酵素処理後，ライゲーションを行い遺伝子発現ベクターを作製する．

③ **細胞への導入と大量培養**：発現に適した細胞（大腸菌，酵母，動物細胞）に遺伝子発現ベクターを導入し，目的タンパク質生産細胞を樹立させる．さらに，培養法を確立し大量培養を行う．

④ **精製と製剤化**：細胞をホモジネート（破壊）した後，N 末端あるいは C 末端にタグが付加した目的タンパク質をアフィニティークロマトグラフィー等で精製する．5 つのヒスチジン残基（5xHis）やグルタチオン-S-トランスフェラーゼ（GST）は，それぞれニッケルやグルタチオ

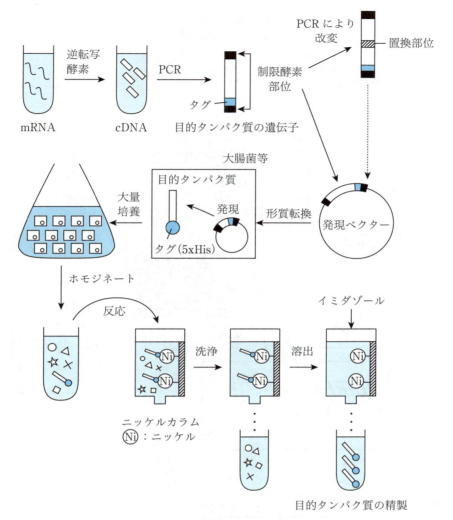

図5.1 組換えタンパク質の精製

ンとの親和性が強い．よって，5xHis や GST をタグとして利用し，ニッケルカラムやグルタチオンセファロースカラムにより目的タンパク質を精製する．目的タンパク質に添加剤等を加え，凍結乾燥などを施した後，無菌製剤等に加工しタンパク質医薬品が完成する．

### B 抗体医薬品の生産と精製方法 I （遺伝子改変マウスを用いたヒト抗体作製法）

① **免疫と融合細胞の作製**：原因物質（抗原）で免疫したヒト抗体産生トランスジェニックマウスの脾臓を採取し，脾臓中のB細胞とヒト骨髄腫細胞（ミエローマ細胞）をポリエチレングリコール法により融合させてハイブリドーマ（融合細胞）を作製する．
② **スクリーニング**：融合細胞を 96 ウェルプレートで培養し，培養上清を用いて抗体産生細胞をELISA 法・ウエスタンブロット法により選択する（抗原を選択プレートあるいはニトロセルロ

150　第5章　遺伝子工学と医薬品

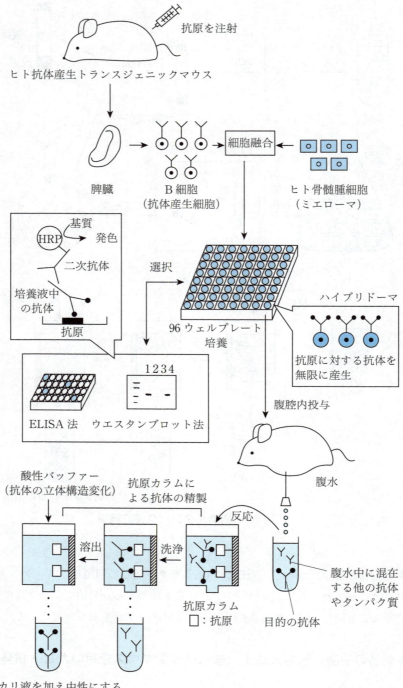

図 5.2　遺伝子改変マウスを用いたヒトモノクローナル抗体の生産と精製

## 5.2 組換え医薬品

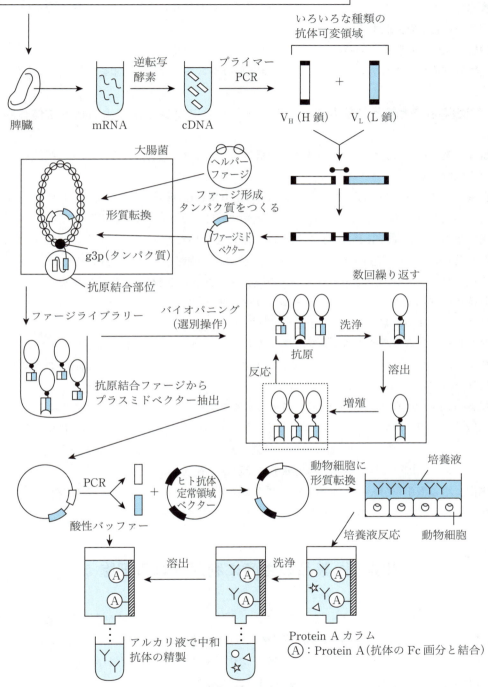

図 5.3 ファージディスプレイ法を用いたヒトモノクローナル抗体の生産と精製

ースメンブランに定着後，培養上清中の抗体およびペルオキシダーゼ（HRP）結合二次抗体を反応させ，HRP と基質の反応（発色）により抗体産生細胞を選別する）.

③ **腹水採取**：トランスジェニックマウスの腹腔内に抗体産生細胞を導入し，腹水癌をつくらせ腹腔内から腹水を採取する.

④ **精製**：採取した腹水中の抗体を，アフィニティークロマトグラフィー等を用いて精製する. 原因物質（抗原）をセファロースに結合させ抗原カラムを作製し，抗体を精製する方法もある.

---

### C 抗体医薬品の生産と精製方法 II （ファージディスプレイ法によるヒト抗体作製法）

① **抗体作製**：抗原で免疫したマウス・ヒト抗体産生マウス，感染症・癌・自己免疫疾患患者の脾臓を採取する.

② **免疫ライブラリーの作製**：逆転写酵素により mRNA（脾臓から抽出）から cDNA を合成する. 抗体の可変部である $V_H$ 領域（H 鎖）と $V_L$ 領域（L 鎖）のコード遺伝子を cDNA を用いて個別に増幅させる（PCR により）. リンカー DNA を用いたアセンブリ PCR により $V_H$ と $V_L$ が結合した scFv（一本鎖抗体）遺伝子を調製. 制限酵素処理した scFv 遺伝子をファージミドベクター（コートタンパク g3p（ファージの膜タンパク質）と scFv が融合して発現）へ挿入. 大腸菌へ形質転換後，ヘルパーファージ（コートタンパクを発現）を重感染させ，ファージライブラリーを作製する.

③ **スクリーニング（バイオパニング）**：プラスチックプレートにコートした標的タンパク質（抗原）に対し，ファージライブラリーを反応させ選別していく. 反応・洗浄・溶出・増殖の操作を数回繰り返すことにより，ファージを濃縮させる.

④ **抗体（IgG）の調製**：抗原に特異的に結合するファージから scFv 遺伝子プラスミドを抽出し，PCR により $V_H$ 領域と $V_L$ 領域のコード遺伝子を個別に増幅させる. ヒト抗体定常領域遺伝子プラスミドに $V_H$ 領域と $V_L$ 領域のコード遺伝子をそれぞれ組み込む. 動物細胞にトランスフェクションし，抗原特異的抗体を培養液中に発現させる.

⑤ **精製**：培養液中に分泌された抗体を，プロテイン A セファロースカラム（抗体定常部の Fc 領域と結合）等のアフィニティークロマトグラフィーを用いて精製する.

---

## 5.2.3 ◆ 組換え医薬品の生産に利用される細胞

　組換えタンパク質生産細胞の特徴を表5.6にまとめた. 大腸菌は，増殖が速く，培養コストを安く抑えることができる. しかし，糖鎖付加などタンパク質の修飾が起こらない，ジスルフィド（S–S）結合が形成されない，高発現したタンパク質が不溶化しやすいなどの欠点がある. ゆえに，大腸菌は，翻訳後修飾を受けない低分子量タンパク質の生産に適している.

表 5.6　組換えタンパク質生産細胞の特徴

| | 生産に適したタンパク質 | 長　所 | 短　所 |
|---|---|---|---|
| 大腸菌 | 翻訳後修飾を受けない低分子タンパク質 | ① 増殖が速い<br>② 培養コストが安い | ① 糖鎖修飾が起こらない<br>② 高次構造（ジスルフィド結合）が形成されない<br>③ 過剰発現したタンパク質が不溶化しやすい |
| 酵母 | 糖鎖付加しない高次構造を有するタンパク質 | ① 増殖が速い<br>② 培養コストが安い<br>③ 菌を壊すことなくタンパク質が得られる<br>④ 高次構造を有するタンパク質が得られる | ① 組換え体細胞が不安定<br>② 巨大な糖鎖修飾が起こることがある |
| 動物細胞 | 翻訳後修飾・高次構造を有するタンパク質 | ① 翻訳後修飾するタンパク質が得られる<br>② 高次構造を有するタンパク質が得られる | ① 増殖が遅い<br>② 培養コストが高い |

　酵母も，増殖が速く，培養コストを安く抑えることができる．また，比較的正しい高次構造（S–S結合形成を含む）を形成する．さらに，菌体を壊すことなくタンパク質を得られるなどの利点がある．しかし，組換え細胞が不安定であること，巨大な糖鎖修飾が起こる可能性があるなどの欠点が考えられる．ゆえに，酵母は糖鎖付加しないタンパク質（高次構造をもつタンパク質）の生産に適している．

　動物細胞は，糖鎖付加などの翻訳後修飾や高次構造を有するタンパク質の生産に適している．しかし，動物細胞の培養には動物由来の血清が必要であることから，培養コストが高くなる．また，細胞増殖が遅いなどの欠点もある．

## 5.2.4 ◆ 組換え医薬品の製造・品質・安全管理

### A 製造管理と安全性

　高分子であるタンパク質は変性や不活化を引き起こしやすいことから，低分子医薬品とは異なる製造方法・品質管理・安全管理等が必要になる（図 5.4）．組換え医薬品の製造には，① 組換え DNA 技術による遺伝子発現ベクターの構築（クローニング），② 細胞導入後の生産細胞樹立と培養法（セルバンクシステムを含む）の確立，③ 目的タンパク質の精製法と製剤化の確立が必要となる．一定品質のタンパク質を製造するためには，② で得られたタンパク質の構造・組成等の検証，ならびに ② の工程の維持管理（マスターセルバンクとワーキングセルバンクの保管）が重要になる．

　原薬の製造工程において，2 種類の不純物混入の可能性が考えられる．1 つは製造工程由来の不純物（生産細胞由来不純物，製造工程由来不純物，組換えタンパク質由来の凝集体・分解物等），もう 1 つは生物・培養液由来の汚染物質（病原微生物等）である．ゆえに，安全性を確保するために不純物・汚染物質の除去あるいは不活化を行う工程を製造段階に組み入れる必要がある．汚染物質につい

ては低pH処理，加熱処理等による病原体の除去・不活化を行う．また，不純物については人体に与える危険性・安全性を十分検証し許容限度値を設定後，検査を行う必要がある．

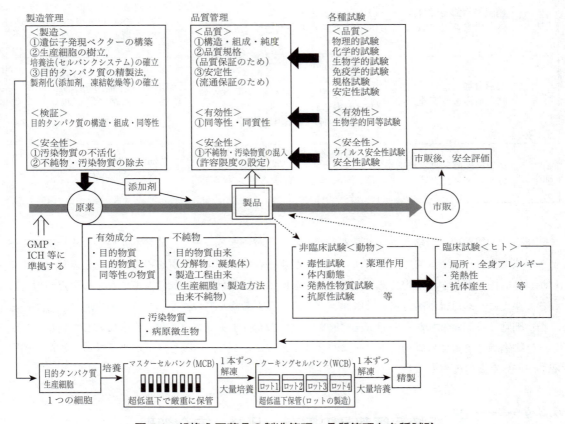

図5.4　組換え医薬品の製造管理・品質管理と各種試験

## B 品質管理と保証

　組換え医薬品は高次構造・翻訳後修飾を有することから，均一なタンパク質を生産することは非常に困難である．生産されるタンパク質の中には，目的タンパク質と同一ではなく同質性・同等性（構造は異なるが作用・効力は同じ）を有するタンパク質も含まれる．よって，一般的医薬品（有効成分が均一）のような品質管理を行うのではなく，有効性・安全性の観点から品質を検証し一定範囲内の品質を保証することが重要である．

　製品化された組換え医薬品は，各種試験により物理的性状，生物学的性状，免疫学的性状，純度・不純物・混入汚染物質などの品質評価が行われる．製品単位（ロット）の品質を確認するための規格試験，市場流通を保証するための安定性試験も行う．これらの結果により，製造工程全体の妥当性が確認される．さらに，組換えタンパク質も医薬品である以上，製造・品質・安全管理全体を通じてGMP（医薬品の製造管理及び品質管理に関する基準）・各種ガイドライン（ICH：日米EU医薬品規制調和国際会議ガイドラインを含む）等に準拠する必要がある．

市販後においても組換え医薬品の副作用等の情報収集と評価について製薬会社が責任をもって行う必要がある.

### C 非臨床試験と臨床試験

非臨床試験は,動物等を用いて毒性試験,発熱性物質試験,薬理作用,体内動態,抗原性試験などにより有効性と安全性を検証する.組換えタンパク質はヒト由来であることから,被験動物に対して抗原性を示すこと,ヒトと異なる効果を示す可能性があること(種特異性)等を留意して評価する必要がある.また,製造工程において目的タンパク質以外の不純物や汚染物質(病原微生物等)の混入により,それらに対する免疫反応が引き起こされ安全性に影響を与えることも留意する必要がある.

ヒトを対象とした臨床試験(第Ⅰ〜Ⅲ相)では,局所・全身性アレルギー,抗体産生,発熱性,投与部位の変化などにより有効性と安全性を検証する.非臨床試験同様,有効成分や不純物が引き起す抗薬物アレルギー反応(免疫反応)や抗体産生(効果の減弱)に留意する必要がある.

## 5.2.5 ◆ 代表的な組換え医薬品

### A 酵 素

市販されている主な組換え医薬品を表5.7にまとめた.フィブリン(血栓の原因)と親和性が高い組織プラスミノーゲンアクチベーター(t-PA)は,血栓上でプラスミノーゲンをプラスミン(セリンプロテアーゼ)に転化させ,フィブリンを分解する.脳梗塞・急性心筋梗塞などの血栓溶解に用いられるt-PAは,半減期の短い天然型t-PA(一般名:アルテプラーゼ)と半減期の長い改変型t-PA(一般名:モンテプラーゼ,遺伝子組換え技術により一部のアミノ酸を改変,脳梗塞適用外)がある.アルテプラーゼは発症後3時間以内に投与すると虚血性脳血管障害急性期に伴う機能障害の改善がみられる.

細胞内小器官の1つであるリソソーム(分解酵素を多く含む細胞内再生処理工場)内に存在する酵素の低下あるいは欠損により,特定の物質がリソソーム内に蓄積し様々な症状を引き起こすことが知られている.これらの疾患をリソソーム病という.リソソーム病の一種であるゴーシェ病(貧血・肝脾腫など)はグルコセレブロシダーゼの欠損により生じる.リソソーム内にこれらの酵素を取り込ませる方法としてマンノース6リン酸(M6P)が利用される.M6Pを有するタンパク質は細胞表面に存在するM6P受容体と結合し,エンドサイトーシス経路に沿ってリソソームまで運ばれる(M6Pと受容体の解離はエンドソームで行われる).糖鎖末端を種々の酵素反応によりマンノースに改変したグルコセレブロシダーゼ(一般名:イミグルセラーゼ)は,ゴーシェ病の標的細胞であるマクロファージに取り込まれ効力を発揮する.

第5章　遺伝子工学と医薬品

## 表5.7　市販されている主な組換え医薬品（抗体医薬品を除く）

| 分類 | 有効成分 | 適応疾患 | 一般名 | 作用・効果 | 投与方法 |
|---|---|---|---|---|---|
| 酵素 | 組織プラスミノーゲン活性化因子（t-PA） | 脳梗塞<br>心筋梗塞 | アルテプラーゼ | 虚血性脳血管障害の機能改善（発症後3時間以内）<br>急性心筋梗塞の血栓溶解（発症後6時間以内） | 静脈内投与 |
| | | 急性心筋梗塞<br>急性肺塞栓症 | モンテプラーゼ | 急性心筋梗塞の血栓溶解（発症後6時間以内）<br>肺動脈の血栓溶解 | 静脈内投与 |
| | 改変型グルコセレブロシダーゼ | ゴーシェ病 | イミグルセラーゼ | リソソーム病の一種，リソソーム酵素であるグルコセレブロシダーゼの欠損補充 | 点滴静注 |
| | αガラクトシダーゼA | ファブリー病 | アガルシダーゼアルファ | リソソーム病の一種，リソソーム酵素であるαガラクトシダーゼAの欠損補充 | 点滴静注 |
| | 酸性α-グルコシダーゼ | ポンペ病（糖原病II型） | アルグルコシダーゼアルファ | リソソーム病の一種，リソソーム酵素である酸性α-グルコシダーゼの欠損補充 | 点滴静注 |
| ホルモン | インスリン | 糖尿病 | インスリン　ヒト | インスリンの補充 | 皮下注射 |
| | | | インスリンリスプロ | 改変型（超速効型：15分前後で食後高血糖抑制）<br>六量体として存在，皮下注射後，速やかに単量体へと解離 | 皮下注射 |
| | | | インスリングラルギン | 改変型（持効型：24時間以上作用持続）<br>皮下に滞留し緩徐に溶解後，皮下から血中に移行 | 皮下注射 |
| | グルカゴン様ペプチド-1（GLP-1）（脂肪酸付加） | II型糖尿病 | リラグルチド | GLP-1は膵β細胞の受容体と結合後，グルコース濃度依存的にインスリン分泌，グルカゴン分泌抑制 | 皮下注射 |
| | 成長ホルモン | 下垂体性小人症<br>ターナー症候群 | ソマトロピン | 成長ホルモンの補充 | 筋肉内注射<br>皮下注射 |
| | 卵胞刺激ホルモン | 性腺機能低下症 | ホリトロピンアルファ | 低ゴナドトロピン性男子性腺機能低下症における精子形成の誘導 | 皮下投与 |
| | 副甲状腺ホルモンアナログ | 骨粗鬆症 | テリパラチド | 前駆細胞から骨芽細胞への分化促進，骨芽細胞のアポトーシス抑制 | 皮下注射 |
| 血液凝固因子 | 血液凝固第VIII因子 | 血液凝固第VIII因子欠乏症 | オクトコグアルファ | 血友病A，血液凝固第VIII因子の補充により，出血傾向を抑制 | 静脈内注射<br>点滴注入 |
| | 血液凝固第IX因子 | 血液凝固第IX因子欠乏症 | ノナコグアルファ | 血友病B，血液凝固第IX因子の補充により，出血傾向を抑制 | 静脈内注射 |
| | 血液凝固第VII因子（活性型） | 血液凝固第VII因子欠乏症 | エプタコグアルファ | 第VIII因子・第IX因子に対するインヒビターを保有する血友病患者の出血抑制 | 静脈内投与 |

## 5.2 組換え医薬品

### 表5.7 つづき

| 分類 | 有効成分 | 適応疾患 | 一般名 | 作用・効果 | 投与方法 |
|---|---|---|---|---|---|
| サイトカイン | PEG化エリスロポエチン（PEG-EPO） | 腎性貧血 | エポエチンベータペゴル | 主に腎臓で産生，受容体を介して骨髄中の赤芽球系造血前駆細胞に作用し，赤血球への分化と増殖を促進 | 皮下・静脈内投与 |
| サイトカイン | 顆粒コロニー刺激因子（G-CSF） | 好中球減少症 | フィルグラスチム | 好中球前駆細胞の分化・増殖促進作用，成熟好中球の骨髄からの放出作用 | 皮下・静脈内投与 |
| サイトカイン | インターフェロンα（INFα） | 慢性骨髄性白血病 腎癌 | インターフェロンアルファ | 腫瘍細胞増殖抑制作用，免疫細胞（NK細胞，K細胞，単球・マクロファージ）を活性化させ，腫瘍細胞に対する細胞傷害 | 皮下・筋肉・髄腔内投与 |
| サイトカイン | インターフェロンβ（INFβ） | 皮膚悪性黒色腫 髄芽腫 | インターフェロンベータ | 腫瘍細胞表面に結合し，増殖を抑える（直接作用）抗腫瘍免疫能を活性化させ，増殖を抑える（間接作用） | 髄腔内投与 静脈内投与 |
| サイトカイン | インターロイキン-2（IL-2） | 血管肉腫 | セルモロイキン | 抗原特異的キラーT細胞，NK細胞，リンホカイン活性化キラー（LAK）細胞などの活性化による抗腫瘍作用 | 点滴静注 腫瘍周縁部 |
| ワクチン | B型肝炎ウイルス細胞表面タンパク質（HBs抗原） | B型肝炎の予防 | 組換え沈降B型肝炎ワクチン | B型肝炎ウイルスの感染予防酵母由来 | 皮下注射 |
| ワクチン | ヒトパピローマウイルス（HPV）L1タンパク質 | 子宮頸癌・尖圭コンジローマの予防 | 組換え沈降4価ヒトパピローマウイルス様粒子ワクチン | ヒトパピローマウイルス（6，11，16，18型）の感染予防酵母由来 | 筋肉内注射 |
| その他 | アルブミン | 低アルブミン血症 出血性ショック | 人血清アルブミン | 血中の膠質浸透圧増加により体液を組織から血管内に移行させ，循環血漿量を増加し体液循環を改善 | 点滴静注 |

（2015年7月18日　国立医薬品食品衛生研究所　生物薬品部資料を改変）

### B ホルモン

　膵臓β細胞から分泌される**インスリン**が細胞表面の受容体と結合すると，受容体が活性化されリン酸化によるシグナル伝達（IRS，PI3K等）を経て細胞内に存在する**GLUT4**が細胞表面へ移動する．その結果，血中のグルコースは膜に移行したGLUT4に結合し細胞内へ取り込まれる．インスリン（インスリンヒト：A鎖とB鎖がジスルフィド結合）は高血糖を示す糖尿病患者（I型，II型）に対して用いられる．組換えDNA技術により発現時間や持続時間を改変したインスリン製剤（**インスリンアナログ**）が多数開発されている．吸収を速めたインスリンリスプロ・インスリンアスパルト（**超速効型**），溶解性・単量体への解離を制御したインスリングラルギン（**持効型**）とインスリンデグルデク（**超持効型**）などがある．

消化管から分泌され膵臓β細胞のインスリン分泌を促すホルモンを**インクレチン**という．小腸下部のL細胞から分泌される**グルカゴン様ペプチド1**（GLP-1：インクレチンの一種）がβ細胞受容体に結合すると，Gsタンパク質を介したアデニル酸シクラーゼの活性化により細胞内cAMPが増加し，プロテインキナーゼAあるいはEpac2が活性化され，細胞内カルシウム濃度の上昇に伴いインスリンを分泌する．GLP-1（一般名：**リラグルチド**）はインスリン分泌促進作用だけでなく，α細胞受容体に直接結合しグルカゴン分泌抑制による血糖上昇抑制作用も有する．GLP-1の作用は高血糖時にのみ作用することから，低血糖や体重増加を生じにくい．

## C 血液凝固因子

トロンビンはフィブリノゲン（可溶性）をフィブリン（不溶性）に変化させ血液凝固作用を示す．**血液凝固第Ⅷ因子**と**第Ⅸ因子**はトロンビンの形成に関与している．遺伝的欠損が最も多い血液凝固因子は第Ⅷ因子（**血友病A**）であり，次いで第Ⅸ因子の（**血友病B**）である．血友病患者（伴劣性遺伝）には，欠乏因子（一般名：**オクトコグアルファ**（第Ⅷ因子），**ノナコグアルファ**（第Ⅸ因子））を補充し出血傾向を抑制する．以前は献血によるヒト血漿から製剤化され，ウイルス感染などが懸念されていた．組換えDNA技術の製造が可能となり，感染症による危険性は解消されつつある．

## D サイトカイン

主に腎臓から分泌される**エリスロポエチン**（EPO）は，赤芽球系造血前駆細胞の受容体に結合し赤血球への分化・増殖に関与する．EPO（一般名：**エポエチンアルファ**）は腎透析施行中の腎貧血患者に対し赤血球の補充として投与される．また，PEG化により分子量が増大した**エポエチンベータペゴル**は，従来のEPOよりも血中半減期が長い．

主に活性化T細胞から分泌される**顆粒コロニー刺激因子**（G-CSF）は，好中球前駆細胞の分化・増殖促進に関与する．G-CSF（一般名：**フィルグラスチム**）は，癌化学療法による好中球減少症患者に対し好中球増加を目的として投与される．この補充療法により抗癌剤の休薬期間短縮が可能となった．

ウイルス感染細胞から分泌される**インターフェロン**（IFN：抗ウイルス作用を有するタンパク質の総称）は主に3種類（α，β，γ）存在する．IFNは感染細胞の膜上に存在する受容体と結合し，ウイルス遺伝子の分解・タンパク質の合成阻害により抗ウイルス作用（非特異的）・細胞増殖抑制作用を示す．また，免疫賦活作用（細胞傷害性T細胞による感染細胞・癌細胞の破壊，ナチュラルキラー（NK）細胞，キラー細胞，単球・マクロファージの活性）により感染細胞を破壊する．抗ウイルス作用が強いIFNα（商品名：**スミフェロン**）とIFNβ（商品名：**フェロン**）は，B型・C型肝炎の治療に用いられる．免疫賦活作用が強いIFNγ（商品名：イムノマックス-γ注）は，腎臓癌の治療に用いられる．

ヘルパーT細胞から分泌される**インターロイキン**（IL）**-2**は，抗原非特異的キラー細胞（NK細胞による癌細胞破壊，リンホカイン活性化キラー（LAK）細胞等）の活性化・増殖促進等に関与している．抗腫瘍作用を示すIL-2（一般名：**セルモロイキン**）は，血管肉腫などに投与される．

## E　ワクチン

　感染症法の分類において五類感染症に含まれる**B 型肝炎**は，性行為，輸血，母子感染（まれに母乳感染）等により感染する．B 型肝炎は，劇症肝炎，肝硬変・肝臓癌を引き起こすことがあり，それらを予防するためにはワクチン接種が重要になってくる．B 型肝炎のワクチン（一般名：**組換え沈降B 型肝炎ワクチン**）は，ウイルスの細胞表面に存在するタンパク質（**HBs 抗原**）を組換え DNA 技術と酵母を用いて製造している．これらの製造方法はウイルスから調製したタンパク質（インフルエンザ HA ワクチン：孵化鶏卵にウイルス接種後，精製・製造化）に比べ感染リスクがなくなり，安全な供給を可能にした．

## F　血清タンパク質

　血液中で最も多いタンパク質は**アルブミン**である．アルブミンの機能は水分保持（1 g のアルブミン：約 20 mL の水分増加），浸透圧維持，物質の運搬（金属，脂肪酸，ホルモン，薬物，酵素）である．低アルブミン血症は，浸透圧の低下により血漿中の水分が組織間液へ移行し浮腫を生じる．低アルブミン血症に対するアルブミン（一般名：**ヒト血清アルブミン**）の投与は，浸透圧を高め循環血漿量の改善を引き起こす（浸透圧作用）．

## G　抗体医薬品

　2015 年度の医薬品世界売上高ランキングにおいて，抗体医薬品は上位 10 品目中 6 品目を占めている．抗体医薬品の需要は今後益々伸びていくことが予想される．図 5.5 に抗体医薬品の構造と種類をまとめた．免疫グロブリン（Ig）はヒトにおいて 5 種類存在する（IgG, IgM, IgA, IgE, IgD）．**IgG** である抗体医薬品は **H 鎖（分子量：5 万）**と **L 鎖（分子量：2.5 万）**が各二本鎖ずつジスルフィド（S–S）結合した構造（**分子量：15 万**）を有する．IgG は抗原結合部位を含む可変領域と抗体の種類を規定する定常領域から構成されている．可変領域の中には抗原との結合に重要な働きをする相補性決定領域（CDR：5 〜 10 残基）1・2・3 が H 鎖と L 鎖に各 3 か所ずつ存在する（合計 6 か所）．抗原との結合に最も重要な領域は **CDR3** である．IgG をペプシン（タンパク分解酵素）で処理すると抗原結合部位を 2 箇所含む $F(ab')_2$ と定常領域である **Fc** 部位に分離される．また，IgG をパパイン（タンパク分解酵素）で処理すると抗原結合部位を 1 か所含む 2 つの **Fab** が生じる．多くの抗体医薬品は IgG の構造を有するが，Fab の構造で市販されている抗体医薬品（一般名：ラニビズマブ：抗 VEGF 抗体）も存在する．組換え DNA 技術により可変領域の H 鎖と L 鎖を連結させた一本鎖抗体（scFv）も実用化に向け研究が進められている．IgG の構造を有する抗体医薬品は遺伝子の由来から 4 種類（**マウス抗体，キメラ（ヒト型）抗体，ヒト化抗体，ヒト抗体**）に分けられる．すべてヒト由来でつくられるヒト抗体は，免疫反応（抗体産生による効果の無毒化）や予期せぬ副作用を引き起こす可能性が少ない．

　抗体医薬品の主要な作用機序を図 5.6 と表 5.8 にまとめた．抗体医薬品の標的部位にはリガンド，

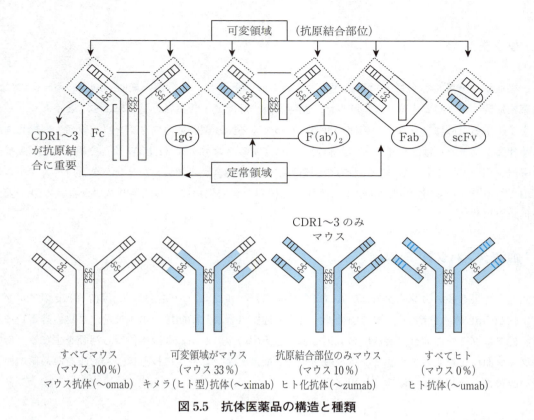

図5.5 抗体医薬品の構造と種類

受容体,細胞表面の膜タンパク質等があり,作用機序は大きくわけて3つに大別される.**結合阻害作用**の例として,抗体が受容体と結合するトシリズマブ(抗リウマチ薬),抗体がリガンドと結合するインフリキシマブ(抗リウマチ薬)がある.インフリキシマブは受容体に結合したリガンドと反応し,リガンド-受容体を解離させる作用もある.**免疫賦活作用**の例として,細胞表面の膜タンパク質に結合した抗体のFc領域(定常部に一部の領域)に補体(肝臓で合成されるタンパク質)あるいはナチュラルキラー(NK)細胞等が結合し標的細胞に**補体依存性細胞傷害作用**(CDC)や**抗体依存性細胞傷害作用**(ADCC)を引き起こすリツキシマブ(抗癌剤)がある.結合阻害作用・免疫賦活作用の事例については「5.3 分子標的医薬品」の項で詳しく説明する.その他,**薬物作用**の例として,抗体薬物複合体が細胞表面の膜タンパク質と結合しエンドサイトーシス経路に沿って細胞内に取り込まれて傷害作用を引き起こすゲムツズマブオゾガマイシン(抗癌薬),抗体放射性同位元素(RI)複合体が膜タンパク質と結合し,放射線の影響により細胞傷害を引き起こすイブリツモマブチウキセタン(抗癌薬)がある.また抗体のFc部分と可溶性TNF受容体の融合タンパク質が,TNFの細胞表面受容体への結合を阻害する薬物として利用されている(一般名:エタネルセプト).

### H 市販されているバイオ後続品

表5.9に示すようにホルモン・サイトカイン・抗体医薬品の一部がバイオ後続品(バイオシミラー)

## 5.2 組換え医薬品

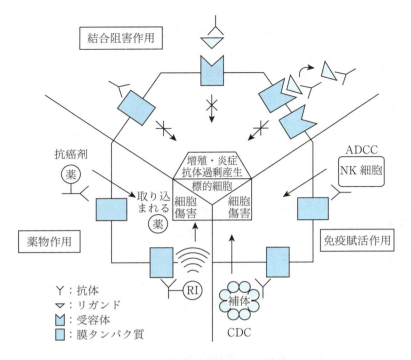

**図 5.6　抗体医薬品の作用機序**
ADDC：抗体依存性細胞傷害
CDC　：補体依存性細胞傷害

**表 5.8　抗体医薬品の作用機序**

| 作用 | 標的抗原 | 作用機序 | 一般名 |
|---|---|---|---|
| 結合阻害作用 | 受容体膜タンパク質 | 受容体・膜タンパク質に結合<br>リガンドの作用を阻害 | セツキシマブ<br>トシリズマブ<br>ニボルマブ<br>イピリムマブ |
| | リガンド | リガンドに結合<br>リガンドの作用阻害 | ベバシズマブ<br>インフリキシマブ |
| | リガンド | 受容体に結合したリガンドを解離<br>リガンドの作用阻害 | インフリキシマブ |
| 免疫賦活作用 | 受容体膜タンパク質 | 受容体・膜タンパク質に結合<br>抗体の定常領域にNK細胞・単球等が結合し標的細胞を攻撃<br>抗体依存性細胞傷害作用（ADCC） | トラスツズマブ<br>リツキシマブ |
| | 受容体膜タンパク質 | 受容体・膜タンパク質に結合抗体の定常領域に補体が結合し標的細胞に作用<br>補体依存性細胞傷害作用（CDC） | リツキシマブ |
| | リガンド | 受容体に結合したリガンドに作用<br>ADCCとCDCを介して標的細胞を攻撃 | インフリキシマブ |
| 薬物作用 | 受容体膜タンパク質 | 受容体・膜タンパク質に結合<br>抗体に結合した放射性同位元素が細胞に影響を与える | イブリツモマブチウキセタン |
| | 受容体膜タンパク質 | 受容体・膜タンパク質に結合<br>抗体に結合した抗腫瘍薬が細胞に取り込まれ作用する | ゲムツズマブオゾガマイシン |

表 5.9 主なバイオ後続品

| 分類 | 有効成分 | 先発品（一般名） | バイオシミラー（一般名） | 先発品（商品名） | バイオシミラー（商品名） | 適応疾患 |
|---|---|---|---|---|---|---|
| ホルモン | 成長ホルモン | ソマトロピン | ソマトロピン | ジェノトロピン | ソマトロピン BS 皮下注「サンド」 | 低身長 |
| | インスリン | インスリン グラルギン | インスリン グラルギン ［インスリン グラルギン後続 1］ | ランタス注 | インスリングラルギン BS 注「リリー」 | 糖尿病 |
| サイトカイン | エリスロポエチン | エポエチン アルファ | エポエチン カッパ ［エポエチン アルファ後続 1］ | エスポー注射液 | エポエチンアルファ BS 注「JCR」 | 腎性貧血 |
| | 顆粒球増殖因子 | フィルグラスチム | フィルグラスチム ［フィルグラスチム後続 1］ | グラン注射液 | フィルグラスチム BS 注「モチダ」 | 好中球減少症 |
| 抗体 | 抗ヒト TNFα 抗体 | インフリキシマブ | インフリキシマブ ［インフリキシマブ後続 1］ | レミケード点滴静注用 | インフリキシマブ BS 点滴静注用「NK」 | リウマチ |

として市販されている．バイオシミラーの一般名は末尾に「後続（番号）」をつけるのが特徴である．ただし，単純タンパク質医薬品の中で先発品と同一成分（有効成分）と判断された場合は先発バイオ医薬品と同じ名称がつけられる．商品名にはバイオシミラーであることを示すために「BS」が記載されている．

## 5.3 分子標的医薬品

### 5.3.1 分子標的医薬品とは

標的細胞に存在する特徴的な分子・遺伝子を認識し，効率よく攻撃する医薬品のことを**分子標的医薬品**という．標的細胞に影響を与える原因分子にだけ作用することから副作用の軽減が考えられている．分子標的医薬品は低分子医薬品と抗体医薬品の 2 つに大別される．低分子医薬品は経口投与が可能であるが，抗体医薬品は高分子であるため注射・点滴投与が行われる．分子標的医薬品の創薬アプローチは，分子レベルあるいはゲノムレベルまで明らかにされている疾病メカニズムを理解し，原因分子・ゲノムをターゲットとする医薬品（市販されているのは主に抗体医薬品）の開発を行うことである．

従来の抗癌剤は DNA の合成・複製に関与する酵素を阻害し細胞分裂を抑制することにより抗癌作用を発揮していた．しかし，これらの抗癌剤は増殖の盛んな正常組織の細胞（粘膜・骨髄・毛根）に

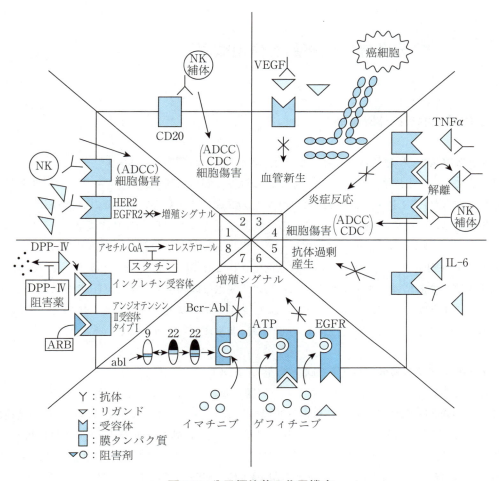

**図 5.7 分子標的薬の作用機序**
1：トラスツズマブ，2：リツキシマブ，3：ベバシズマブ，4：インフリキシマブ，
5：トシリズマブ，6：ゲフィチニブ，7：イマチニブ，8：スタチン，ARB，DPP-IV阻害薬

対し，強い毒性を示すことが近年問題となっていた．癌特異的あるいは癌に高発現している分子をターゲットとする抗体医薬品は，従来の抗癌薬と異なり，**特異性の高い作用**と**副作用軽減**という相反する作用の両立を可能にした．

代表的な分子標的医薬品（抗体医薬品と低分子医薬品）の作用機序を図5.7にまとめた．また，有効成分発見後に作用機序が明らかになった低分子医薬品（生活習慣病予備軍治療薬：脂質異常症・高血圧・糖尿病）に対しても，今後の分子標的薬開発に重要であると考え，広義に解釈して分子標的医薬品に含めている．

## 5.3.2 ◆ 分子標的医薬品と作用機序

### A 抗癌作用を示す抗体医薬品

**（1）トラスツズマブ**（受容体 HER 2 に結合，増殖シグナル阻害，ADCC）

　正常細胞において上皮増殖因子受容体（HER／EGFR：細胞質側にチロシンキナーゼ活性を有する）は 4 種類存在し（HER 1 〜 4），細胞の増殖・分化の調節に関与している．その中の HER 2／EGFR2 は乳癌細胞の 20 〜 30 ％ で過剰発現していることが立証されている．HER 2 に結合するヒト化抗体トラスツズマブ（商品名：ハーセプチン）は，リガンドと受容体の結合を阻害することにより受容体の二量体化（HER 2 ホモ二量体あるいは活性化された HER 1・3・4 とのヘテロ二量体）を阻害し，リン酸化が関与する増殖シグナルおよび癌細胞の活性化を抑制する．また，HER 2 に結合したトラスツズマブの Fc 領域に NK 細胞が結合し ADCC を示す抗腫瘍効果も確認されている．遺伝子診断により HER 2 過剰発現を示す乳癌患者に対しては，非常に有効な抗癌薬といえる．

**（2）リツキシマブ**（膜タンパク質 CD20 に結合，ADCC，CDC）

　血液の癌である悪性リンパ腫はホジキンリンパ腫と非ホジキンリンパ腫に分類される．リンパ球の一種である B 細胞（抗体産生細胞）にのみ発現を示す CD20 抗原は，抗体産生あるいは細胞増殖に関与している．B 細胞の癌化（非ホジキンリンパ腫の一種）は細胞表面に存在する CD20 抗原の高発現を引き起こす．CD20 に結合するキメラ抗体リツキシマブ（商品名：リツキサン）は自身の Fc 領域に NK 細胞あるいは補体が結合し，それらが ADCC や CDC を示し抗腫瘍効果を発揮する．B 細胞由来の非ホジキンリンパ腫に対しては，有効な抗癌薬といえる．

　抗癌作用をさらに高めるため放射性同位元素イットリウム（$^{90}$Y）標識抗 CD20 抗体（マウス抗体イブリツモマブ チウキセタン）も開発されている．しかし，リツキシマブ（キメラ抗体）やイブリツモマブ チウキセタン（マウス抗体）に対する抗体が生体内でつくられると作用減弱を引き起こす可能性が考えられる．

**（3）ベバシズマブ**（リガンド VEGF に結合，VEGF 作用阻害，腫瘍細胞の血管新生抑制）

　癌細胞から分泌される血管内皮細胞増殖因子（VEGF）は血管内皮細胞膜上の受容体と結合し，内皮細胞の増殖と管腔形成を引き起こす．VEGF と結合するヒト化抗体ベバシズマブ（商品名：アバスチン）は，リガンド–受容体の結合を阻害することにより血管新生を抑制し，腫瘍の増殖を阻害する．大腸癌・非小細胞癌・乳癌等に用いられる．

**（4）ニボルマブ**（受容体 PD–1 に結合，PD–1 作用阻害，細胞傷害性 T 細胞の活性化）

　癌細胞表面の P1–1L（PD–1 リガンド）による細胞傷害性 T 細胞の不活性化（免疫チェックポイント）を阻害することで癌細胞を攻撃させる．悪性黒色腫，非小細胞性肺癌，腎細胞癌に用いられる．

受容体CTLA-4に対する抗体イピリムマブも同様な作用をもつ.

## B その他の疾患に作用を示す抗体医薬品

### （1）インフリキシマブ（リガンド TNFα に結合，TNFα作用阻害，受容体-リガンド解離作用，ADCC，CDC）

関節リウマチは，滑膜の炎症・骨の破壊，免疫系の活性化・過剰反応（自己に対する抗体産生：自己免疫疾患の一種）等によって引き起こされる．腫瘍壊死因子α（TNFα）は主にマクロファージ（免疫細胞の一種）により産生される．TNFαは受容体と結合することによりアポトーシス誘導・炎症作用の亢進を引き起こす．また，炎症メディエーターであるIL-6を亢進させ抗体産生（IgG，IgM，IgA）を増強する．通常，TNFαは生体防御・抗腫瘍作用を示すが，過剰発現により関節リウマチ（炎症作用・抗体過剰産生）を生じる．TNFαと結合するキメラ抗体インフリキシマブ（商品名：レミケード）は，リガンド-受容体の結合を阻害することにより，リウマチの炎症等を抑制する．また，受容体に結合したTNFαを解離させる作用も有する．さらに，受容体に結合したTNFαにインフリキシマブが結合し，ADCCやCDCにより炎症作用を抑制する効果も確認されている．しかし，キメラ抗体であるインフリキシマブに対する抗体が生体内でつくられると作用減弱を引き起こす可能性がある．

### （2）トシリズマブ（受容体IL-6受容体に結合，IL-6の作用阻害）

前述で示したように，IL-6は免疫系の活性化・過剰反応（抗体過剰産生等）により炎症を引き起こす．IL-6受容体と結合するヒト化抗体トシリズマブ（商品名：アクテムラ）は，IL-6の作用を阻害し免疫系の活性化・過剰反応を抑制することにより，リウマチの炎症反応を阻害する．大阪大学と中外製薬が共同開発した日本発の抗体医薬品である．

その他，市販されている抗体医薬品の作用・効果を表5.10にまとめた．

## C 抗癌作用を示す低分子医薬品

### （1）ゲフィチニブ（EGFR の ATP 結合部位と競合的に結合，EGFR の作用阻害）

肺癌は種類により，小細胞肺癌と非小細胞肺癌に分けられる．非小細胞肺癌の表面にはEGFRが高発現している．前述で示したように，EGFR（細胞質側にチロシンキナーゼ活性を有する）は細胞の増殖・分化の調節に関与している．ゲフィチニブ（商品名：イレッサ）はEGFRチロシンキナーゼのATP結合部位に競合的に結合することにより，増殖シグナルおよび癌細胞の活性化を抑制する．日本人の非小細胞肺癌の30～40％において，EGFRの変異が確認されている．ゲフィチニブは正常型EGFRより変異型EGFRに強く結合することが報告されている．EGFRの変異は，人種間（欧米人よりもアジア人），性別（男性よりも女性），禁煙者，非小細胞肺癌の腺癌に多いことが示されている．遺伝子診断によりEGFR変異型を示す非小細胞肺癌の患者に対しては，有効な抗癌薬であることがいえる．喫煙・肺線維症既往の非小細胞肺癌患者にゲフィチニブを投与すると，間質性肺炎の発症リスクが高まることから注意が必要となる．まだ日本においてゲフィチニブによる急性肺障害や

第5章　遺伝子工学と医薬品

## 表5.10　市販されている主な抗体医薬品

| 分 類 | 標的分子 | 一般名 | 適応疾患 | 作用・効果 | 投与方法 |
|---|---|---|---|---|---|
| 癌関連 | 上皮増殖因子受容体 HER2（EGFR2） | トラスツズマブ（ヒト化抗体） | 乳癌 | HER2（受容体）に結合<br>増殖抑制効果，抗体依存性細胞傷害作用（ADCC） | 点滴静注 |
| | 上皮増殖因子受容体（EGFR） | セツキシマブ（キメラ抗体） | 結腸・直腸癌 | EGFR（受容体）に結合<br>増殖抑制効果 | 静注 |
| | 膜タンパク質 CD20 | リツキシマブ（キメラ抗体） | B 細胞性非ホジキンリンパ腫 | B 細胞特異的膜タンパク質 CD20 に結合<br>ADCC，補体依存性細胞傷害作用（CDC） | 点滴静注 |
| | 膜タンパク質 CD20 | イブリツモマブチウキセタン（マウス抗体：糖タンパク質修飾） | B 細胞性非ホジキンリンパ腫 | B 細胞特異的膜タンパク質 CD20 に結合<br>ADCC，CDC，$^{90}$Y（イットリウム）からの $\beta$ 線放出による細胞傷害 | 静注 |
| | 膜タンパク質 CD33 | ゲムツズマブオゾガマイシン（ヒト化抗体） | CD33 陽性急性骨髄性白血病 | 膜タンパク質 CD33 に結合<br>CD33 に結合し細胞内に取り込まれた後，カリケアマイシン（抗腫瘍薬）誘導体による抗腫瘍作用 | 点滴静注 |
| | 血管内皮細胞増殖因子（VEGF） | ベバシズマブ（ヒト化抗体） | 結腸・直腸癌<br>非小細胞肺癌 | VEGF（リガンド）に結合<br>受容体との結合阻害，腫瘍細胞への血管新生抑制，腫瘍増殖阻害 | 点滴静注 |
| リウマチ | 腫瘍壊死因子（TNF$\alpha$） | インフリキシマブ（キメラ抗体） | 関節リウマチ<br>クローン病<br>潰瘍性大腸炎 | TNF$\alpha$（リガンド）に結合<br>受容体との結合阻害，受容体-リガンド解離作用，炎症作用・抗体過剰産生抑制（IL-6 低下），ADCC，CDC | 点滴静注 |
| | 腫瘍壊死因子（TNF$\alpha$） | アダリムマブ（ヒト抗体） | 関節リウマチ<br>クローン病 | TNF$\alpha$（リガンド）に結合<br>受容体との結合阻害，炎症作用・抗体過剰産生抑制（IL-6 低下） | 皮下注 |
| | IL-6 受容体 | トシリズマブ（ヒト化抗体） | 関節リウマチ<br>キャッスルマン病 | IL-6 受容体に結合<br>IL-6 の作用阻害，抗体過剰産生抑制 | 点滴静注 |
| 感染症 | RS ウイルスの F タンパク質（抗原部位 A 領域） | パリビズマブ（ヒト化抗体） | RS ウイルス感染 | RS ウイルスの F タンパク質（接着・侵入に関与）に結合<br>ウイルスの感染性・増殖を抑制 | 筋肉内投与 |
| その他 | 免疫グロブリン E（IgE） | オマリズマブ（ヒト化抗体） | 難治気管支喘息 | IgE（リガンド）に結合<br>受容体との結合阻害，好塩基球・肥満細胞等の炎症作用抑制 | 皮下注 |
| | 血管内皮細胞増殖因子（VEGF） | ラニビズマブ（ヒト化抗体：Fab 断片） | 加齢黄斑変性症 | VEGF（リガンド）に結合<br>受容体との結合阻害，中心窩下脈絡膜新生血管の形成および血管からの漏出を阻害 | 硝子体内投与 |
| | 破骨細胞受容体（RANKL） | デノスマブ（ヒト抗体） | 多発性骨髄腫による骨病変 | RANKL（受容体：receptor activator for nuclear factor-$\kappa$B）に結合<br>破骨細胞の活性化抑制 | 皮下注 |

（2015 年 7 月 18 日　国立医薬品食品衛生研究所　生物薬品部資料を改変）

間質性肺炎などの肺障害の発症率は化学療法による肺障害の発症率よりも数倍高いといわれており，欧米ではほとんどこのような副作用が問題になっていなかったことから，日本での対応を巡ってかつて薬害裁判に発展したこともある．

**（2）イマチニブ**（Bcr-Abl チロシンキナーゼの ATP 結合部位と拮抗阻害，Bcr-Abl の作用阻害）

慢性骨髄性白血病（CML）の多くにフィラデルフィア染色体が存在する．この染色体は9番染色体と22番染色体の相互転座により生じる．その結果，9番上の abl 遺伝子と22番上の bcr 遺伝子が融合した癌原遺伝子 bcr-abl 遺伝子（22番染色体）が形成される．正常な9番染色体に存在する abl 遺伝子がコードする Abl タンパク質は，非受容体型チロシンキナーゼ活性を有し，細胞質と核に局在している．Abl チロシンキナーゼは DNA 損傷・ストレスにより核へ移行しアポトーシスを誘導する．融合タンパク質である Bcr-Abl チロシンキナーゼ（主に細胞質に局在）は，Abl チロシンキナーゼに比べ著しく酵素活性が亢進している．その結果，恒常的にチロシンキナーゼが活性化され，CML が引き起される．イマチニブ（商品名：グリベック）は Bcr-Abl チロシンキナーゼの ATP 結合部位において ATP と競合拮抗することにより，キナーゼ活性を抑制し増殖シグナルを阻害する．

### D その他の疾患に作用を示す低分子医薬品

**（1）HMG-CoA 還元酵素阻害薬**（スタチン：抗脂質異常症薬）

スタチンによる血中コレステロール低下機構を図 5.8 に示す．コレステロール（Chol）は32段階の酵素過程を経てアセチル CoA から合成される．Chol 合成の律速酵素は HMG-CoA 還元酵素である．HMG-CoA 還元酵素阻害薬であるシンバスタチン（商品名：リポバス）は，肝における Chol

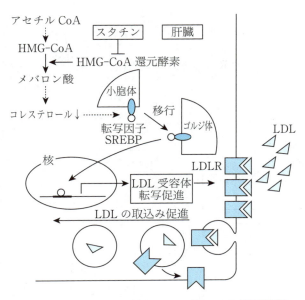

図 5.8 スタチンによるコレステロール低下機構

合成を低下させる．細胞内の Chol 低下を感知した転写因子ステロール調節エレメント結合タンパク質（SREBP）は小胞体からゴルジ体へ移行し，一部が切断され核へ移行する．SREBP がアクチベーターとしてエンハンサーに結合し，低密度リポタンパク質（LDL：コレステロールを多く含む粒子）受容体（LDLR）の転写を促進する．血液中の過剰な LDL は増加した LDLR と結合し肝臓へ取り込まれ，結果的に血中 Chol の低下が引き起こされる．

### （2）アンジオテンシンⅡ受容体拮抗薬（ARB：抗高血圧薬）

ARB による血圧調節作用を図 5.9 に示す．腎輸入再動脈の傍糸球体細胞から分泌されるレニンによって，アンジオテンシノーゲンはアンジオテンシン（AG）Ⅰに変換される．さらに肺や血管内皮細胞から分泌される AG 変換酵素（ACE）により AGⅠは AGⅡへ変換される．AGⅡは血管平滑筋に存在する AGⅡ受容体タイプ1（$AT_1$）と結合し血管収縮作用を示す．また，副腎皮質に存在する $AT_1$ に結合することでアルドステロン分泌を促進し，腎における Na の再吸収増加により血流量増加を引き起こす．$AT_1$ とは逆に AGⅡ受容体タイプ2（$AT_2$）に AGⅡが結合すると血管拡張作用を示す．AGⅡ受容体拮抗薬ロサルタン（商品名：ニューロタン）は $AT_1$（選択性が非常に高い）に結合し，血管収縮・アルドステロン分泌抑制により抗圧作用を示す．

### （3）インクレチン分解酵素阻害薬（DPP-Ⅳ阻害薬：抗糖尿病薬）

DPP-Ⅳ阻害薬によるインスリン分泌作用を図 5.10 に示す．インクレチンの一種であるグルコース依存性インスリン分泌刺激ホルモン（GIP：小腸上部の K 細胞から分泌）や GLP-1 が各受容体（膵臓β細胞）に結合すると，Gs タンパク質を介したアデニル酸シクラーゼの活性化により細胞内

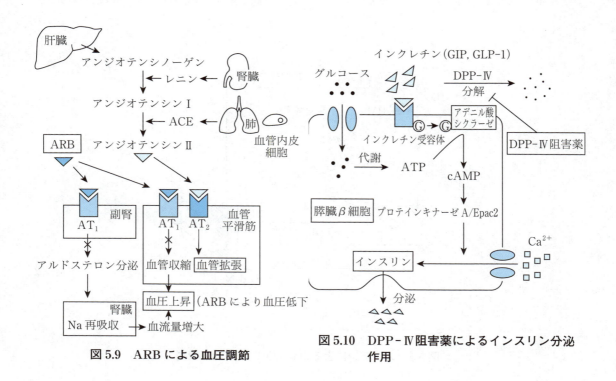

図 5.9　ARB による血圧調節

図 5.10　DPP-Ⅳ阻害薬によるインスリン分泌作用

cAMPが増加し，プロテインキナーゼAあるいはEpac2を活性化する．それに伴い細胞内カルシウム濃度が上昇しインスリンの分泌を促進する．ジペプチジル・ペプチダーゼ-Ⅳ（DPP-Ⅳ）はインクレチンを分解し作用の不活化を引き起こす．ビルダグリプチン（商品名：エクア）はDPP-Ⅳによるインクレチン分解作用を阻害し，インクレチンによるインスリン分泌作用を持続させる．Ⅰ型糖尿病（インスリン欠乏）の患者には使用すべきではない．

## 5.4 核酸医薬品

### 5.4.1 核酸医薬品とは

　核酸医薬品とは，核酸（DNAやRNA）あるいは修飾型核酸が直鎖状に結合したオリゴ核酸を薬効本体とし，タンパク質発現を介さずに核酸本体が直接生体に作用するもので，化学合成により製造される医薬品の総称である．核酸医薬品にはその薬効の作用機序により大きく4つに分類できる．① アンチセンス核酸の相補性を利用して標的となるRNAに対して相補的な一本鎖核酸を用いることで翻訳を阻害するアンチセンス法，② siRNAやmiRNAを利用してmRNA分解を誘導または翻訳を阻害するRNA干渉，③ 核酸の立体構造的特徴により特定の標的タンパク質に結合することで抗体医薬と同様にそのタンパク質の作用を抑制するアプタマー法，④ 特定の転写因子の結合配列の二本鎖核酸を用いて転写因子を捕捉することで転写因子の制御下にある遺伝子の発現を抑制するデコイ法がある．図5.11に核酸医薬品の作用機構を，表5.11に核酸医薬品の種類と特徴をまとめた．

### 5.4.2 核酸医薬品の利点

　核酸医薬品を用いる利点として，DNAあるいはRNAを用いた核酸はタンパク質やペプチドを成分とした組換え医薬品よりも容易に化学合成が可能であり，さらに生体内で分解されにくいように安定化させる化学修飾法も考案されている．例えば，リボースを窒素を含むモルフォリン環に変えたモルフォリノや，リボースの2'-位と4'-位を架橋させたLNA（locked nucleic acid），リボースの2'-位をメチル化した2'-O-メチル化，リン酸基の酸素原子を硫黄原子で置換しホスホチオエートとしたものなど，さまざまな工夫がなされている（図5.12）．さらに，RNAはタンパク質より抗原性が低く細胞に取り込まれやすいため，医療分野への応用が期待されており，いくつかの医薬品が実用化されている．

　癌や様々な疾患において特定のmRNAやmiRNAの増減が発症に関与することが明らかにされている．このような状況から，RNAの発現量を調節するための創薬研究が盛んに実施されている．疾患で発現が亢進しているmRNAに対しては，その発現を抑制するmiRNAやsiRNA，あるいは

# 第5章 遺伝子工学と医薬品

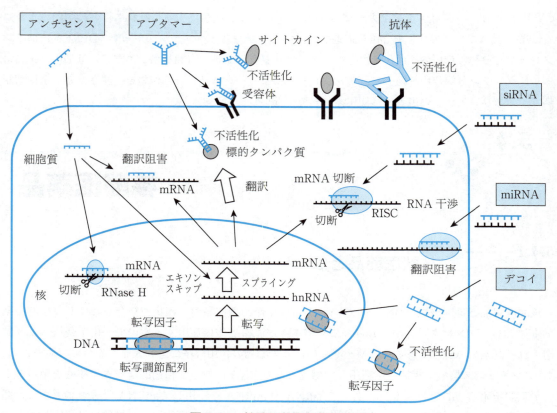

図 5.11　核酸医薬品の作用機構

表 5.11　核酸医薬品の種類と特徴

|  | アンチセンス | siRNA | アプタマー | デコイ |
|---|---|---|---|---|
| 構造 | 一本鎖DNAまたは一本鎖RNA | 二本鎖RNA（20〜23塩基） | 一本鎖RNAまたは二本鎖DNA | 二本鎖DNA |
| 分子標的 | mRNA | mRNA | タンパク質 | 転写因子 |
| 機能 | mRNAに結合して翻訳を阻害 | RNAiの機構により，mRNAを切断して発現抑制 | 標的タンパク質と結合して，その機能を阻害 | 転写因子をトラップして転写を阻害 |
| 製品化 | 「ホミビルセン（商品名：Vitravene）」サイトメガロウイルスのIE2（CMV性網膜炎）1998年「ミポメルセン（商品名：Kynamro」apoB-100（ホモ接合型家族性高コレステロール血症）2013年 | ー | 「ペガプタニブ（商品名：マクジェン）」血管内皮細胞増殖因子VEGF（加齢黄斑変性症）2008年 | ー |

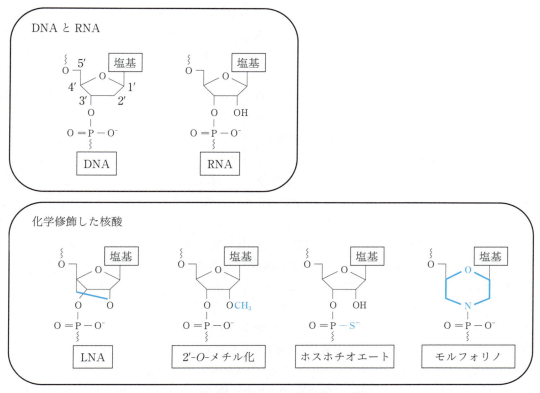

**図 5.12　核酸の安定化のための化学修飾**

mRNA と相補的な配列をもつ一本鎖アンチセンス核酸を導入することで翻訳過程を阻害する戦略などがとられている．また，疾患で発現が減少している miRNA は miRNA 前駆体を導入することにより補充し，一方，発現が増加している miRNA は相補的な配列をもつアンチセンス核酸を導入することにより異常な miRNA の発現を抑制する．これにより，mRNA や miRNA の発現量を正常域に近づける試みもされている．

その他には，ナンセンス変異（塩基置換によりアミノ酸コドンが終止コドンへ変化する変異）が原因となっている疾患には，変異が生じたエキソンへのスプライシングを抑制するアンチセンス核酸（次項）を導入することにより変異があるエキソンをスキップさせ，疾患を治療する臨床試験が実施されている．

### 5.4.3　◆ アンチセンス核酸

アンチセンス核酸は，20 ヌクレオチド程度の長さの一本鎖 RNA または DNA で，疾患に関係する分子の mRNA に対する配列相補性を利用して結合し作用する．アンチセンス核酸を投与し細胞内に入ると核内または細胞質内で標的 mRNA に結合する．その後，RNaseH により mRNA が切断されたり，スプライシング時のスプライソームの形成が阻害されたり，翻訳時のリボソームの結合が阻

害されるなどの発現抑制の機構がある．アンチセンスの配列設計は，標的 mRNA に対して単純に相補的な配列を設計すればよいというわけではなく，いくつか重要な点がある．mRNA のどの部分を使用するかで発現抑制の効果が大きく異なる．また，配列によっては他の遺伝子の mRNA にも結合する可能性もある．

　最初に実用化されたアンチセンス核酸薬はヒト免疫不全症患者におけるサイトメガロウイルス網膜炎の治療薬ホミビルセン formivirsen で，アンチウイルス薬として 1998 年に米国で認可された．サイトメガロウイルスが増殖する最初のステップでは，サイトメガロウイルスの UL123 遺伝子にコードされている IE2（immediate early antigen 2）タンパク質が合成され，それに伴ってウイルス粒子の生産が促進される．この UL123 遺伝子から転写された mRNA に対して相補的なアンチセンス核酸であるホミビルセンの結合によって，IE2 タンパク質への翻訳が阻害される．しかし，アンチセンス核酸は生体内では分解されやすく，また生体内へ多量の核酸を投与すると，ウイルスと同様に生体外からの異物として認識され，Toll 様受容体を介した自然免疫機能が応答する（2011 年ノーベル生理学・医学賞）．そのため，安定性の向上だけではなく，異物核酸としての認識を抑制するために化学修飾した改変型アンチセンス核酸が利用されている．ホミビルセンの塩基配列は 5′-GCG TTT GCT CTT CTT CTT GCG-3′ であるが，ホスホジエステル結合のリン酸基の酸素原子を硫黄原子で置換しホスホチオエートとして医薬品に利用されている（図 5.13）．

　2013 年には，家族性高コレステロール血症の遺伝子をホモ接合体としてもつ患者の LDL コレステロールを低下させるための治療薬ミポメルセン mipomersen が米国で認可されている．ミポメルセンは，ApoB-100 遺伝子（VLDL の構成成分であり，VLDL の合成と分泌を通じて LDL コレス

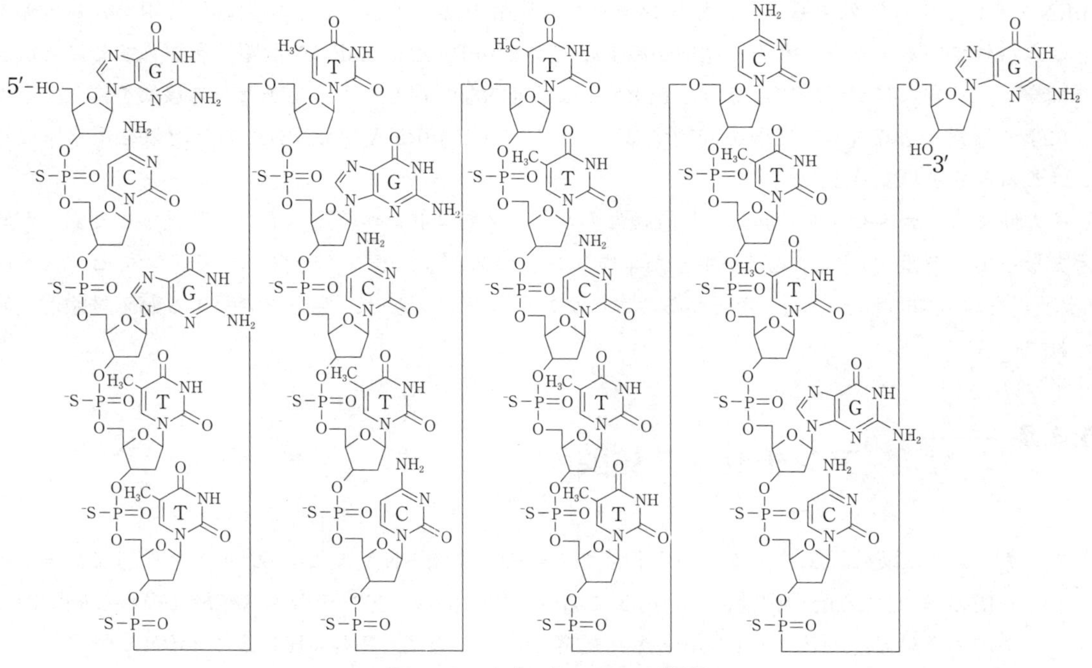

**図 5.13　ホミビルセンの構造**

テロールの増加に関与する）の mRNA に対して相補的な塩基のホスホチオエート核酸であり，配列は 5′-G $\underline{^{Me}C\ ^{Me}C\ ^{Me}U\ ^{Me}C}$ A G T $\underline{^{Me}C}$ T G $\underline{^{Me}C}$ T T $\underline{^{Me}C}$ G $\underline{^{Me}C\ A\ ^{Me}C\ ^{Me}C}$-3′ である．下線部のヌクレオチドは 2′-O-2-メトキシエチル化してあり，その他のヌクレオチドは 2′-デオキシリボースで構成されている．配列の中央部を 2′-デオキシリボースとすることで，標的 RNA へ結合後，RNaseH（DNA-RNA のハイブリッド二本鎖のうち RNA 鎖のみを分解する酵素であり，生体内では複製時の RNA プライマーの除去に働く）による RNA 分解を生じさせる．さらに，Me の表示があるシトシンおよびウラシルは 5′-位をメチル化させることで安定性が確保されている．

その他，上記のような翻訳阻害を薬効とするアンチセンス核酸とは異なる機構として，遺伝子変異が生じたエキソンへのスプライシングを抑制するように**エキソンスキップ**させて，疾患を治療する臨床試験が実施されている．デュシェンヌ型筋ジストロフィーは，X 染色体に存在するジストロフィン *dystrophin* 遺伝子の異常に起因する伴性劣性遺伝病であるが，患者の一部では特定のエキソンが塩基置換したナンセンス変異や塩基欠失したフレームシフト変異によって，タンパク質の翻訳が中断する．ジストロフィンは，79 ものエキソンからなる巨大なタンパク質であり，一部のエキソンをスキップさせても翻訳の読み枠が正常であれば機能の大部分は回復することが期待されている．そのため，異常なエキソンのスプライシングに関わる部位にアンチセンス核酸を設計して投与することで，異常なエキソンをスキップさせて C-末端側にある本来の終止コドンまで翻訳させることが試みられている（図 5.14）．

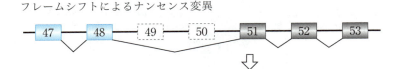

**図 5.14　エキソンスキップによるデュシェンヌ型筋ジストロフィーの治療**

### 5.4.4　◆ siRNA による RNA 干渉

真核生物はウイルスゲノムのような外来 RNA による感染から細胞を守るため，RNA 分解機構を備えていることが知られていた．1998 年に Andrew Z. Fire と Craig C. Mello は線虫を用いた実験

系において，二本鎖 RNA（dsRNA；double strand RNA）が相同な配列をもつ標的遺伝子の発現を抑制することを発見し，この現象を RNA 干渉 RNA interference と名付けた．二人は RNA 干渉の発見の功績により，2006 年にノーベル医学・生理学賞を受賞した．RNA 干渉では，細胞に導入した dsRNA が RNase の一種である ダイサー dicer により切断され，それにより生成した 21 〜 28 塩基対の 3′-突出型二本鎖の低分子干渉 RNA small interfering RNA（siRNA）がタンパク質群との複合体を形成して，RNA 誘導型サイレンシング複合体 RNA-induced silencing complex（RISC）となる．その内部で siRNA は一本化され，相補的配列をもつ標的 mRNA と対合すると，RISC に含まれる Ago タンパク質（Argonaute）の活性により mRNA を分解する．この分解は一本化された siRNA のアンチセンス鎖が RISC に保持されている間は繰り返し生じ，遺伝子発現を抑制させる．また，タンパク質をコードしていない非翻訳型の RNA も mRNA への結合を介して翻訳の調節を行っていることが明らかにされている．この非翻訳型の RNA は miRNA と呼ばれ，siRNA と同様に RISC と複合体を形成し，標的 mRNA に結合する．miRNA は siRNA と違い，mRNA に対して完全相補性ではなく部分相補性によっても機能し，主に mRNA の 3′-非翻訳領域に結合することで複数の遺伝子の翻訳阻害に関わっている（図 5.15）．

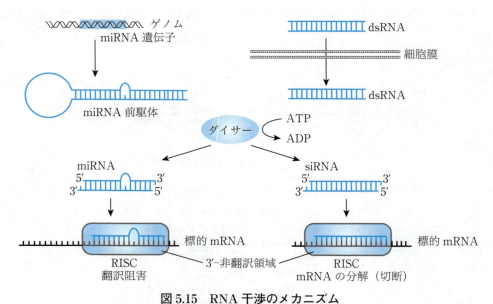

**図 5.15　RNA 干渉のメカニズム**
（金田典雄，伊東進編（2014）薬学のための分子生物学，廣川書店を一部改変）

　前述したアンチセンス核酸を用いて遺伝子発現を抑制する場合，アンチセンス核酸を細胞内に存在する mRNA と相補的結合を形成させるために mRNA と当量が必要である．一方，RNA 干渉の場合は，1 分子の siRNA や miRNA が何分子もの mRNA に対して触媒的に作用するため，核酸医薬品を疾患細胞まで届ける量が少量でも機能する．このような利点はあるが，現時点においては投与した siRNA や miRNA を目的の疾患細胞へ効率よく運ぶためのシステムは開発段階にあり実用化されていない．

### 5.4.5 ◆ アプタマー核酸

　RNA が他の分子と結合するアプタマー活性を利用して，細胞内で特定分子の機能を抑制しようという試みがあり，一部が実用化されている．ウイルスタンパク質や癌関連タンパク質を標的分子として直接結合するアプタマー核酸を細胞に導入し，標的を不活性化させて治療につなげるなどの医療応用への取組みが行われている．このようなアプタマー核酸は，抗体医薬品と同様に抗体のように細胞表面分子に作用する．したがって，アプタマー核酸はサイトカインや細胞外受容体などの細胞外因子を標的とすることができ，アンチセンス核酸や siRNA のような細胞内への運搬効率化の問題がない．一般的にアプタマー核酸は，一本鎖であり分子内の相補的結合により多様な立体構造をとり，それが標的分子の構造内に収まるように結合することで機能を抑制している．

　最初に実用化されたアプタマー核酸は，加齢黄斑変性症治療薬のペガプタニブ pegaptanib（商品名マクジェン）であり，2004 年に米国で承認された．ペガプタニブは 28 ヌクレオチドの高度に化学修飾された一本鎖 RNA であり，血管内皮細胞増殖因子 vascular endothelial growth factor（VEGF）を標的分子として抑制的に作用する（図 5.16）．黄斑変性症は，新たに形成される血管が脆く，血管から老廃物が滲みだすことで視力低下を惹き起こす．このとき，VEGF が血管に作用すると細胞同士の隙間を広げるように働き，血管透過性が亢進することで組織に水が溜まり浮腫を惹き起こす．ペガプタニブは，血管新生のシグナル分子である VEGF$_{165}$（アミノ酸が 165 残基で構成された VEGF）と特異的に結合することで VEGF のシグナルを遮断して血管新生を抑えるように働く．

　ペガプタニブは，セレックス（SELEX；systematic evolution of ligands by exponential enrichment）法によって，一本鎖核酸の塩基配列に依存した多様な立体構造形成の特徴を利用してランダムな塩基配列を備えた核酸ライブラリーから VEGF を特異的に認識して結合する塩基配列として選び

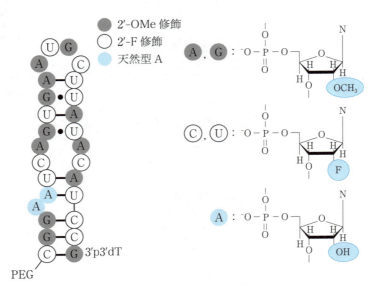

図 5.16　ペガプタニブの構造

出された．SELEX 法は，初めに 40〜100 ヌクレオチド程度の長さのランダム配列の両端に PCR 法で増幅可能なプライマー配列と *in vitro* 転写可能な T7 プロモーター配列などを付加した $10^{14}$ 種類ほどの DNA ライブラリーを準備し，*in vitro* 転写により第 1 ラウンドの RNA ライブラリーを合成する．次に RNA ライブラリーを標的分子が固定化されたアフィニティーカラムなどに通し，結合性がある RNA をカラムに吸着させることで結合性がない RNA と選別する（その他，標的分子との結合による分子量の違いを指標として，キャピラリーカラム電気泳動により選別する手法もある）．標的分子に結合した RNA のみを分離し，逆転写-PCR 法により 2 本鎖 DNA を増幅後，再び *in vitro* 転写により RNA として合成する．これを次の第 2 ラウンドの RNA ライブラリーとして使用する．この作業を 10 回ほど繰り返すことで標的分子への結合力や特異性の高いアプタマー核酸が得られ，DNA シークエンサーにより塩基配列を特定する（図 5.17）．医薬品へ実用化する際には，この SELEX 法で得られたアプタマー核酸に化学修飾等の改良を加えることで安定性や非免疫性などを付与させて用いられる．また分子生物学の基礎研究分野では，ある転写調節因子に結合性を示す転写調節配列を二本鎖 DNA ライブラリーから抽出する際にも SELEX 法が利用されている．

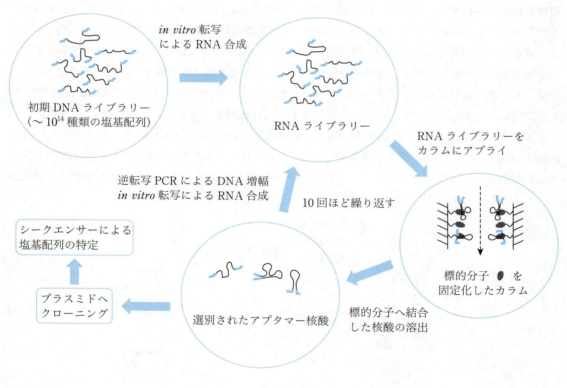

**図 5.17　SELEX 法**

### 5.4.6 ◆ デコイ核酸

　デコイ核酸は，ある転写調節因子の転写調節配列への結合を妨げるように「デコイ（おとり）」として機能する核酸であり，転写調節配列に相当する塩基配列の核酸が用いられる．

　転写調節因子 NF-κB を標的としたデコイ核酸は，炎症性疾患の治療をめざす医薬品として注目されている．NF-κB は，免疫反応において中心的な役割を果す因子であり，炎症性サイトカインである IL-1（インターロイキン-1），IL-2，IL-6，TNF-α（腫瘍壊死因子-α），プロスタグランジン産生に関わる COX2（シクロオキシゲナーゼ-2）や，細胞接着に関わる VCAM（血管内皮細胞接着分子）や ICAM（細胞間接着分子）などの遺伝子発現を促進することで，炎症反応や細胞増殖，アポトーシスなど多くの生理現象に関与している．NF-κB の発現亢進による転写調節ネットワークの異常が関節リウマチや，気管支喘息，アトピー性皮膚炎，炎症性腸疾患，また癌などの病態と深く関わっている．NF-κB のデコイ核酸を疾患組織へ投与することで NF-κB の標的である免疫関連遺伝子群による応答シグナルを遮断し，過剰な炎症反応を抑える試みが実用化に向けて開発中である（図 5.18）．

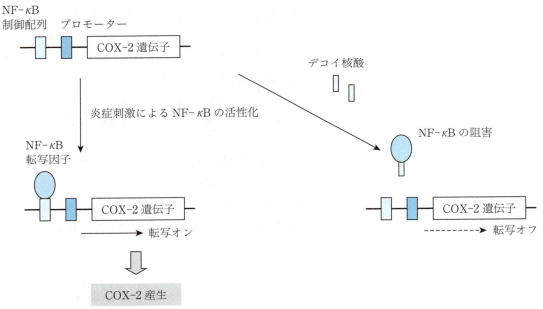

図 5.18　NF-κB を標的としたデコイ核酸の作用機構

## 5.5 遺伝子多型とオーダーメイド医療

### 5.5.1 ◆ 遺伝子多型とは

　ヒト個人間の表現型は，外見から性格，体質に至るまで様々な差異が認められる．これは，ヒトゲノムの構成，すなわち塩基配列の並び方に違いがあることに一因がある．特に，染色体の転座や塩基配列の欠失や挿入等によってゲノムの構成が大きく変化している場合には，各種の先天性異常症の原因になることが明らかにされている．このようなゲノム構成の差異は，その大小を問わず「変異」と呼ばれている．ただし，同じ生物種の集団における変異の頻度が 1% 以上である場合には，「変異」と区別して「多型」と呼ばれている．特に，多型における差異が一塩基である場合には，「一塩基多型 single nucleotide polymorphism（SNP）」と呼ばれ，総計が約 30 億塩基対から成るヒトゲノムには，全体の 0.1% に相当する約 300 万か所に一塩基多型が存在すると推定されている．ヒトゲノムは，タンパク質をコードしている領域（コード領域）とそれ以外の領域（非コード領域）に二分することができ，ヒトゲノムの 98.8% が非コード領域であり，コード領域は全体のわずか 1.2% 程度にすぎない．したがって，一塩基多型の大部分は，非コード領域に存在していることになる．これらの一塩基多型は，その存在領域によって，rSNP（regulatory SNP），cSNP（coding SNP），iSNP（intronic SNP），uSNP（untranslated SNP），gSNP（genome SNP）などに大別されている．これらの中で，コード領域に存在する cSNP は，その塩基を含むコドンにおいて対応するアミノ酸が変化する場合や，終止コドンへ変化して翻訳が中断される場合がある．また，非コード領域に存在する rSNP は，遺伝子の発現量や発現時期を規定している転写調節領域にあるため遺伝子発現量に影響を与える．イントロン内に存在する iSNP は，転写後のスプライシング調節に関わる領域を含んでおりスプライシング異常を生じさせる可能性がある．5′-あるいは 3′-非翻訳領域に存在する uSNP は転写後の mRNA 安定性に関わり，最終的な遺伝子産物であるタンパク質の合成量に影響を及ぼすという知見がある（図 5.19，表 5.12）．このように，非コード領域の一塩基多型の重要性も認識されつつある．これらの

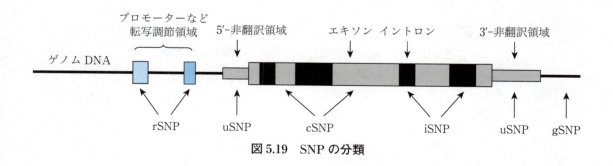

図 5.19　SNP の分類

## 5.5 核酸医薬品

### 表 5.12 SNP の分類

| SNP の種類 | SNP の部位 | 変異による主な影響 |
|---|---|---|
| rSNP（regulatory SNP） | 転写調節領域 | 転写量の減少あるいは増加 |
| cSNP（coding SNP） | 翻訳領域（コード領域） | アミノ酸の変化，スプライシング異常など |
| iSNP（intronic SNP） | イントロン領域 | スプライシング異常 |
| uSNP（untranslated SNP） | 5′-および 3′-非翻訳領域 | mRNA 安定性の減少など |
| gSNP（genome SNP） | 遺伝子間領域 | あまり影響しない |

膨大な SNP 情報は，SNP データーベース（http://www.ncbi.nlm.nih.gov/snp）を用いることで，遺伝子名や SNP の ID 番号（rs + 数字で表記）によりゲノム上の位置や配列などを表示することができる．

有病者に共通の多型がみられる遺伝子は病因遺伝子の可能性があるため，遺伝子診断を目的として，これまでにさまざまな多型解析が行われてきた．SNP の解析では，遺伝子に発生した一塩基の変異に注目する．有病者群の数 % に同じ SNP がみられる場合，その遺伝子は病気への関与が強く疑われる．病気に関連する遺伝子について多型解析を網羅的に行うことにより，個人の疾患発症に関する遺伝的素因を突き止めることができる．

ヒトの ABO 式血液型を例に，遺伝子多型と個人体質との関連について述べる．ヒトの ABO 式血液型は，赤血球表面に結合している糖鎖構造の違いに基づいて，A 型，B 型，O 型，AB 型に分類される．この糖鎖の構造は，糖転移酵素の 1 つである *N*-アセチルガラクトサミニルトランスフェラーゼの遺伝子多型により決定される．赤血球表面に結合している糖鎖の末端にアセチルガラクトサミンが結合していれば A 型，ガラクトースが結合していれば B 型，両方が結合していれば AB 型，どちらも結合していなければ O 型になる．*N*-アセチルガラクトサミニルトランスフェラーゼ遺伝子上には，70 以上の遺伝子多型が存在するが，*N*-アセチルガラクトサミニルトランスフェラーゼ活性が正常に機能すれば，アセチルガラクトサミンを糖鎖に結合させて A 型となる．一方，ある配列の一塩基多型ではミスセンス変異によってアミノ酸に変化が生じ，*N*-アセチルガラクトサミニルトランスフェラーゼの活性は消失して *N*-ガラクトシルトランスフェラーゼへと活性が替わり，ガラクトースを糖鎖に結合させて B 型となる．また，261 番目の一塩基多型では一塩基欠失によるフレームシフトにより，翻訳途中に終止コドンが生じて酵素が生産されず，糖鎖の末端への結合がない O 型となる．すなわち，これらの一塩基多型を有する対立遺伝子の組合せによって ABO 式血液型は決定されている（図 5.20）．

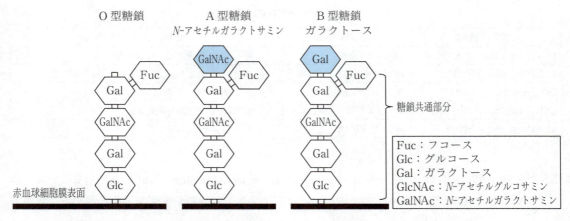

**図 5.20　ABO 式血液型の糖鎖構造**

## 5.5.2 ◆ オーダーメイド医療

オーダーメイド医療 tailor-made medicine とは，個々の患者に対して適切な治療を行う医療のことであり，それぞれの患者の遺伝的背景，生理的状態，疾患の状態等を十分に考慮した上で行われる医療である．従来の医療では，多くの患者に効果のある薬剤を用いて処方し，効果が認められない患者に対しては他の薬剤に変更するなどの方法がとられてきた．また，治療において効果が強く現れすぎたり，反対に副作用が強く現れるのは，患者の特異な体質によるものだと考えられてきた．しかし，現在では薬物代謝に関与する遺伝子や薬物の標的となる遺伝子の変異等がこれに大きく寄与していることが明らかとなっている．遺伝子診断によって疾患の原因と考えられる遺伝子が明らかになれば，個々人に適切な対応をとることが可能となる．遺伝子診断は遺伝性疾患のみならず，癌や糖尿病といった多因子疾患（多数の遺伝子が関与して起こる疾患）の薬物治療の設計には特に有効な手段となりうる．

薬剤の体内動態は，投与薬剤の吸収・分布・代謝・排泄の各過程における効率の総和に規定される．すなわち，薬剤が投与部分から血中およびリンパ液中へ移行する吸収，血中の薬物が組織・細胞に移行する分布，生体内の酵素により薬物が別の化合物へ変換される代謝，薬物あるいはその代謝物が体外へ排出される排泄の各過程に関わる遺伝子群の働き方の強弱が薬剤の体内動態に影響を与えている．したがって，薬剤の体内動態において，取込みトランスポーターは吸収や分布に，シトクロム P450 (CYP) や $N$-アセチルトランスフェラーゼ (NAT)，ジヒドロピリミジンデヒドロゲナーゼ (DPD) など代謝酵素や，チオプリンメチル転移酵素 (TPMP) や UDP-グルクロン酸転移酵素 (UGT) な

どの抱合酵素は代謝に，排出トランスポーターなどは排泄に関わり，これらの遺伝子多型によりタンパク質の発現量や活性が変化し，薬剤による治療効果や副作用の発現に影響する場合がある．そのため，あらかじめ遺伝子の発現量や活性，またはそれに影響を及ぼす遺伝子多型を診断により把握し，個人に合わせた薬剤の種類と投与量を決めるオーダーメイドによる薬物療法が期待されている．このような遺伝子群の発現量や活性と薬物動態との関連を扱う学問を薬理遺伝学（ファーマコジェネティクス）あるいは薬理ゲノム学（ファーマコゲノミクス；PGx）と呼ぶ．

薬物動態において，薬物の血中濃度における個人差の主な要因は代謝過程にあると考えられている．すなわち，各個人の薬物代謝に関わる酵素遺伝子の塩基配列の違いにより生じる．DNA 塩基の欠失，挿入や置換によって，アミノ酸に変化が生じて，酵素が不安定になったり基質特異性が変化したりする．また，タンパク質の合成が途中で中断する場合や，その遺伝子自体の一部や全体が欠損する場合もある．この薬物代謝能の個人差を，フェノタイプ（表現型）とジェノタイプ（遺伝子型）に区別して考えることができる．表現型は，酵素活性の指標となる薬物代謝能によって示され，正常な代謝活性をもつヒトを EM（extensive metabolizer），代謝能が欠失または著しく低いヒトを PM（poor metabolizer），著しく高い代謝能を示すヒトを UM（ultra rapid metabolizer），EM と PM の中間の代謝能を示すヒトを IM（intermediate metabolizer）と呼ぶ．これに対して，遺伝子型は薬物動態関連遺伝子の塩基配列の違いをもとに分類する．一般に野生型遺伝子をホモ接合体としてもつヒト（野生型／野生型）は EM の表現型を示し，変異遺伝子をホモ接合体としてもつヒト（変異型／変異型）は薬物代謝活性が低く血中薬物濃度が著しく上昇する PM の表現型を示す．また，変異遺伝子をヘテロ接合体としてもつヒト（野生型／変異型）は EM と PM の中間の代謝能を示す（図 5.21）．

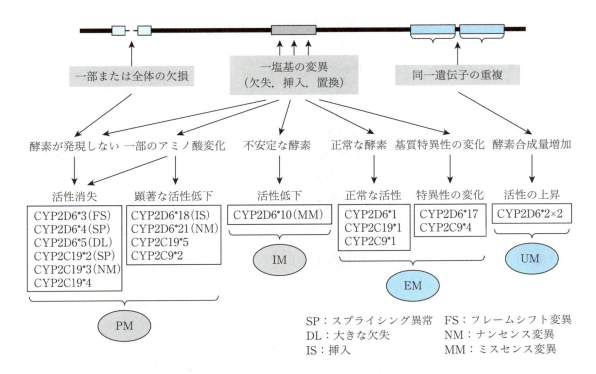

図 5.21　CYP 遺伝子多型のタイプと代謝活性

薬物代謝の主要酵素であるシトクロム P450 ファミリーの多型については，The Human Cytochrome P450 Allele Nomenclature Database（http://www.cypalleles.ki.se/）にて閲覧可能である．薬剤の代謝および排泄に関わる遺伝子と薬剤の分子標的となる遺伝子の代表例をもとに遺伝子型と表現型の関わりについて詳細を述べる．

## A CYP2C19

CYP2C19 の PM の頻度は日本人をはじめとするアジア人において約 20％ であるが，欧米人では約 3％ である．この遺伝子変異は，抗てんかん薬のフェニトインを服用する患者の一部に重篤な副作用が認められる．またピロリ菌の除去に使用されるプロトンポンプ阻害薬のオメプラゾール，抗不安薬や催眠鎮静薬として使用されるジアゼパムなど多くの薬剤代謝に関与しており，PM では薬物の血中濃度時間曲線面積 area under the blood concentration-time curve（AUC）の上昇，半減期の延長が報告されている．日本人に多く存在する CYP2C19 多型は，CYP2C19*1（野生型），CYP2C19*2（681 番目のグアニンがアデニンへ変化することで，トリプトファンコドンが終止コドンへ変化するナンセンス変異）および CYP2C19*3（636 番目のグアニンがアデニンとなることで，イントロンの 3′-末端へ変化するスプライシング異常）である．CYP2C19 の接合体として，*1 をホモあるいはヘテロにもつヒトは EM となるが，*2/*3，*2/*3，*3/*3 の多型を有するヒトは PM となる．例えば，PM 患者においてプロトンポンプ阻害薬のオメプラゾールを用いる場合，投与量を減らすか，CYP2C19 の多型とは無関係に非酵素的に代謝されるラベプラゾールへの変更などが望まれる．

## B CYP2C9

CYP2C9 の PM の頻度は，日本人において約 2％ であるが，欧米人では約 7％ である．この遺伝子変異は，抗凝固薬ワルファリン，血糖降下薬トルブタミド，非ステロイド性抗炎症薬ジクロフェナクなどの代謝に関与しており，多くの変異が報告されている．しかし，主に活性低下の原因となる変異は CYP2C9*3（1075 番目のアデニンがシトシンへ変化することで，イソロイシンがロイシンへ変化するミスセンス変異）である．この変異遺伝子をホモでもつ PM は，野生型の EM の代謝活性を 100％ とすると約 10％ 程度まで低下する．すなわち，PM となる多型を有するヒトは，薬剤が少量でも治療域に達するため投与量を減量する必要があり，米国においては CYP2C9*3 の遺伝子多型診断が推奨されている．

## C UGT1A1（UDP-グルクロン酸転移酵素）

イリノテカンは，多くのがん患者に投与されるきわめて治療効果の高い抗癌薬であるが，重篤な下痢や腸炎，好中球数の減少などの副作用が起こることが知られており，副作用の原因究明と予防のための研究が進められてきた．イリノテカンは，肝臓のカルボキシエステラーゼにより SN-38 へ変換されることで薬効を示すプロドラッグであり，DNA 複製の際に重要な働きをする DNA トポイソメラーゼ I を阻害する．これにより，がん細胞の増殖が抑制される一方で，正常な細胞に対しても

強い細胞障害活性を有し，小腸に対する細胞障害の結果，重篤な下痢が生じると考えられている．この活性型であるSN-38は肝臓において，グルクロン酸抱合を触媒する酵素であるUGT1A1によって不活性型のSN-38グルクロニドへ変換される．UGT1A1にはいくつかの遺伝子多型の存在が知られているが，UGT1A1*6と呼ばれる多型では211番目のグアニンがアデニンに変化した結果，71番目のアミノ酸がグリシンからアルギニンに変化する．このようなアミノ酸の変化を伴う変異によって，本来の酵素活性が低下し，SN-38の不活化の割合が極端に減少して副作用が発現する．また，UGT1A1*28と呼ばれる多型ではUGT1A1のプロモーター領域に存在するTA反復配列の反復回数が，通常6回のところが7回のくり返しとなった結果，基本転写因子であるTATAボックス結合タンパク質の結合性が低下してRNAポリメラーゼIIを含む転写開始複合体の形成が阻害される．それに伴ってmRNAの転写量を低下させ酵素量が極端に減少し，SN-38が不活性化される割合が低くなり副作用が発現する（図5.22）．日本人では約60％が野生型を有するが，*6は約15％および*28は約10％のヒトに存在する．また，欧米人の約40％は*28を有しているが，*6はほぼ存在しない．UGT1A1*6，*28遺伝子多型測定キット「インベーダー®UGT1A1アッセイ」は，日本国内初の遺伝子多型診断キットとして2008年に保険適用（検査実施料2000点，判断料125点）された．

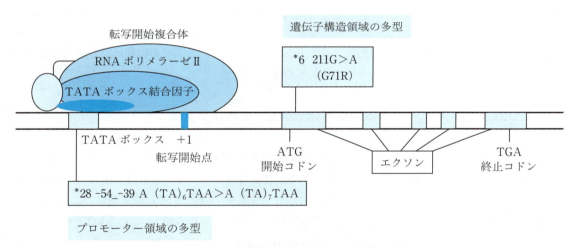

**図5.22　UGT1A1遺伝子の多型**

## D　NAT2（N-アセチル転移酵素）

抗結核薬イソニアジド，降圧薬ヒドララジンや抗不整脈薬プロカインアミドにアセチル基を転移して代謝するNAT2（N-acetyltransferases 2）は，rapidとslow acetylatorに分類されている．slow acetylatorの表現型は，*5B（114番目のイソロイシンがチロシンへと変化），*6A（197番目のアルギニンがグルタミンへ変化），*7B（286番目のグリシンがグルタミンへ変化）の3つの多型でほぼ説明できる．これら3つの多型のホモ接合体と複合ヘテロ接合体によりslow acetylatorとなり，これらの多型と野生型とをヘテロ接合体としてもつ場合は，intermediate acetylatorとなる．slow

acetylator の頻度は，欧米人では 50％ 以上であるのに対して，日本人では約 10％ と顕著な人種差が
みられる多型でもある．

## E TPMP（チオプリンメチル転移酵素）

白血病治療薬メルカプトプリンは，TPMP（チオプリン–S–メチル転移酵素）によりメチル化さ
れて不活性体となるため，低活性型の TPMT 多型を有する患者では副作用を発現しやすくなる．免
疫抑制薬アザチオプリンはメルカプトプリンのプロドラッグであり，同様に活性体が TPMP により
代謝される．日本人では，*3C（240 番目のチロシンがシステインとなるミスセンス変異）と *6（180
番目のチロシンがフェニルアラニンとなるミスセンス変異）が主な多型となり，これらの多型を有す
る患者で投薬中止に至る重篤な白血球減少が報告されている．

## F ABCB1（ATP–binding cassette sub–family B member 1）

イリノテカンおよびその代謝物は，P–糖タンパク質の遺伝子 ABCB1（別名は，MDR1）などの
ABC トランスポーターにより，肝細胞内から胆汁へと排出される．前述の UGT1A1 の多型に加えて，
排出トランスポーターの多型も薬物血中濃度を規定する 1 つの要因となる．すなわち，多型により発
現量が低下，あるいは，アミノ酸置換による排出トランスポーターとしての機能低下や消失によって，
血中薬物濃度の半減期が低下し，副作用が発現しやすくなる．

## G VKORC1（ビタミン K エポキシド還元酵素–複合体サブユニット 1）

抗凝固薬ワルファリンは，肝臓において CYP2C9 により代謝されて不活性となるため，ワルファ
リン投与量の設計には CPY2C9 の代謝活性低下に影響を及ぼす多型の場合は通常投与量より低用量
に設定する必要がある．一方，ワルファリンはビタミン K エポキシド還元酵素 vitamin K epoxide
reductase（VKOR）を阻害することにより抗凝固効果を生じる（図 5.23）．この VKOR を構成する
タンパク質の 1 つをコードする VKORC1（VKOR complex subunit 1）において，第 1 イントロン
内の 136 番目のシトシンがチミンへと変化してスプライシング異常が生じる，あるいは転写開始点か
ら上流へ 1639 番目に位置する転写調節領域のグアニンがアデニンとなることで転写量が減少すると，
ワルファリンが少量でも作用するように薬剤感受性が高くなる．2007 年の米国においてワルファリ
ンの添付文書への記載に，CYP2C9 および VKORC1 の両遺伝子の多型検査をもとにワルファリンの
投与量を設計することが推奨されており，両遺伝子の野生型をホモ接合体としてもつ患者と変異型を
ホモ接合体としてもつ患者との間では約 10 倍差の投与量の設計が示されている．すなわち，これら
のワルファリンの薬剤反応性に関するゲノム情報を応用して，従来経験的になされてきたワルファリ
ンの投与に対して，より個人の体質に合わせた効率的でなおかつ副作用の少ない安全な投与法を提案
することが可能となっている．

薬物代謝能を評価するにあたって，表現型の測定では，患者の測定時の代謝能を正確に知ることが
できる利点があり，遺伝要因（人種や遺伝子などの内的要因）や環境要因（喫煙，飲酒，食事，併用

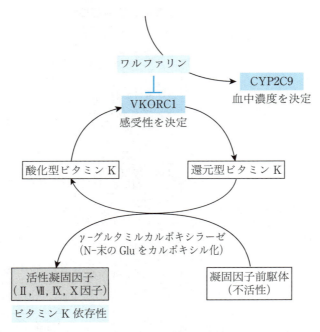

図 5.23　ワルファリンの作用に関わる遺伝子

薬などの外的要因）の双方の影響を反映した結果が得られる．しかし，代謝能の活性を測定するための分子プローブをトレーサーとして投与し，採血採尿などの必要がある．一方，遺伝子型の測定では，毛髪や口腔内皮細胞から簡便に多くの遺伝子型が一度に測定できる．このように遺伝子多型の測定には利点がある一方で，既知の遺伝子多型により全ての代謝能が予測できるわけではなく，未知の遺伝子多型や環境因子の影響も考慮する必要がある．また，多くの遺伝子多型の情報を理解した上で，整理して解釈するための技術と人材については医療現場においてまだ十分ではない．

## 表5.13 遺伝子多型と薬剤応答性

| Gene | 遺伝子多型［変異部位］ | 薬剤［効果］ | 多型による応答性の変化，副作用等 |
|---|---|---|---|
| CYP2C9 | *2［430C>T（Arg144Cys）］<br>*3［1075A>C（Ile359Leu）］ | ワルファリン［抗凝固薬］ | 抗凝固反応の上昇による出血 |
| | | フェニトイン［抗けいれん薬］ | 毒性増加による運動障害 |
| | | トルブタミド［糖尿病治療薬］ | 適用量の低下による作用減弱 |
| | | ジクロフェナク［NSAIDs］ | 消化管潰瘍リスクの上昇，胃腸障害 |
| CYP2C19 | *3［636G>A（Trp212Stop）］<br>*2［681G>A（Pro227Pro, スプライシング異常）］ | オメプラゾール［$H_2$遮断薬］ | ピロリ菌の除菌率の増加，下痢症状 |
| | | ランソプラゾール［$H_2$遮断薬］ | ピロリ菌の除菌率の増加，下痢症状 |
| | | ジアゼパム［抗不安薬］ | めまいの増加，精神機能低下 |
| | | プロプラノロール［$\beta$遮断薬］ | $\beta$遮断の増強による低血圧 |
| CYP2D6 | *5［遺伝子欠失］<br>*10［190C>T（Ile34Leu）］<br>*2［遺伝子重複による機能増加］ | イミプラミン［抗うつ薬］ | 抗うつ効果の増加，心不全 |
| | | プロパフェノン［抗不整脈薬］ | 副作用の増加，心毒性 |
| | | コデイン［麻薬］ | 活性体の未生成による鎮痛効果の低下 |
| | | プロプラノロール［$\beta$遮断薬］ | $\beta$遮断の増強による低血圧 |
| CYP3A4 | *6［830-831insA（フレームシフト）］<br>*16［554C>G（Thr185Ser）］ | パクリタキセル［抗癌薬］ | 骨髄抑制 |
| | | イリノテカン［抗癌薬］ | SN-38の蓄積による毒性増加，白血球減少 |
| UGT1A1 | *28［-54_-39 A(TA)$_6$TAA>A(TA)$_7$TAA（mRNA発現低下）］<br>*6［211G>A（Gly71Arg）］ | イリノテカン［抗癌薬］ | SN-38の蓄積による毒性増加，白血球減少 |
| NAT2 | *5B［341T>C（Ile114Thr）］ | イソニアジド［抗結核薬］ | 肝障害 |
| | *6A［590 G>A（Arg197Gln）］ | ヒドララジン［血管拡張薬］ | 狭心症 |
| | *7B［857G>A（Gly286Glu）］ | プロカインアミド［抗不整脈薬］ | 心不全 |
| TPMT | *3C［719A>G（Tyr240Cys）］ | メルカプトプリン［白血病治療薬］ | 骨髄抑制，白血球減少 |
| | *6［539A>T（Tyr180Phe）］ | アザチオプリン［免疫抑制薬］ | |
| DPD | ［IVS14 + 1G>A（スプライシング異常）］ | フルオロウラシル［抗癌薬］ | 毒性増加，骨髄抑制，消化器症状 |
| ABCB1 | ［-2410T>C, -2352G>A,<br>-1910T>C, -934A>G, -692T>C（mRNA発現低下）］ | ジゴキシン［抗狭心症薬］ | 不整脈 |
| | | イリノテカン［抗癌薬］ | SN-38の蓄積による毒性増加，白血球減少 |
| VKORC1 | ［-1639G>A（mRNA発現低下）］<br>［IVS1-136C>T（スプライシング異常）］ | ワルファリン［抗凝固薬］ | 薬剤感受性の増加 |

IVS：intervening sequence（intron）

## ◆ 演習問題 ◆

次の記述について正誤を答えよ.

1）バイオ医薬品の有効成分はタンパク質，脂質，炭水化物である．（　）

2）酵素，ホルモン，血液凝固因子は細胞治療用医薬品の一種である．（　）

3）バイオ医薬品の有効成分は均一ではなく同等性・同質性の物質を含む不均一な混合物として存在する．（　）

4）バイオ医薬品の多くは低分子化合物であることから，主に経口投与が行われる．（　）

5）抗体医薬品の後発品を限定してバイオ後続品（バイオシミラー）という．（　）

6）ホルモン・サイトカイン・抗体医薬品の一部がバイオ後続品（バイオシミラー）として市販されている．（　）

7）組換え医薬品の主な有効成分はペプチド・タンパク質である．（　）

8）市販されている組換え医薬品は酵素，ホルモン，血液凝固因子，サイトカインのみである．（　）

9）抗体医薬品の製造において，ヒト抗体産生トランスジェニックマウスやファージディスプレイ法を利用した方法がある．（　）

10）大腸菌は，糖鎖付加などの翻訳後修飾や高次構造を有するタンパク質の生産に適している．（　）

11）組換え医薬品は製造・品質・安全管理全体を通じて医薬品の製造管理及び品質管理に関する基準（ICH）や日米EU医薬品規制調和国際会議ガイドライン（GMP）に準拠する必要がある．（　）

12）組換えDNA技術により発現時間や持続時間を改変したインスリン製剤（インスリンアナログ）が多数開発されている．（　）

13）グルカゴン様ペプチド1が膵$\alpha$細胞受容体に結合すると，グルカゴンの分泌を促進する．（　）

14）ポリエチレングリコール化により分子量が増大したエポエチンベータペゴルは，従来のエリスロポエチンよりも血中半減期が短い．（　）

15）多くの抗体医薬品はIgGの構造を有するが，Fabの構造で市販されている抗体医薬品はない．（　）

16）ヒト抗体は，免疫反応（抗体産生による効果の無毒化）を引き起こす可能性が高い．（　）

17）現在，市販されている分子標的医薬品は，抗体医薬品のみである．（　）

18）血管内皮細胞増殖因子（VEGF）と結合するベバシズマブは，血管新生を抑制し，腫瘍の増殖を阻害する．（　）

19）リツキシマブは補体依存性細胞傷害作用（CDC）や抗体依存性細胞傷害作用（ADCC）を引き起こす．（　）

21）腫瘍壊死因子$\alpha$（TNF$\alpha$）受容体と結合するインフリキシマブは，リガンド–受容体の結合を阻害することにより，リウマチの炎症作用等を抑制する．（　）

22）イマチニブはBcr–Ablチロシンキナーゼの活性中心部位において基質と競合拮抗することにより，キナーゼ活性を抑制し増殖シグナルを阻害する．（　）

23）ゲフィチニブは上皮増殖因子受容体（EGFR）チロシンキナーゼのATP結合部位に競合的に結合することにより，増殖シグナルおよび癌細胞の活性化を抑制する．（　）

24）コレステロール合成の律速酵素である HMG–CoA 還元酵素阻害薬であるシンバスタチンは肝臓中の低密度リポタンパク質（LDL）受容体を増加させ，取り込み促進効果により血中の LDL を低下させる．（　）

25）核酸医薬品とは DNA や RNA あるいは修飾型核酸を薬効成分として，核酸本体が直接生体に作用する医薬品である．（　）

26）抗体医薬と同様に標的分子へ結合することで抑制する核酸を用いた医薬品をアプタマー核酸という．（　）

27）標的となる mRNA に対して相補的な一本鎖核酸を用いることで翻訳を阻害する方法をアンチセンス法という．（　）

28）ゲノム解析から，ヒトゲノムの塩基配列は約 30 億塩基対であり，遺伝子数は約 30 万個であることが明らかとなった．（　）

29）一塩基多型（SNP）は，個人の識別や個別化医療などに有用であり，遺伝子機能に影響するものもある．（　）

30）ヒトの遺伝子の研究が進むにつれて，遺伝子情報に基づく新医薬品の開発が期待されている．（　）

31）遺伝子多型には，遺伝子機能に関わるものの他に，遺伝子の発現量やスプライシングに関わるものがある．（　）

32）薬剤の体内動態は吸収・分布・代謝・排泄に関わる遺伝子の多型が深く関わっている．（　）

33）薬物代謝能が通常より低い群の表現型を PM（poor metabolizer）という．（　）

34）CYP2C9 は抗凝固薬ワルファリンの代謝に関わる酵素遺伝子である．（　）

35）CYP2C19 はオメプラゾールの代謝に関わる酵素遺伝子である．（　）

36）イリノテカンの重篤な副作用として下痢や白血球減少に関連する酵素は，UPD–グルクロン酸転移酵素である．（　）

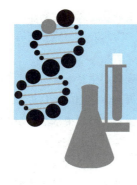

# 第6章　病気と遺伝子工学

◆この章で学ぶこと（キーワード）◆

塩基置換，サイレント変異，ミスセンス変異，ナンセンス変異，欠失変異，挿入変異，転座，がん遺伝子，がん原遺伝子，遺伝子検査，遺伝子診断，出生前診断，遺伝子多型，一塩基多型（SNP(s)），遺伝子治療，ウイルスベクター，レトロウイルスベクター，アデノウイルスベクター，アデノ随伴ウイルスベクター，リアルタイム PCR，DNA マイクロアレイ，ミニサテライト，マイクロサテライト，RFLP，血友病 A

　薬学領域での遺伝子工学の目的は，遺伝子に関連した知識や技術を用いて病気を防ぐことと病気を治すことである．もちろんこれには正しく診断することも含まれる．そこで，この章は遺伝子工学の目的と直接関わっているといえる．我々はヒトとして共通の遺伝子をもっているが，個人によりわずかずつ異なっている．その差は人口に占める割合が少ない場合や病気の原因となる場合は変異と呼ばれ，人口のかなりを占める場合は多型と呼ばれる．単一の変異が病気の原因となる場合が，いわゆる遺伝病である．また，体細胞における遺伝子の変異が最も問題となるのは発がんの過程である．数多くのがん遺伝子，がん原遺伝子，およびがん抑制遺伝子の中の複数の遺伝子が変異することによりがん細胞が出現するが，どの遺伝子の変異が原因かはがんによって異なっている．どの遺伝子の異常かで投与すべき制がん剤を選ぶ時代がやってきたことで，がん関連遺伝子自身とその検査についての理解が薬学者にとって必須の時代となった．遺伝子の多型は薬物の効果にも影響するため，その検査も欠かすことができない．変異した遺伝子が病気を引き起こす遺伝病やがんの治療には，遺伝子の導入による治療，すなわち遺伝子治療がはじまっている．遺伝子の差異，すなわち変異は幾つかに分類して理解することが重要である．そこで本章では，まず遺伝子 DNA に起こる変異を整理して理解することから始める．

## 6.1  遺伝子変異とは

　DNA は，細胞分裂時に半保存的複製によって二本鎖 DNA が 2 組に複製された後，それらが娘細胞に分割されることで正確に親細胞から娘細胞に伝えられる．突然変異とは，親細胞の有する DNA

の塩基配列が正確に娘細胞に伝えられず，親細胞と娘細胞で違いが生じることをいう．突然変異には，1塩基の変化から，染色体の異常に伴う大きな変化までが含まれる．現在では，突然変異を短く**変異**ということが一般的である．

娘細胞に現れる変異の影響は生じる変異の種類，変異を生じた領域の広さ，変異が生じた場所によって様々に異なる．また，生じる細胞の種類によってもその影響は異なる．変異が体細胞に生じると，がんを始めとする様々な病気の原因となる．変異を誘発する物質が必ずがんを生じるわけではないが，発がん性を示す物質の多くは変異を生じることから，**変異とがんの相関**は非常に強いことがわかっている．一方，変異が生殖細胞に生じると，その形質は次世代に現れる．

DNAは正確に親細胞から娘細胞へと伝えられる．しかし，完全完璧なDNA複製だけでは，親細胞と同じ娘細胞がつくられるだけ，同じ個体がつくられるだけで，生物多様性は生じ得ない．したがって，生物の**進化**，生物多様性には変異が不可欠である．次世代の生存を脅かすほどの有害な表現型の変化はその個体の致死を招く，もしくは数世代を経て淘汰されることで，変異は定着しない．しかし，有害性の低い，もしくはない変異（中立変異）は次世代に定着し，その先の世代にも引き継がれる．このようにして世代を経ても淘汰されずに残った生物で変異が蓄積していき，次第に新たな表現型を獲得していくと，生物種は分岐し，過去から現在にかけて様々な生物が進化したと考えられる．このように，変異はその一個体にとっては病気の原因となる恐れがあるが，生物進化，生物多様性の原動力であるともいえる．

変異をもつ個体の子孫の割合がなんらかの原因で増え，一定の割合以上になった時は**多形** polymorphism と呼ばれる．一応の割合の目安は全体の1%以上である．すなわち，100人に1人以上の人がもつDNA配列上の差異は多形と呼ばれ，それ以下は変異と呼ばれる．多形の中で最も多いものは，当然ながら，塩基1つだけの差異，**一塩基多型** single nucleotide polymorphism(s)（**SNP(s)**）であり，任意の2人をとってみると，約0.1%程度，すなわち，およそ1000ヌクレオチドに1つの違いがあるといわれている．

## 6.1.1 ◆ 変異の種類

変異の仕方にも，いろいろな種類があり，**点変異**，**欠失**，**挿入**，**逆位**，**重複**，**転座**などがある（図6.1）．

点変異は1か所の塩基対が異なる塩基対に置き換わる変異である．点変異は大きく2種類に分類される（図6.2）．プリン塩基とピリミジン塩基の位置は変わらずに，AとGが，TとCが置き換わる変異をトランジションという（AT → GC；GC → AT）．一方，プリン塩基とピリミジン塩基の位置が置き換わる変異をトランスバージョンという（AT → TA；AT → CG；GC → CG,；GC → TA）．欠失は親細胞DNAにあった塩基対が失われる変異であり，挿入は親細胞DNAにはなかった塩基対が新たに加えられる変異である（図6.1）．欠失変異，挿入変異は1塩基対が欠失，挿入するものから，大きなDNA領域で欠失，挿入するものまで生じる．逆位は染色体上で一部のDNAが反転した状態で置き換わる変異である．

このような変異は塩基配列中の1塩基対の変異から，染色体の一部の大きな変化まで幅広く生じる．

6.1 遺伝子変異とは

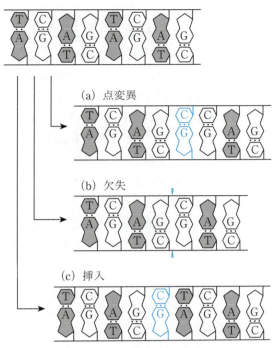

図 6.1 変異により生じる塩基配列変化の種類

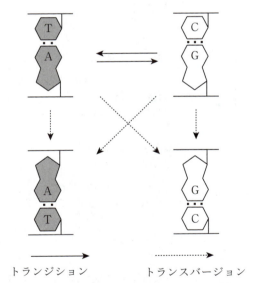

図 6.2 トランジションとトランスバージョン

当然，大きな領域での変化を伴う変異は娘細胞で大きな変化を生じる可能性が高い．一方，点変異などの微細な領域での変異では，その生じた部位により娘細胞に生じる影響は変わってくる．変異が遺伝子中に起こり，遺伝子産物が変化すれば娘細胞には表現型での変化を生じることになる．しかし，遺伝子間に変異を生じた場合や，遺伝子中に変異を生じても，遺伝子産物には変化を生じなかった場

合，娘細胞には影響は現れにくい，もしくはない．このように，変異がどこに，どのように生じるかによってその変異の娘細胞に現れる影響は大きく異なる．そこで，タンパク質をコードする遺伝子中に生じる塩基置換変異は**サイレント変異**，**ミスセンス変異**，**ナンセンス変異**に分類される．挿入・欠失は**フレームシフト変異**の原因となる（図6.3）．サイレント変異は点変異による塩基置換が生じても翻訳されるアミノ酸を変えない変異である．コドンの3番目の塩基が変わってもコードするアミノ酸が同じである場合にサイレント変異は生じ，当然，タンパク質の機能・構造には変化を生じない．一方，点変異による塩基置換で翻訳されるアミノ酸が変化する変異はミスセンス変異であり，点変異による塩基置換で終止コドンが新たにできる変異をナンセンス変異という．ミスセンス変異では，タンパク質の機能・構造において重要な役割を果たすアミノ酸残基がアミノ酸の特徴が大きく異なるアミノ酸へと変化する場合にタンパク質の機能が大きく変化し，表現型への影響が大きく生じる．また，ナンセンス変異では遺伝子本来の終止コドン以前に新たに終止コドンが生じるため，本来のタンパク質よりも短いタンパク質が合成される．この時，タンパク質の失われた領域に機能・構造に必須のアミノ酸残基が含まれている場合に，同様にタンパク質の機能が大きく変化し，表現型への影響が大きく生じる．

　フレームシフト変異は遺伝子中に生じた挿入・欠失変異により読み枠・コドンにズレを生じる変異である．3の倍数以外の数の塩基対が挿入・欠失した場合，変異部位以降のコドンが変わるため，タ

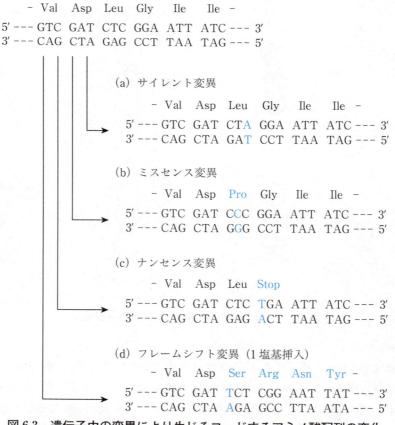

図6.3　遺伝子中の変異により生じるコードするアミノ酸配列の変化

ンパク質のアミノ酸配列が大きく変化し，表現型への影響が大きく生じやすい．

　前述のように，遺伝子中に変異が生じると，その遺伝子から生合成されるタンパク質のアミノ酸配列が変わり，本来の機能を損ない，形質変化を生じることがある．しかし，別の場所に変異が生じることで，最初の変異による形質変化が打ち消され，元の形質が保たれることがまれにある．元のアミノ酸配列に戻るわけではないが，タンパク質の機能が見かけ上維持されれば，形質は保たれる．このような第二の変異をサプレッサー変異（抑圧変異）という．

　サプレッサー変異には2つのタイプ，遺伝子内サプレッサー変異と遺伝子外サプレッサー変異がある．

　遺伝子内サプレッサー変異は最初に変異を生じた遺伝子に別の場所で変異が生じ，タンパク質の機能が維持される．例えば，タンパク機能に必須のアミノ酸残基に点変異が生じることで機能を失ったタンパク質に，立体構造上，近傍の別の必須アミノ酸残基に点変異を生じることで機能を回復することがある．また，フレームシフト変異では，変異によりコドンの読み枠がずれるが，最初の変異部位の下流で再度フレームシフト変異が起こり，それ以降の読み枠が元の状態に戻ると，タンパク質の機能を保持することが起こりうる．

　遺伝子間サプレッサー変異は最初に変異を生じた遺伝子とは別の遺伝子に変異が生じることで，タンパク質の機能が維持される．例えば，複数のタンパク質が複合体で機能する時，タンパク質間で相互作用するのに必須のアミノ酸残基に点変異が生じるケースなどが考えられる．また，遺伝子間サプレッサー変異にはナンセンスサプレッサー tRNA が含まれる．終止コドンは対応する tRNA がないため，終結因子に認識され，翻訳終結に至る．しかし，ある tRNA のアンチコドンに変異が生じ，終止コドンに対応するアンチコドンに変異すると，その tRNA により終止コドンを乗り越え，翻訳過程を継続することができる．このような変異を有する tRNA をナンセンスサプレッサー tRNA といい，別の遺伝子に生じたナンセンス変異を乗り越え，翻訳過程を継続することで，形質変化を抑える．ミスセンス変異やフレームシフト変異のサプレッサーとなる tRNA も知られている．

## 6.1.2 ◆ 変異の原因

　変異が生じる原因は，主に2種類ある．1つは **DNA 複製時の誤り** に起因する変異であり，もう1つは DNA が化学的・物理的外因により損傷され，その **DNA 損傷** が原因となって誘発される変異である．

　親細胞から娘細胞に正確に遺伝情報を伝えるため，DNA 複製の正確さは高く維持されている．DNA 複製中に誤ったヌクレオチドが伸長中の DNA に取り込まれると，DNA ポリメラーゼの校正機構が直ちにそれを取り除いた後，正しいヌクレオチドを取り込んで正確に DNA を複製する．そのような機構があるにもかかわらず，誤ったヌクレオチドが取り除かれずに複製の誤りとして残ってしまうと，娘細胞に親細胞とは異なる異常な塩基対を含んだ DNA が伝えられ，変異を生じる原因となる．

　DNA と反応し，DNA 損傷が生じて変異を誘導する物質を **変異原物質** といい，様々な要因が知られている．紫外線照射や活性酸素種は DNA の塩基に化学変化を起こして異常な塩基対を誘発したり，放射線照射では DNA 二本鎖の切断を引き起こしたりする．この他にも，様々な化学物質が DNA と

反応し，様々な DNA 損傷を誘導し，変異を誘発する．

## 6.1.3 ◆ DNA 損傷の修復機構

　前述のように，変異は，DNA の複製時の誤りや様々な外的要因により生じる DNA 損傷が原因で誘発される．一方で，細胞は DNA の異常や損傷に対する修復機能を備えており，DNA を元通りに修復しようとする．この修復機能は大きく分けて，以下に示す3種類の方法がある．

　まず，損傷を酵素的に元に戻す修復方法がある．メチル化塩基からメチル基を取り除く酵素や紫外線により生じたチミン二量体を元のチミンに戻す光回復酵素などが知られている．

　また，DNA 複製の誤りとして生じた異常な塩基対（ミスマッチ塩基対）や変異原物質が DNA に作用して生じた異常な塩基やヌクレオチドが DNA 中に生じた場合，そのまま DNA 複製が生じると娘細胞 DNA 中に変異が起こることがある．そこで，細胞ではこのような DNA 損傷を除去し，修復

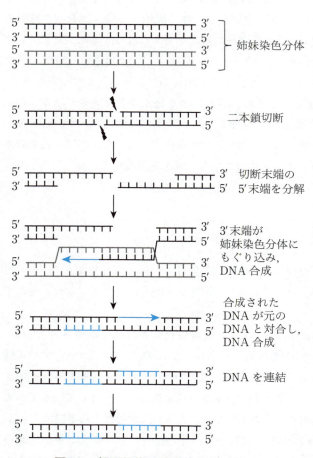

図 6.4　相同組換え修復による DNA 二本鎖切断の修復

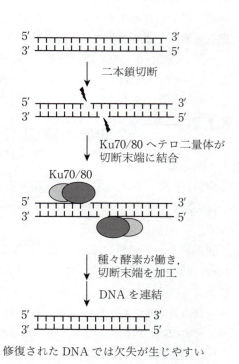

図 6.5　非相同末端結合修復による DNA 二本鎖切断の修復

する「除去修復」が備わっている．除去修復には異常な塩基を取り除く 塩基除去修復，異常なヌクレオチドを取り除く ヌクレオチド除去修復，ミスマッチ塩基対を修復する ミスマッチ修復 が含まれる．DNAではシトシン塩基が自発的に脱アミノ化してウラシルへと変化したり，紫外線によりピリミジン塩基の二量体が生じたりしているが，このような異常塩基，異常ヌクレオチドが変異を生じないように，ウラシルは塩基除去修復で，塩基二量体はヌクレオチド除去修復で速やかに修復されることで変異の発生頻度が抑えられている．

さらに，DNA損傷にはDNAのヌクレオチド鎖の切断も含まれ，DNA一本鎖の切断，二本鎖の切断が生じる．特にDNA二本鎖の切断は細胞に対する致死的影響が大きいことから，細胞はこのような傷害に対して2つの修復機構を備えている．その1つは 相同組換え修復 である（図6.4）．この修復は相同染色体を利用し切断部分を連結することから，DNA二本鎖切断が正確に元の状態に連結され，修復エラーが少ない．もう1つは 非相同末端結合修復（図6.5）で，この修復はDNAの切断部分を相同性に関係なく連結する．そのため，二本鎖DNA切断による致死的影響は回避できても，エラーや突然変異を起こしやすい．

---

**Tea break　鎌状赤血球貧血症**

鎌状赤血球貧血症は，βグロビンタンパク質の6番目のグルタミン残基がバリン残基に変化したβグロビン遺伝子の点変異が次世代へと伝えられる遺伝病である．この変異は劣性であるため，変異遺伝子をホモでもつヒト（ホモ接合体）では鎌状赤血球貧血症を発病するが，ヘテロでもつヒト（ヘテロ接合体，保因者）では発症しない．このアミノ酸置換はβグロビンタンパク質の立体構造に影響し，ヘモグロビンの構造が変化する．構造変化したヘモグロビンは赤血球内で繊維化し，ホモ接合体では赤血球細胞の形が鎌状に歪められる．正常赤血球の寿命がおよそ120日であるのに比べ，この鎌状赤血球の寿命はおよそ20日と短く，そのために慢性溶血性貧血を主症状とする鎌状赤血球貧血症を引き起こす．

鎌状赤血球貧血症は中央アフリカに広く分布し，アメリカ黒人でも見られる．ヘテロ接合体の保因者も同様にアフリカのある地域では30％以上にも及び，アメリカ黒人にも約10％の割合で見られる．ある個体で生じた点変異が次世代へと伝わり，淘汰されずに繁栄した結果，母集団において変異遺伝子を有する保因者がある一定の割合で定着した結果である．重篤な貧血症状をきたす遺伝病であるにもかかわらず，淘汰されずに定着した理由としてはアフリカに蔓延するマラリアとの関係が注目される．マラリア原虫は赤血球中で成熟する．ヘテロ保因者の赤血球では鎌状赤血球貧血症患者ほどではないが，赤血球寿命が短い．そのため，マラリア原虫が正常に成熟できない．その結果，ヘテロ保因者はマラリアに感染しても生き残れる．このマラリア流行地域での優位性から鎌状赤血球貧血症の点変異遺伝子はマラリア流行地域に定着したと考えられる．変異がもたらす有害性と有益性のバランスが，環境因子という選択圧による淘汰と密接に関連することを示す一例である．

---

# 遺伝子診断・遺伝子検査

遺伝子診断または遺伝子検査は，その目的から主に次のように分けて考えることができる．①病原菌の検出，② 分子標的制がん剤 適応判定用のがん細胞遺伝子変異の解析，③ 単一遺伝子疾患 の検

査, ④ 多遺伝子疾患, 能力, 寿命などに関わる遺伝子解析, および ⑤ 病気には直接関係しない犯罪捜査や個人識別のための遺伝子検査である. このうち, ① と ② を除くと, 次世代に継承される個人の遺伝子情報を解析するものであり, 得られた結果は特に慎重に取り扱う必要がある. また, 制がん剤の適用のための検査としては, ② に含まれる検査と制がん剤の副作用に関わる遺伝子多型検査がある. わが国の医療現場で行われている遺伝子検査のほとんどは病原体の検出定量であるが, それ以外の検査も急速に増加している（図 6.7 参照）.

## 6.2.1 ◆ 病原体の検出

　感染症の原因となるウイルス, 細菌などを DNA や RNA を用いて検出する. 従来から, 医療現場において, 病原体を特定するための必須の手法となっている. 現在でも最も実施されている遺伝子検査である. 少ない数の病原体でも鋭敏に検出が可能である. 代表的な例としては, 結核菌, HCV, HBV, クラミジア, 淋菌, HPV, HIV などがあげられる. 結核菌を検出する最も鋭敏な方法は培養法であるが, 生育が遅い結核菌の存在を確認するには最大 2 か月を要する. 一方, 遺伝子を用いた分析法であれば, 数時間で結果を得ることができる. 結核菌の場合, ゲノム DNA を対象にリアルタイム PCR を用いる方法や rRNA を対象として RT-PCR により検出する方法などが用いられる. 結核菌群に共通の遺伝子を用いれば結核菌群全体を検出できる. また, 結核菌に特有の配列を選べば, 近縁の他の菌と区別を行うことができる. さらに, 薬剤抵抗性遺伝子を検査すれば, 薬剤抵抗性の有無を調べることができる. 輸血用の血液中の B 型肝炎ウイルス, C 型肝炎ウイルス, および HIV の検査の頻度も高い. また, クラミジアや淋菌の検査でも遺伝子検査が標準的な方法となっている. 測定法としては, DNA（RNA）プローブや DNA マイクロアレイを用いた方法も利用されている（図 6.6）. DNA マイクロアレイを利用すると複数の菌とその薬剤耐性を一度に検査できる利点がある.

## 6.2.2 ◆ 分子標的制がん剤などの適応判定

　最近医療現場で盛んに実施されるようになってきた遺伝子診断に, 分子標的薬の適用を探るためのものがある. 新たな分子標的制がん剤が開発された際には, 対象となるがんが標的となる遺伝子型をもつかどうかを調べる体外検査薬が必要となる. そこで, 制がん剤と検査薬が同時に開発・発売されることが推奨されている. このような体外検査薬をコンパニオン診断薬と呼んでいる.

　トラスツズマブは乳がんの一部で過剰発現する HER-2 タンパク質に対するヒト化モノクローナル抗体であり, HER-2 を過剰発現するがん細胞に有効である. HER-2 過剰発現の原因は遺伝子の重複である. 検査には, 免疫学的に HER-2 タンパク質を測定する方法と, FISH 法で染色体上の遺伝子の重複を検出する方法とが用いられている（表 6.1）. より微小な遺伝子型の解析には, リアルタイム PCR を用いる方法が多く利用されている. 例えば, 非小細胞肺がん症例に対して上皮成長因子受容体（EGFR）チロシンキナーゼ阻害薬であるゲフィチニブを使用する際には, 治療前に EGFR 遺伝子変異を調べることが推奨されている.

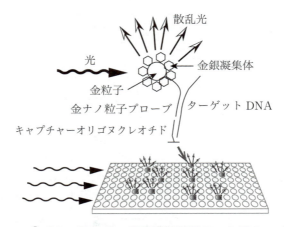

**図 6.6　Verigene® グラム陰性菌・薬剤耐性核酸テスト用のマイクロアレイ**
10 種類のグラム陰性菌遺伝子と 6 種類の薬剤耐性遺伝子に対するプローブとなる計 16 種類のキャプチャーオリゴヌクレオチドがアレイ上に固定されている．これに血液サンプルから自動的に抽出 DNA 中の対象となる菌や耐性遺伝子由来 DNA がハイブリダイズし，次に金ナノ粒子プローブが結合，さらに銀イオンの還元により大きな凝集体が生成する．これに光を照射し，その散乱光により検出する．

**表 6.1　分子標的制がん剤とその効果予測のための遺伝子検査の組合せ例**

| 対象疾患 | 薬剤名 | 効果予測のための検査 | 主な手法 |
|---|---|---|---|
| 乳がん，胃がん | トラスツズマブ，ペルツズマブなど抗 HER-2 抗体 | がん細胞での HER-2 タンパク質の過剰発現 | FISH 法 |
| 肺がん | ゲフィチニブ，エルロチニブ，オシメルチニブなど EGFR チロシンキナーゼ（TK）阻害剤 | がん細胞での EGFR 遺伝子の変異（T790M）[1] | リアルタイム PCR 法 |
| 肺がん | アレクチニブ，クリゾチニブなど ALK TK 阻害剤 | がん細胞での ALK 融合遺伝子の検出 | FISH 法 |
| 大腸がん | セツキシマブ，パニツズマブ | がん細胞での KRAS 遺伝子の変異がない | リアルタイム PCR 法 |
| 慢性骨髄性白血病 | イマチニブ，ニロチニブ，bcr-abl TK 阻害剤 | がん細胞での bcr-abl キメラ遺伝子の存在 | FISH 法 |
| 消化管間質腫瘍 | イマチニブ，c-Kit キナーゼ阻害剤 | がん細胞での c-KIT 遺伝子変異 | ダイレクトシークエンス法 |
| 悪性黒色腫 | ダブラフェニブなど B-raf 阻害剤 | がん細胞での BRAF 遺伝子変異（V600E または V600K） | リアルタイム PCR 法 |

[1] 790 番目のアミノ酸がチロシンからメチオニンに変化したことを示す．

　このようにがん細胞の遺伝子変異を診断する以外に，薬物代謝酵素などの**遺伝子多型**を調べて薬剤応答性を調べることも，図 6.7 に示すように盛んに行われるようになっている．その代表は制がん剤イリノテカン処方の可否を決める UDP-グルクロン酸転移酵素 1A1（UGT1A1）の検査である．イリノテカンをグルクロン酸抱合する UGT1A1 をコードする遺伝子に TA の挿入（UGT1A1），または G から A への塩基置換（UGT1A1*6）が存在すると，酵素の活性が減少するので副作用が起きや

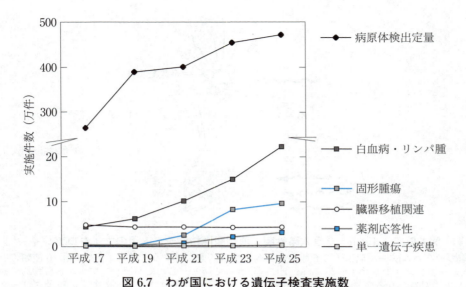

**図 6.7　わが国における遺伝子検査実施数**
(日本衛生検査所協会による第7回遺伝子・染色体アンケート調査報告書—平成26年3月—のデータをもとに作成)

すくなる．そこで，イリノテカン投与の際にはインベーダー法などによる UGT1A1 遺伝子の検査が必須とされている．

　また，マイクロサテライト不安定性試験は，家族性の大腸がんの原因を知る重要な検査となっており，健康保険が適用される．6.4 節で述べるように，遺伝的に大腸がんを発病しやすい家系が知られており，その1つはミスマッチ修復の遺伝的欠損が原因のリンチ症候群と呼ばれる遺伝病である．この修復欠損はすべての遺伝子で変異頻度を上昇させ，がん化が起きる．マイクロサテライト DNA と呼ばれる繰り返し配列はがん化とは関係ないが，DNA 複製の際に特にエラーが起きやすく，起きたエラーはミスマッチ修復により修正されている．そこで，ミスマッチ修復が欠損するとマイクロサテライトの繰り返し回数が細胞により変化する．これをマイクロサテライト不安定性と呼び，リンチ症候群の良い指標となっている．リンチ症候群と診断されれば，早期のがん発見を目指すことにより効果的な治療が可能となる．

### 6.2.3 ◆ 遺伝病の遺伝子診断

　単一遺伝子の変異による遺伝病の遺伝子診断は，数十の遺伝疾患において必須の検査法となっている．最も多く行われている筋ジストロフィーにおけるジストロフィン遺伝子検査の例を示す．ジストロフィン遺伝子は，X 染色体上に存在する 240 万塩基対の長大な遺伝子で，そのわずか 0.6 % の 14,000 ヌクレオチドの mRNA を形成する 79 のエクソンが散らばっている．この遺伝子の変異が重症のデュシェンヌ型筋ジストロフィー（DMD）と比較的軽度のベッカー型筋ジストロフィー（BMD）の原因となる．最も多い変異は，いずれも1つ，または複数のエクソンの欠失や重複である．その検出には MLPA（multiplex ligation-dependent probe amplification）法が有効であり，全エクソンの

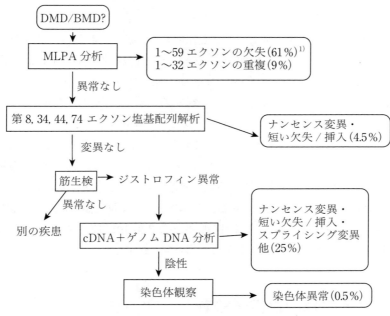

**図 6.8 ジストロフィンの遺伝子診断**
1）日本における割合（%）を示す．
（Takeshima らの報告（2010）を元に作成）

**表 6.2 薬物代謝酵素検査**

| 薬物代謝酵素 | 用法・用量に遺伝子型の考慮を要する薬物<br>（代謝される薬物の例） | 認可された検査法 |
|---|---|---|
| CYP2C19 | エスシタロプラム（オメプラゾール，ジアゼパム，ボリコナゾール，エソメプラゾール，クロピドグレル，ラコサミド，ラベプラゾール） | QP 法（PCR + Tm 測定） |
| CYP2D6 | アトモキセチン，エリグルスタット（エスシタロプラム，タモキシフェン，トルテロジン，フェソテロジン） | xTAG 法* |
| UGT1A1 | イリノテカン（デフェラシロクス，ドルテグラビル，ラルテグラビル，ルセオグリフロジン） | インベーダー法，QP 法 |
| CYP2C9 + VKORC1** | （ワルファリン） | Verigene 法* |

*米国 FDA により認可された方法の例を示す．Verigene 法については，図 6.6 を参照．
**米国 FDA はワルファリンの投与について，これらの遺伝子型の検査を推奨している．ビタミン K エポキシド還元酵素複合体 1（VKORC1）は代謝酵素ではなく，ワルファリンが作用する酵素．

有無を一度に検査することができる．一般に DNA 塩基対の減少や増加がちょうど 3 の倍数であるときはベッカー型となり，3 の倍数にならない時はより重症のデュシェンヌ型になる．より微小な変異を確定するには，図 6.8 に示すように，mRNA（cDNA）やゲノム DNA の解析を実施する必要がある．

遺伝病に関係する診断としては，発症前に診断を行う場合が考えられる．まず，卵細胞の診断である．母親がヘテロで病気の遺伝子をもつ場合，減数分裂の際に放出される極体を採取して遺伝子

を調べる方法である．極体が変異遺伝子をもっていれば卵細胞は正常，逆であれば異常と判定できる．次に受精後数回の卵割ののちに細胞を1つ採取して遺伝子を調べた後，母体に戻すことも可能である．さらに胎児が成長した後，絨毛や羊水を採取して分析が行われる．これが，従来の**出生前診断**であり，多少とも母体を傷つける侵襲的 invasive な検査である．最近では，母親の血液中に微量に存在する胎児の DNA を分析する非侵襲的 non-invasive な**母体血胎児染色体検査** non-invasive prenatal genetic testing（NIPT）により，**ダウン症**を起こす **21 番染色体のトリソミー**（染色体が1細胞当たり3本）に加え18番，13番染色体のトリソミーの検査が可能となった．血液中には，壊れた細胞由来のごく短い無数の DNA 断片が存在しており，そこには母親の DNA に加えてわずかな胎児の DNA が混じり合っている．この全体を**次世代シークエンサー**により解析し，母親対胎児由来の染色体の比を求める．これにより胎児の染色体数に異常があるかどうか検査するものである．ただし，この検査は確定的なものではなく，陽性の場合，羊水検査による確定診断が必要となる．2016 年現在，全国で 78 施設が認可されている．2013 年 4 月の開始から 3 年半で 3.7 万人が受診し，1.8 % が陽性と診断された．NIPT 陽性の場合，その 90 % が染色体異常と確定している．

## 6.2.4 ◆ その他の遺伝子検査

以上の他に多遺伝子疾患，能力，寿命などに関わる遺伝子解析がある．これについては，一般の人が直接企業にサンプルを送って遺伝子検査を依頼し，その結果を得る遺伝子検査も近年盛んに行われるようになってきている．

これを DTC（direct-to-consumer）遺伝子検査と呼んでいる．現在多くの企業がこれに参入している．肥満，がんになりやすさ，運動能力など，多くの遺伝子を調べるキットが販売されている．例えば，アポリポプロテイン E（APOE）遺伝子とアンジオテンシン変換酵素（ACE）遺伝子を調べる脂質異常症・高血圧症関連遺伝子検査キットがメタボ関連遺伝子キットの1つとして発売されている．当初は企業の乱立が懸念されたが，業界団体による「個人遺伝情報を取扱う企業が遵守すべき自主基準」に基づいて 2015 年より認定制度が構築されている．医師を介さないので，直接発がんに関わる遺伝子などの検査は医療行為となるため実施できない．

また，病気には直接関係しない親子鑑定や個人識別，さらには，個人や民族の祖先の分析のための遺伝子検査がある．これには，個人間で差が大きい遺伝子の解析が適している．制限酵素の切断位置の差異が異なる場合には，制限酵素断片の長さの違いによる多型（RFLP）により区別ができるかが，このようなケースはまれである．そこで，多数の短い配列が繰り返しているミニサテライト DNA やマイクロサテライト DNA の繰り返し数で個人を区別する方法が一般的になっている．

# 6.3 遺伝病と遺伝子治療

## 6.3.1——◆ 遺伝病

　病気の原因には，遺伝的要因と環境要因が考えられる．容易に想像できるように，その割合は病気によって異なっている．ある病気は遺伝的要素が大きく，他の病気は環境要因の方が重要である．多くの病気のなかでも単一の遺伝的要因により生じる病気が典型的な遺伝病であり，メンデルの法則に従って遺伝する．原因の変異が優性であるか，劣性であるか，また，その遺伝子が常染色体上に存在するか，性染色体上に存在するかで振る舞いが異なることから，この観点から分けておくこと便利である．このような遺伝病の情報は，OMIM（Online Mendelian Inheritance in Man）の web site に集められている．また，遺伝病は，多くが難病に指定されているので，難病情報センターにも有益な情報が多い（www.nanbyou.or.jp／）．

### A 常染色体優性遺伝病

　常染色体上一対の対立遺伝子の内，一方の遺伝子のみが変異遺伝子である場合にも発病するのが常染色体優性遺伝病である．ハンチントン病や家族性高コレステロール血症が典型的な例としてあげられる．ハンチントン病の遺伝子がコードする HTT（hungtingtin）は分子量 348 kD の巨大なタンパク質で N 末端にポリグルタミンを有している．この正常な HTT 遺伝子には，ポリグルタミンをコードする 11 回から 34 回の CAG の繰り返し（トリプレットリピート）があるが，ハンチントン病の遺伝子では，この繰り返しが 42 から 66，さらにそれ以上へと増加している．その結果生じた異常に長いポリグルタミンによる構造変化が原因で HTT が神経細胞内で凝集して，毒性を示し，神経細胞が死滅する．様々な神経症状が現れるが，かつて「ハンチントン舞踏病」と呼ばれたように，意思によらない踊りにも似た身体の動きが特徴的である．治療法は知られていない．

　家族性高コレステロール血症は，低密度リポタンパク質（LDL）受容体遺伝子の変異により，LDL の異化が減少し，血中 LDL レベルが上昇する．日本人を含め，世界的に見て 500 人に 1 人がこの変異遺伝子をもっているとされている．対立遺伝子の片方の変異のみでも発病するが，ホモ接合体の場合にはさらに重篤な症状を示す．

### B 常染色体劣性遺伝病

　常染色体上の対立遺伝子の両方が変異遺伝子となった場合にのみ発病するのが常染色体劣性遺伝病である．フェニルケトン尿症（フェニルアラニンヒドロキシラーゼの欠損），ウイルソン病（銅代

謝 ATP アーゼの欠損），囊胞性線維症 cystic fibrosis（主要 cAMP 依存性陰イオンチャネルの欠損），鎌状赤血球症（異常なヘモグロビンの産生），および，次の項で取り上げる色素性乾皮症 xeroderma pigmentosum が代表的である．多くの遺伝病が知られており，フェニルケトン尿症を始めとする代謝性疾患も多い．また，色素性乾皮症は次項で述べるように，DNA 除去修復ができない病気であるが，その他の DNA 修復に関係するファンコーニ貧血，コケイン症候群などもある．色素性乾皮症のA 群は日本人に多く，欧米人の約 10 倍の頻度である．福山型先天性筋ジストロフィーは，日本独特の遺伝病である．フクチンと呼ばれるタンパク質の遺伝子にレトロトランスポゾムが挿入されたことにより起こったことがわかっている．一方，欧州では多く見られる囊胞性線維症は日本人には少ない．

## C X 染色体連鎖性遺伝病

X 染色体上に存在する遺伝子の変異により起こるのが X 染色体連鎖性遺伝病である．伴性遺伝ともいわれ，大部分は劣性の変異による．その場合，対立遺伝子をもたない男子に発症しやすい．代表例としては，血友病 A（血液凝固第Ⅷ因子の欠損），血友病 B（血液凝固第Ⅸ因子の欠損），ファブリー病（α-ガラクトシダーゼ A の欠損），デュシェンヌ型筋ジストロフィー（ジストロフィンの欠損）などがある．優性の X 染色体連鎖性遺伝病も知られており，X 染色体を 2 本もっている女子は，男子の 2 倍の発症頻度を示す．

## D ミトコンドリア病

細胞内でエネルギー産生の場であるミトコンドリアに異常が生じた結果細胞機能が異常となって筋肉，脳，内臓に様々な症状が現れる病気を，ミトコンドリア病と呼ぶ．リー脳症 Leigh syndrome などが知られている．ミトコンドリアを構成するタンパク質には核 DNA にコードされているタンパク質とミトコンドリア DNA にコードされているタンパク質があるため，核 DNA の変異が原因の場合とミトコンドリア DNA の変異が原因の場合が存在する．ミトコンドリアは母親からのみ受け継がれるため，ミトコンドリア遺伝子の変異が原因の場合には，男女ともに母からのみ形質を受け継ぐ母性遺伝となる．ミトコンドリア変異によるリー脳症を避けるために，3 人の親をもつ子供が 2016 年に世界で初めて誕生し話題となった．変異をもつ母親由来の卵細胞からの核のみを取り出し，別の女性の核を除いた卵子（ミトコンドリアが含まれている）に導入した．この卵子に，父親の精子で人工受精が行われた．

## 6.3.2 ◆ 遺伝子治療

遺伝子治療は遺伝子工学の目標の 1 つであるが，確立した医療といえるところまでは到達していない．現在ゲノム編集技術が注目されており，この手法が確立すれば，遺伝子の特定部分を操作して，病気の原因となっている部分を修正して正常遺伝子とすることが可能となると考えられる．しかしながら，現在までに行われている手法は，外来遺伝子を細胞内に導入することで治療を行おうとする

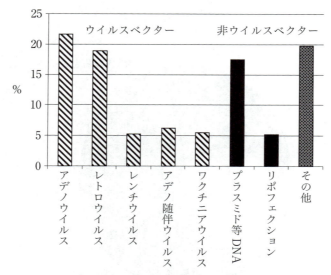

**図 6.9　治験で実施された遺伝子治療に用いられたベクター**

手法である．ウイルスベクターに治療用の遺伝子を組み込んで，細胞に導入する方法が一般的である（図 6.9）．主なベクターにはレトロウイルス，アデノウイルス，アデノ随伴ウイルスなどがある．プラスミドベクターを，ウイルスを利用せずに細胞に導入する方法もある．

### A　レトロウイルスベクター

　レトロウイルスが細胞に感染すると，ゲノム RNA を鋳型として逆転写酵素が働き，cDNA をつくり，これが染色体 DNA に組み込まれ，この遺伝子は娘細胞へとそのまま受け継がれていく．この性質は，まさに遺伝子導入による遺伝子治療が望んでいるかたちといえる．ここで 1 つ問題となるのは，もともと白血病ウイルスである点である．ウイルスががん遺伝子をもっていなくても，ウイルスががん遺伝子の近くに組み込まれることで，そのがん遺伝子の転写を活性化して白血病を引き起こす．そこで，この活性化能を失った構造をもつウイルスベクターを用いることでこの問題が解決された．

### B　アデノウイルスベクター

　アデノウイルスのゲノム DNA は，細胞の染色体に組み込まれることはないが，核内で安定して存在し，組み込んだ遺伝子は安定して発現し続けるとされている．そこで，このウイルスをもとにしたベクターが代表的な遺伝子治療ベクターとして開発されてきた．

### C　アデノ随伴ウイルスベクター

　一本鎖 DNA をゲノムとしてもつアデノ随伴ウイルスはアデノウイルス感染と同時に検出されるウイルスであることからこの名前がある．このウイルスは，その増殖にはアデノウイルスの遺伝子を必

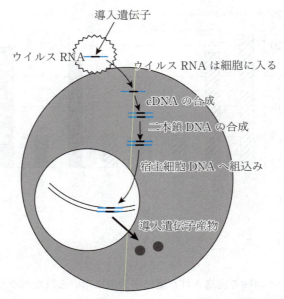

**図 6.10　レトロウイルスベクターを利用した遺伝子導入**

要としており，その遺伝子がなければ，他の細胞へ感染することはなく，また，病原性も知られていないことから安全性の高いウイルスと考えられる．アデノ随伴ウイルスは，染色体に組み込まれる場合と図 6.11 に示すように染色体に組み込まれない場合があるとされている．

## D　プラスミド DNA

ウイルスベクターを用いず，プラスミド DNA を直接用いる方法も興味深い．特に筋肉組織に対しては，効率よく細胞に遺伝子が取り込まれる場合も多いといわれている．ウイルスを用いないため，調製が容易で安全性が高い．わが国でも活発に研究されている．

## E　最初の遺伝子治療

1990 年最初の遺伝子治療が米国でアデノシンデアミナーゼ（ADA）欠損症の患者に行われた．ADA はアデノシンのアミノ基を加水分解してイノシンを生成する酵素であるが，その欠損の結果として起こるプリン代謝の異常は免疫細胞に強い毒性を示し，重症免疫不全症を引き起こす．この治療では，体外に取り出したリンパ球細胞に，レトロウイルスベクターに組込んだアデノシンデアミナーゼ遺伝子が導入された．このリンパ球を体内に戻すことで治療が行われた．彼女の治療は成功し，最近も遺伝子治療を受けたパイオニアとしてイベントなどに出演している．この成功を受け，わが国でも同様の治療が 1 例行われ，治療に成功している．この例では，遺伝子導入操作が体外で行われるため，"*ex vivo*" の遺伝子治療といわれる．また，実際に患者に投与されるのは，患者由来の細胞であるため，細胞性医薬品と考えることもできる．

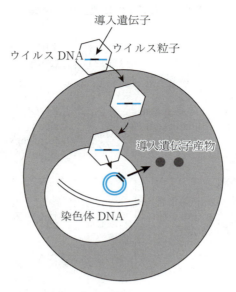

図 6.11　アデノ随伴ウイルスベクター

### F　その後の展開

　アデノウイルスについては，免疫反応が問題となる．1999 年米国でオルニチントランスカルボキシラーゼの遺伝子治療中（アデノウイルスベクター），18 歳の患者が免疫反応の結果と思われる多臓器不全で死亡した．また，レトロウイルスベクターの場合，白血病を起こす要因は除かれていたはずであったが，2002 年フランスで，重度の免疫不全（X-scid）の遺伝子治療中に白血病様の症状になった患者がいた．さらに，2007 年関節炎のアデノウイルスベクターを用いた遺伝子治療臨床試験中の患者が第 2 サイクルの投与で 1 名死亡（100 名以上が参加）．このような報告があるため，世界的に見ると最も盛んに行われている研究は，p53 遺伝子などを，ベクターを用いてがん細胞に導入するがんの治療であった．

### G　承認された遺伝子治療薬（表 6.3）

　2012 年にアデノ随伴ウイルスをベクターとする遺伝子治療が EC 委員会から認可され，欧米で最初に認可された遺伝子治療薬となった．対象となった病気は，非常にまれな遺伝病，リポタンパク質リパーゼ（LPL）欠損症である．急性で再発を伴う膵炎の発作に至り，多くの患者においては若年性糖尿病や心血管合併症を引き起こす．
　2016 年には，アデノシンデアミナーゼ（ADA）欠損による重症免疫不全症の治療療法である Strimvelis が欧州で認められた．患者の骨髄から得た細胞から造血幹細胞の指標と考えられる CD34 陽性の細胞を取り出し，これに ADA 遺伝子を導入した細胞が細胞性医薬品 Strimvelis である．これを投与することにより，アデノシンの代謝が正常化し免疫細胞の死滅を防ぐことができる．Zalmoxis

## 表 6.3　承認された遺伝子治療薬

| 承認国（年） | 中 国（2003） | 中 国（2006） | ロシア（2011）ウクライナ（2013） | 欧 州（2012） | 米国，欧州他（2015-2016） | 欧 州（2016） | 欧 州（2016，治験継続） |
|---|---|---|---|---|---|---|---|
| 薬剤，発売元 | Gendicine, Shenzhen SiBiono GeneTech（中国） | Oncorine H101, Shanghai Sunway Biotech（中国） | Neovasculgen, Human Stem Cell Institute（ロシア） | Glybera, uniQure（オランダ） | IMLYGIC（talimogene laherparepvec），Amgen（米国） | Strimvelis, GlaxoSmith Kline（英国） | Zalmoxis, MolMed. S.p.A.（イタリア） |
| 対象疾患 | 頭頸部扁平上皮がん（HNSCC） | 鼻咽頭がん | 動脈硬化症由来の重症虚血肢 | リポタンパク質リパーゼ欠損症 | 悪性黒色腫 | アデノシンデアミナーゼ欠損症 | 造血幹細胞移植時の GVHD 重症化防止 |
| 導入遺伝子 | ヒト野生型 p53 | | 血管内皮増殖因子 | リポタンパク質リパーゼ | 顆粒球マクロファージコロニー刺激因子 | アデノシンデアミナーゼ | ΔLNGFR HSV-TK Mut2* |
| ベクター | アデノウイルスベクター | 腫瘍溶解性アデノウイルス | プラスミドベクター | アデノ随伴ウイルスベクター | 腫瘍溶解性単純ヘルペスウイルス 1 型 | 遺伝子導入自己CD34＋細胞（レトロウイルスベクター） | 遺伝子導入同種細胞（レトロウイルスベクター） |
| 投与方法 | 腫瘍内注射 | 腫瘍内注射 | 筋肉内投与 | 筋肉内投与 | 腫瘍内投与 | 輸注 | 輸注 |

*HSV-TK Mut2：単純ヘルペスウイルス 1 型由来チミジンキナーゼ，ΔLNGFR：欠損型ヒト低親和性神経成長因子受容体

　も細胞性医薬品であるが，こちらは，造血幹細胞移植の際に用いる，あらかじめ致死性の遺伝子を導入した T 細胞である．これにより，移植片対宿主病（GVHD）の原因となる T 細胞を必要に応じて除去することができる．

　また，アデノウイルスは，その増殖に細胞の因子を必要とする．そこで，特定のがん細胞にのみ発現している遺伝子にその増殖を依存するように遺伝子を操作すれば，がん細胞のみで増殖し，その細胞を破壊するウイルスを設計することが可能となる．このタイプのウイルスの使用が中国で認可され，世界最初の遺伝子治療薬となった．2015 年にヘルペスウイルス由来のがん溶解性ウイルスが米国で承認された．用いたウイルスはストレス応答抵抗性の遺伝子 y45.5 を欠いており，ウイルス感染時に正常細胞が示す抵抗作用のために正常細胞では増殖できないが，がん細胞はストレス応答を示さないため，細胞内で増殖しがん細胞を溶解する．さらに顆粒球マクロファージコロニー刺激因子（GM-CSF）を放出し，免疫系を活性化する．

### H まとめ

遺伝子治療は，医療領域おける遺伝子工学の最も重要な目的である．1990 年の最初の成功から時間が経ち，ここ 10 年ほどは実施件数も頭打ちとなる状態が続いてきた．これは，レトロウイルスによる白血病，アデノウイルスによる免疫反応という副作用が現れたためであった．そのため，主な実施例はがんの患者への遺伝子治療であった．最近，薬として承認される例も現れており，今後の発展が期待できる時期になってきた．また，近年進歩が著しいゲノム編集技術の応用も始まっている．

## 6.4 がんと遺伝病

### 6.4.1 がんは遺伝するか

がんは，日本人の死亡原因の第 1 位を占める病気である．1915 年に山極勝三郎が，ウサギの耳にコールタールを塗り続けて，世界で初めて化学発がんの実験に成功して以来，我々の環境中に多くの発がん物質が存在することが明らかになった．また，1911 年に米国のラウス Francis Peyton Rous が，ニワトリの肉腫からがんウイルスを分離し，がんの原因となるウイルスが存在することを示した．これらのことは，がんは遺伝する病気ではなく，ある原因によって発症する病気であるという認識を与えた．一方，がんになりやすい家系があることも知られており，がんは遺伝するのではないかと考えられる状況もあった．このように，がんの発生要因には多様性があり，原因の特定が困難と思われたが，最近の分子生物学の進歩により，がんの発症は遺伝子の変化（変異）で多くのことを説明できることが明らかになってきた．すなわち，がんは遺伝子の病気であり，発がんに関与する遺伝子の変異が蓄積することによってがんが発症すると考えられるようになった．これらの中にはその産物が直接発がん過程に関わる，発がん遺伝子と呼ばれる遺伝子も存在し，その産物の働きを抑えることによるがん治療の可能性も見いだされている．変異した遺伝子が遺伝した場合，がんは遺伝することになる．現在では，遺伝的に発がんのリスクが高い遺伝子変異をもっているヒトが存在することがわかっている．いわゆるがん体質と呼ばれるヒトである．また，よく知られている遺伝病の原因遺伝子が，発がんに深く関わっていることも明らかにされている．本項では，これら発がんに関与する遺伝子とその変化について述べる．

第6章　病気と遺伝子工学

表6.4　がん遺伝子とがん抑制遺伝子

|  | がん遺伝子 | がん抑制遺伝子 |
|---|---|---|
| 正常細胞では | 細胞性がん遺伝子 | がん抑制遺伝子 |
| がん細胞ではどのように<br>なっているか | 遺伝子が活性化<br>遺伝子変異によって発がんへの<br>機能を獲得する（ウイルス性が<br>ん遺伝子と同じ働き） | 遺伝子が不活性化<br>遺伝子変異によって発がんを<br>抑える機能を失う |
| 変異の場所について | 片方の染色体上の遺伝子に起<br>これば十分（遺伝学的は優性<br>変異） | 両方の染色体上の遺伝子が変<br>異する必要がある（遺伝学的<br>には劣性変異） |
| 変異部位の特性 | 遺伝子上のある塩基に起こる必<br>要がある | 遺伝子上のどこに起こっても<br>よい |

## 6.4.2 ◆ がん遺伝子とがん抑制遺伝子

　発がんに関与する遺伝子のうち，その遺伝子が変異することにより，細胞ががん化するための機能が活性化される遺伝子が**がん遺伝子**であり，発がん遺伝子と呼ばれることもある．一方，正常な状態ではがんを抑制する機能をもっているが，変異によってその機能が失われることで，発がんを促進することになる遺伝子が**がん抑制遺伝子**である．がん抑制遺伝子は遺伝性のがんと深く関わっている．

　発がんに関する「がん遺伝子」と「がん抑制遺伝子」の関係をまとめると表6.4のようになる．

### A　がん遺伝子

　がん遺伝子といわれる遺伝子には，ウイルス性がん遺伝子 *v-onc* と細胞性がん遺伝子 *c-onc* がある．本来，がん遺伝子はRNAがんウイルスがもっている遺伝子のうち，感染した細胞をがん化する機能を有することが同定された遺伝子であるが，類似した塩基配列をもつ遺伝子が正常細胞の中に発見されたことから，これらを区別するために，ウイルス性と細胞性に分類された．

### B　ウイルス性がん遺伝子

　先述のラウスが発見したニワトリの肉腫ウイルスは遺伝情報を担う核酸として一本鎖RNA（mRNA同じように働く）をもち，RNAがんウイルスと呼ばれる．RNAがんウイルスはウイルス粒子の中に**逆転写酵素**を保持しており，感染細胞内でこのRNAからDNAが合成されて，ウイルス由来のDNAが宿主のDNAに組み込まれる．宿主細胞のDNAからmRNAが転写される際にはウイルスのmRNAも合成され，ウイルス粒子の再生とともにがん遺伝子産物も生成され，細胞は増殖しながらがん化される（図6.12）．RNAからDNAが合成されることから，この**RNAがんウイルス**は**レトロウイルス** retrovirus と呼ばれる．その後多くの哺乳動物にがんを形成するRNAがんウイルスからがん遺伝子が同定され，ウイルスによる細胞のがん化は，この特殊な遺伝子産物が要因であり，

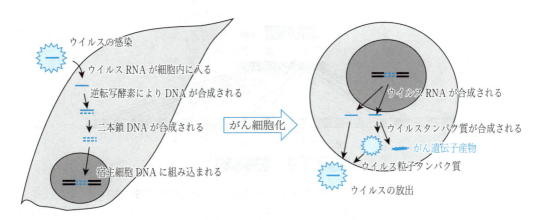

**図 6.12 RNA がんウイルスによる発がん機構**
感染細胞はがん細胞化し，増殖しながらウイルスも産生する．

化学物質による発がんや放射線や紫外線による発がんとは違うメカニズムによると考えられた．1973年に日沼頼夫によって日本で発見された成人T細胞白血病の原因は，1980年初めに吉田光昭らによってRNAがんウイルスの感染であることが証明され，ヒトにもがんの原因となるウイルスがあることが明らかにされた．

1976年，ウイルスのがん遺伝子と相同の塩基配列をもつ遺伝子が，正常細胞にも存在することが明らかにされた．その後，ヒトの膀胱がん細胞中には，がんウイルスのがん遺伝子と同じがん遺伝子があることが報告され，ウイルス発がんも化学物質などによる発がんも，細胞内で同じ現象が起きている可能性があることが示された．

## C  細胞性がん遺伝子

正常細胞中に見つかったいわゆる「がん遺伝子」は，ウイルス性がん遺伝子と全く同じものではなかった．がんウイルスのRNAと違い，細胞DNA中ではイントロンをもつ長い遺伝子であり，転写の際にエクソンが結合することによってウイルス性がん遺伝子と同じ長さのmRNAになる（図6.13）．

多くの正常細胞の中にがん遺伝子が存在することが明らかになったが，がん細胞のがん遺伝子と正常細胞のがん遺伝子の塩基配列を調べたところ，両者の間で塩基配列に違いがあり，塩基置換や欠失などの変異が起こっていることが証明された．例えば，先述の膀胱がんから取り出されたがん遺伝子 $H$-$ras$ は，正常細胞の $H$-$ras$ DNAと塩基1つの違い（GがTに）があった．このがん遺伝子は本来マウスの肉腫ウイルスから見出されたものである．1つの塩基置換がアミノ酸の違い（グリシンがバリンに）となり，正常細胞の遺伝子産物の活性を失い，がん化を促進する性質を獲得したタンパク質（ウイルス性がん遺伝子産物と同じ）に変化したことがわかった．実際，多くのがん細胞から同定されたがん遺伝子は，細胞性がん遺伝子が変異してウイルス性がん遺伝子と同じ塩基配列になったり，一部が欠失したりしていることが明らかになっている．これらの変異の引き金となっているのが，化学発がん物質や放射線であると考えられ，ウイルス発がんと化学発がんが，基本的には同じ発がんの

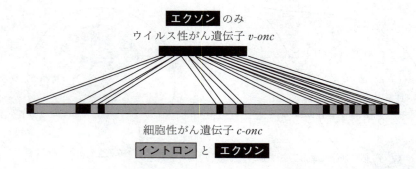

**図 6.13　細胞性がん遺伝子とウイルス性がん遺伝子の構造の違い**
mRNA は同じ長さになるが，DNA どうしのハイブリダイゼーションでは細胞性がん遺伝子 DNA はループアウトする．

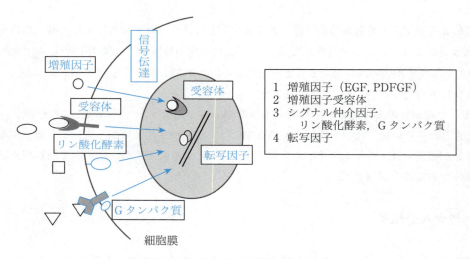

**図 6.14　細胞性がん遺伝子の役割**
細胞の増殖や分化のシグナルが細胞に伝えられ，遺伝子のスイッチが入るに至るシグナル伝達経路の要所要所を押さえている．

段階を経ていることが示された．

　それでは正常細胞中のがん遺伝子の遺伝子産物は，細胞内でどのような機能を果たしているのであろうか．最初に同定された RSV のがん遺伝子産物（Src）は**チロシンキナーゼ活性**をもつことが明らかにされた．その後，多くの細胞性がん遺伝子産物の機能が研究され，それらは細胞内情報伝達のカスケード cascade の中で重要な役割をしており，細胞の正常な機能を維持するのに不可欠な成分であることが明らかにされた．図 6.14 に示すように，それらは大きく分けて 4 つの機能を分担している．このように細胞に不可欠な機能を果たしている遺伝子に変異が起こると，その機能が異常に発現したり，発現しなくなったりすることによって正常細胞の恒常性を失うことが，がん化の引き金や促進につながると考えられる．このようにがん遺伝子産物の機能が明らかにされたことで，この産物の働きを抑えることでがんを抑制しようとする，いわゆる分子標的薬の開発が試みられ，幾つか

## 6.4　がんと遺伝病　　　　211

**表 6.5　日本でがん治療に使用されている分子標的治療薬の例**

| 標的分子 | 薬剤の種類 | 薬剤名（一般名） | がん種 |
|---|---|---|---|
| 増殖因子受容体（EGFR） | 小分子 | イレッサ（ゲフィチニブ） | 非小細胞肺がん |
| 増殖因子受容体（HER2） | 抗体 | ハーセプチン（トラスツズマブ） | 乳がん |
| 増殖因子（VEGF） | 抗体 | アバスチン（ベバシズマブ） | 大腸がん |
| 増殖作用因子（BCR-ABL） | 小分子 | グリベック（イマチニブ） | 慢性骨髄性白血病 |
| シグナル仲介因子（B-RAF） | 小分子 | ゼルボラフ（ベムラフェニブ） | 悪性黒色腫 |
| 増殖因子受容体（VEGFR）<br>シグナル仲介因子（B-RAF） | 小分子 | ネクサバール（ソラフェニブ） | 腎細胞がん |
| 細胞表面抗原* | 抗体 | リツキサン（リツキシマブ） | B細胞リンパ腫 |

*がん遺伝子産物関連ではないが，分子標的治療薬として用いられている例.


ががんの治療薬として，実際に治療に使用されている．分子標的薬としては，がん遺伝子産物の構造をもとに開発された低分子化合物や，タンパク質である遺伝子産物の抗体を利用するものなどがある．表 6.5 に代表的なものを示した.

### D　がん抑制遺伝子

1969 年ハリス Henry Harris たちは正常細胞とがん細胞を融合させた細胞を，動物に注射してもがんをつくらないことを報告した．すなわちこの実験は，正常細胞にはがん細胞を正常にする（直す）メカニズムがあることを示したものである．また，この融合正常細胞を継代培養し続けると，染色体が離脱していくが，ある 1 本の染色体が失われた時に，がん細胞に戻ることが示された．さらに，スタンブリッジ Eric Stanbridge と押村光雄は，正常細胞のある 1 本の染色体をがん細胞に導入してがんを抑えることに成功した．これらのことから，正常細胞のある染色体上にがんを抑制する遺伝子があると期待された（図 6.15）.

がん抑制遺伝子の存在は，網膜芽細胞腫という小児のがんの研究から明らかにされた．このがんは両眼に発症する遺伝性のものと，片眼に見られるだけの非遺伝性のものがあることがわかっていた．クヌドソン Alfred G. Knudson は，遺伝性と非遺伝性のがんの発症月齢と発症率を比較して，遺伝性の場合は生まれた時から原因遺伝子（後にがん抑制遺伝子と判明）の変異をもっており，1 回の変異によってがんを発症するが，非遺伝性の場合は 2 回の変異，すなわち両方の染色体上の遺伝子が変異する必要があるという仮説を提唱した．その後，網膜芽細胞腫の細胞では 13 番染色体の長腕の一部が両方の染色体とも欠失していることが見いだされた．片方の 13 番染色体の変異は遺伝性の網膜芽細胞腫の患者の正常細胞にも観察され，また両親のうち，どちらかも同じ変異をもっていることがわかった.

網膜芽細胞腫の患者のがん組織の細胞では両方の染色体で同じ箇所に欠失が見られる．したがって，この欠失した染色体の部分にがんを抑制する機能をもった遺伝子が存在していると考えられ，がん抑制遺伝子と呼ばれた．先述の押村らが見いだした，染色体からも同様の性質をもった遺伝子が同定された．このようにがん抑制遺伝子は，がんの遺伝性と強い関連があり，遺伝性のがんの DNA を調べ

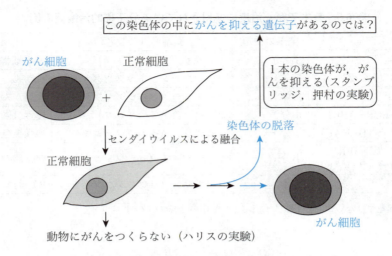

**図 6.15　がんを抑える遺伝子を予測させる実験**

**表 6.6　主ながん抑制遺伝子（修復系の遺伝子を除く）の機能と関連がん**

| 遺伝子名称 | 機　能 | 遺伝性がん | 非遺伝性がん |
|---|---|---|---|
| RB | 細胞周期調節 | 網膜芽細胞腫 | 骨肉腫，肺がん |
| p53 | 転写因子 | リ・フラウメニ症候群 | 多くのがん |
| APC | β-カテニン結合 | 家族性大腸腺腫 | 大腸がん，胃がん |
| NF1 | GTPアーゼ活性化 | 神経線維腫症1型 | 悪性黒色腫 |
| NF2 | 細胞骨格結合 | 神経線維腫症2型 | 髄膜腫 |
| WT1 | 転写因子 | ウィルムス腫瘍 | 腎芽腫 |
| BRCA1 | 転写因子 | 家族性乳がん，卵巣がん | |
| BRCA2 | 転写因子 | 家族性乳がん，卵巣がん | |
| p16 | サイクリン依存性キナーゼ阻害 | 悪性黒色腫 | 胃がん，膀胱がん |
| Maspin | セリンプロテアーゼ阻害 | 乳がん | |
| CHEK2 | 細胞周期調節 | 家族性乳がん | |
| DCC | N-CAN様タンパク質 | 大腸がん | |

ることによって，そのがんに特定のがん抑制遺伝子が発見された（表6.6）．遺伝性と呼ばれるがんの多くは，変異したがん抑制遺伝子を受け継いでいることが明らかになっている．

遺伝的にがん抑制遺伝子の変異（多くは染色体上の一部欠失）をもっている人の細胞では1本の染色体に欠失をもっているので，この遺伝子に関して染色体はヘテロ接合体である．この場合，変異していない遺伝子から正常な産物が生成されるので見かけ上は健康である．このようなヒトががんを発症した場合，がん細胞では両方の染色体の遺伝子に変異をもつのでホモ接合体となる．このような現象を「ヘテロ接合性の消失 Loss of Heterozygosity（LOH）」と呼び，細胞のがん化の指標となっている（図6.16）．

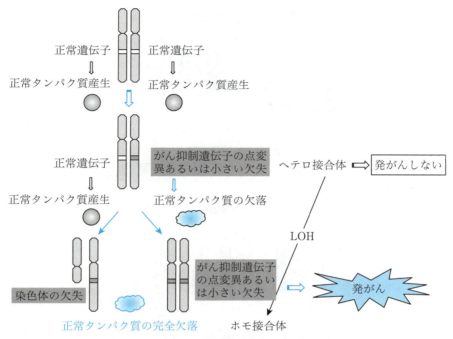

図 6.16　がん抑制遺伝子の発がん過程に置ける役割

### E 染色体異常とがん

　がん抑制遺伝子は，がん遺伝子のような点突然変異ではなく，染色体の欠失等，染色体の構造異常を伴うことが報告されている．一方多くのがん細胞では，数的な染色体異常ばかりでなく，構造異常が存在することが報告されている．最初に報告されたがん細胞特異的な染色体異常はフィラデルフィアの病院で慢性骨髄性白血病患者の細胞にある小さい染色体（フィラデルフィア染色体と呼ばれる）の存在である．これは後の研究から第9番染色体の先端にあるがん遺伝子"$c-abl$"（マウス白血病ウイルス由来）が切れて，第22番染色体のある遺伝子（$bcr$）の下流へ相互転座してできた染色体であることがわかった．これにより Bcr-Abl という正常にはない複合タンパク質 fusion protein が生成され，細胞増殖の促進作用を示す（図6.17（A））．このタンパク質の構造が明らかにされたことで，活性部位へ作用する分子標的治療薬が開発された（表6.7）．相互転座による遺伝子発現の促進には，バーキットリンパ腫で観察されたような，発現が盛んな遺伝子のプロモーターの下流に転移したことによる場合もある（図6.17（B））．このように，がん細胞に見られる染色体異常は特定のがんに特定の異常，主に染色体間の相互転座が見られることが多い（表6.7）．このような相互転座ばかりでなく，何らかの理由でがん遺伝子が増幅してがん遺伝子産物が大量に生産されるようになる染色体異常もある（図6.17（C））．これらの染色体異常は，細胞の恒常性の維持に必要な細胞性がん遺伝子産物の異常生成ががん化の促進を担っていることを示している．なお，これらのがん細胞に見られる染色体異常はがん細胞でのみ観察される変化であり，同一個体の他の正常細胞には見られず，また遺伝もしない．

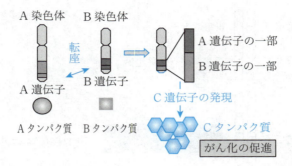

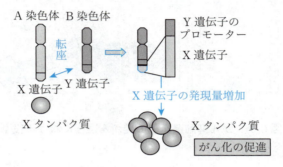

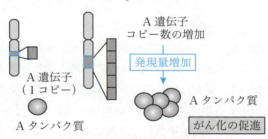

図 6.17　染色体の構造異常

表 6.7　相互転座の見られる代表的ながんと関わる染色体および関連遺伝子

| がん | 染色体および関連遺伝子 |
|---|---|
| 慢性骨髄性白血病 | 9番染色体長腕（*c-abl*）と22番染色体長腕（*bcr*） |
| バーキットリンパ腫 | 8番染色体長腕（*c-myc*）と14番染色体長腕（免疫グロブリンH遺伝子） |
| マントル細胞リンパ腫 | 11番染色体長腕（*bcl-1*, サイクリンD1遺伝子）と14番染色体長腕 |
| 濾胞性リンパ腫 | 14番染色体長腕（免疫グロブリンH遺伝子）と18番染色体長腕（*bcl-2*） |

## 6.4.3 遺伝病からわかったがん関連遺伝子

がんの発症には多くの遺伝子の変異が関わっていることは周知のこととなってきた．これらの遺伝子の中には，すでに遺伝病として知られている疾病の原因遺伝子も含まれていることが明らかにされている．変異はDNAの傷害によって誘導されることから，DNA傷害を修復することができない場合，発がんのリスクが高まることが予測される．実際に遺伝的に皮膚がんや大腸がんを発症しやすいヒトの原因遺伝子を検索したところ，DNA修復に重要な役割を果たす遺伝子産物に異常があることがわかった．

### A 高発がんを示す遺伝病

リ・フラウメニ症候群は，リ Frederick P. Li とフラウメニ Joseph F. Fraumeni によって報告された，家系内に肉腫，脳腫瘍，乳がん，白血病など様々ながんを多発する遺伝病である．この原因遺伝子はがん抑制遺伝子のp53遺伝子であることが明らかにされた．遺伝子産物であるp53タンパク質はDNA腫瘍ウイルスのSV40の大型T抗原に結合するタンパク質として発見されたものであったが，多くのがんにおいてp53タンパク質が見つかったので，最初はp53遺伝子はがん遺伝子と考えられた．その後，がん細胞で見られるp53タンパク質は，正常細胞で機能しているタンパク質とは異なるものであり，がん細胞ではp53遺伝子に変異が起こっていることが確認された．これによって，p53遺伝子はがん抑制遺伝子であることが明らかにされた．p53タンパク質はアポトーシスの誘導も含めて細胞の恒常性維持に重要な役割を果たしていることがわかっている（図6.18）．

### B DNA傷害修復機構とがん

がん細胞において，多くの遺伝子変異が見られることから，がん化の過程にDNA傷害が深く関与していることは容易に推測される．現在では，多くの生物が多種類のDNA傷害修復機構を有してい

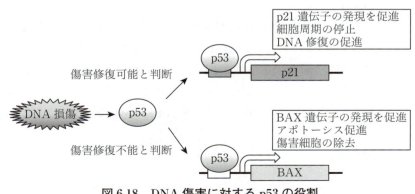

図6.18　DNA傷害に対するp53の役割

ることがわかっているが，これら修復機構の発見に遺伝病の研究が重要な役割を果たした．紫外線を浴びると皮膚がんを起こしやすい色素性乾皮症 xeroderma pigmentosum（XP）や家族性大腸がんでは，DNA 傷害修復を行うタンパク質の異常が原因であることが示されている．また，DNA 傷害の修復にも関与している DNA 組換え機構に障害がある疾病である，ウェルナー症候群，ブルーム症候群，毛細血管拡張性失調症や非常にまれな遺伝病であるナイミーヘン症候群等の患者には，高発がんの症状があることが明らかにされている．

## C 除去修復とがん

　先述した XP の患者は生後間もなくから，最初は日焼けがひどいということで発見され，皮膚の色素沈着による変色と乾いた表面が特徴的な症状である．そのまま日光に当たり続けると，皮膚がんを発症する．両親は症状がなく見かけ上正常である，常染色体劣性遺伝疾患である．この患者の細胞は，紫外線に対して非常に感受性が高い．紫外線に曝露された細胞 DNA 中には紫外線特有の傷害（ピリミジン塩基の 2 量体：ピリミジンダイマー）ができることが知られている．大腸菌の紫外線感受性株では，この傷害が修復できないことがセトロウ Richard Setlow らによって発見されていたが，ヒトの色素性乾皮症患者の細胞においても同様にこの傷害が修復できないことを，クリーバー James E. Cleaver が明らかにした．すなわち，色素性乾皮症という遺伝病では DNA の傷が直せないことが発症の原因の 1 つであることが示されたわけである．DNA 傷害は突然変異を誘導することは既に知られており，傷が直せないということは変異の誘導頻度を上げることになる．色素性乾皮症は遺伝的に区別できる型で，A 〜 G 群（XPA 〜 XPG）とバリアントの 8 グループに分類される．これらの原因遺伝子は，日本人に多い A 群の原因遺伝子が田中亀代次によって最初に同定された．その後，DNA 傷害の修復機構が明らかになるのに伴って，これら XPA から XPG の遺伝子産物は，すべて DNA 修復のうち，多くの傷害の修復に関わっている除去修復の機構で直接働いているタンパク質であることが明らかになった．現在，哺乳動物における除去修復の機構は図 6.19 で示されるように，ゲノム全体で働く除去修復と，転写が起こっている場所で働く除去修復の機構があることがわかっている．XP の原因遺伝子群の産物はこれら両方の機構において重要な箇所で機能している．なお，XP のバリアントと呼ばれる群の原因遺伝子は，DNA ポリメラーゼの仲間で，DNA の傷害を乗り越えて DNA 合成を継続することができる酵素をコードしている遺伝子であることが，花岡文雄と益谷央豪によって明らかにされている．

　色素性乾皮症と同じように常染色体劣性遺伝疾患であり，その患者の細胞は紫外線感受性であるが，皮膚がんの発症は見ないコケイン症候群 Cockayne syndrome（CS）の原因遺伝子も同定され，転写が起こっている場所での傷害を修復するために必要なタンパク質（CSA，CSB）をコードしていることが明らかになっている．なお，色素性乾皮症の患者もコケイン症候群の患者も死因は進行性の神経障害によるものであるが，神経障害の発症とこれら遺伝子群との関係は未だ明らかになっていない．

## D ミスマッチ修復とがん

　発見者の名前をとってリンチ症候群と呼ばれる疾病において発生する大腸がんは，遺伝性である

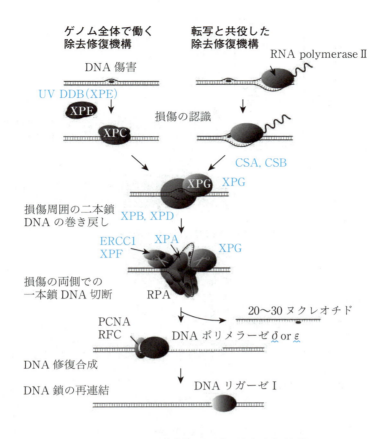

**図 6.19 哺乳動物における除去修復機構**
（理化学研究所ホームページより）

がポリープ（腺腫）の多発を伴わない大腸がんであり，遺伝性非ポリポーシス大腸がん hereditary non-polyposis colorectal cancer（HNPCC）と呼ばれる．リンチ症候群では大腸がんに加えて，子宮内膜がんや胃がんなども多く発症するのが特徴である．この大腸がんの細胞では，マイクロサテライト不安定性 microsatellite instability（MSI）と呼ばれる遺伝子の不安定性が起きていることが証明された．がん細胞では染色体の異常の項で述べたように，遺伝子に様々な変化（変異）が起きていることがわかっており，遺伝子が不安定な状態（変化しやすい状態）にあることが予測されていた．それを証明したのが，マイクロサテライトと呼ばれる 2 個から 4 個の塩基からなる繰り返し配列の長さの変化である．塩基の繰り返しの長さは個体差があり，個人間では違っているが，一個体を形成している細胞では同じである．しかしながら，がん細胞では同じ個体の中でも正常細胞より長くなったり，短くなったりしていることがわかった（図 6.20）．これを引き起こしているのが，ミスマッチ修復の異常である．ミスマッチ修復は，正常な塩基対である A-T，G-C でなく，A-C などの塩基対が DNA 上に形成された時に働く修復系である．ミスマッチ修復系は塩基対の誤りばかりでなく，マイクロサテライトのように同じ塩基が繰り返された配列で起こりやすい，2 本の DNA 間でスリップが起きた部分にできるループと呼ばれる状態も修復することができる．このようなループが修復されない場合，マイクロサテライトの長さが変化することになる（図 6.21）．ループができたままで複製

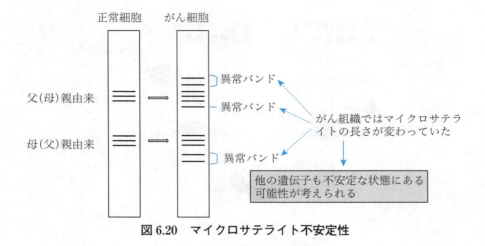

図 6.20　マイクロサテライト不安定性

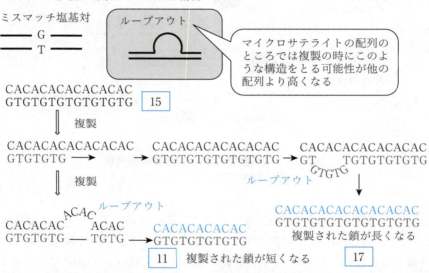

図 6.21　マイクロサテライト不安定性が起こるしくみ

されれば短くなり，複製されたのちにループが解消されて，再度この部分で複製されれば新生鎖は長くなる．このような変化はマイクロサテライト以外の遺伝子でも起こっているはずであり，その結果がん細胞では遺伝子が不安定な状態になっていると考えられる．このようなマイクロサテライトの変化が組織細胞に見られるかどうかで，がんの悪性度や転移のリスクを推測する診断に利用されている．ミスマッチ修復は，この他にも活性酸素や化学物質による DNA 傷害などの修復にも関与していることが証明され，DNA 傷害の重要な修復系である．

## ◆ 演習問題 ◆

Ⅰ．以下の文章の正誤を答えよ．

1．任意の個人同士を比べると互いに約1％の一塩基多型（SNP）があるといわれている．

2．ジストロフィン遺伝子の変異では，欠失や挿入の塩基数が3の倍数になる時により重篤な症状を示す．

3．糖尿病や動脈硬化症などの生活習慣病は，通常，多遺伝子性疾患である．

4．フィラデルフィア染色体を形成する変異は，逆位に分類される．

5．イマチニブは，染色体転座により生成するキメラタンパク質に作用する．

6．がん原遺伝子は，正常な細胞増殖には関与しない．

7．セツキシマブはKRAS遺伝子変異の有無を考慮した上で使用する．

8．一塩基多型（SNP）は，薬物代謝酵素活性の個体差の原因となることがある．

Ⅱ．以下の問いに答えよ．

1．遺伝子治療に用いられる種々のウイルスベクターのなかで，最も確実に染色体に1コピーが組み込まれるものはどれか．

2．家族性常染色体優性FAPと呼ばれる優性の遺伝病では，下に示したトランスサイレチン遺伝子の1塩基置換変異が見いだされる．なお，DNAの塩基配列は，読み枠に従ってスペースを入れてある．

$$正常遺伝子 5'-----AAT\ GTG\ GCC\ GTG\ CAT\ GTG----3'$$
$$変異遺伝子 5'-----AAT\ GTG\ GCC\ ATG\ CAT\ GTG----3'$$

2-1．これは，アミノ酸の変化から何変異と呼ばれる変異か．

2-2．患者DNAのこの領域を含む852塩基対の領域をPCRで増幅し，Bal Ⅰ（5'-TGGCCA-3'を認識）で処理したところ，852 bp，505 bp，および347 bpのDNAを生じた．健康な人のDNAからはどのようなDNAが得られるか述べよ．

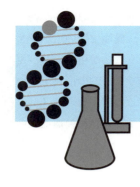

# 第7章　遺伝子工学と環境

◆この章で学ぶこと(キーワード)◆

遺伝子組換え作物，遺伝子組換え食品，ゲノム編集，除草剤耐性，害虫抵抗性，Btタンパク質，バイオエタノール，カルタヘナ議定書，生物多様性，生物学的封じ込め，物理的封じ込め

　遺伝子工学は，生命現象の仕組みの解明に利用されるのみならず，医療，農業，および工業など幅広く産業にも利用されている．農業では，遺伝子組換え技術によって作物の品種改良が行われ，除草剤耐性，害虫抵抗性，あるいはウイルス抵抗性などが付与されて，作物の農業生産性や機能が向上した．また，遺伝子組換え微生物を用いて医薬品，酵素剤，化成品などを安価で大量に製造できるようになった．遺伝子組換え実験は，生物多様性や安全性を確保することがカルタヘナ議定書に定められている．これに準じて日本でも生物学的封じ込めや物理的封じ込めの拡散防止措置をとることが法律で決まっている．本章では，遺伝子組換え作物の作製法や特徴などについて述べる．また，遺伝子組換え微生物による組換えタンパク質の生産や変異タンパク質の作製法および遺伝子組換え微生物を利用した医薬品，酵素剤，化成品などの生産について説明する．さらに，遺伝子組換え実験を安全に実施するための日本の法律について説明する．

## 7.1　遺伝子組換え作物

### 7.1.1　◆ 従来の品種改良技術と遺伝子組換え技術との違い

　農作物には，膨大な品種がある．美味しい，収穫量が多い，病気や害虫に強い，または低温や乾燥に強いなど優れた形質をもつ品種を目指して，従来から，優良品種の選抜，人為的交配，または突然変異誘発などが盛んに行われてきた．多数の作物の中から優良形質をもつ作物を選抜して栽培することを繰り返すと優良形質が安定に子孫に受け継がれる．また，優良形質をもつ2種類の作物から，人為的交配により両方の優良形質を合わせもつ作物を作製できる．さらに，放射線や薬剤によって突然

変異を誘発して優良形質を獲得した作物を作出できる。しかし，これらの方法は，目的の作物が得られる頻度が低く，多大な労力を要した。近年，遺伝子組換え技術の開発により，異種生物の遺伝子を植物に導入する，標的遺伝子に突然変異を導入するなどの方法で品種改良を行うことが可能となった。遺伝子導入法により，人為的交配では不可能であった遠縁種の遺伝子を導入でき，目的の形質をもつ作物が効率よく得られる。突然変異の導入により標的遺伝子を狙って改変できるなど，大きなメリットがある。遺伝子組換え技術を利用して，農業生産性の向上や健康促進や病気予防のための機能性の付与などの改良がなされた。

## 7.1.2 ◆ 遺伝子組換え植物の作製

　植物細胞は，細菌や酵母とは異なり，プラスミドが存在しない。したがって，外来遺伝子は染色体に組み込んで保持させる。遺伝子組換え植物の作製は，まず，外来遺伝子をカリフラワーモザイクウイルス（CaMV）の 35S プロモーターなどの構成型プロモーターや特定の時期や組織で発現する誘導型プロモーターの下流に連結し，さらにカナマイシン耐性遺伝子やハイグロマイシン耐性遺伝子などの選択マーカー遺伝子を連結した組換え DNA を作製する。この DNA を以下に述べるアグロバクテリウム法，パーティクルガン法，エレクトロポレーション法などによって細胞へ導入する。導入された DNA は，核へ移行し，染色体の任意の部位へ組み込まれるので，細胞が増殖しても維持される。DNA が導入された細胞は，カナマイシンやハイグロマイシンなどの薬剤を添加した培地で増殖させて選択する。未分化の状態で増殖させるとカルスを形成する。さらに，カルス細胞からサイトカイニンを含む培地で枝の形成を誘導した後，オーキシンを含む培地で根の形成を誘導して植物体に成長させることができる。

## 7.1.3 ◆ 植物への遺伝子導入法

### A アグロバクテリウム法

　土壌細菌のアグロバクテリウム（*Agrobacterium tumefaciens*）は，双子葉植物や一部の裸子植物に傷口から感染して，根元にこぶ状のクラウンゴールという腫瘍の形成を誘導する。アグロバクテリウムを利用して植物細胞に DNA を導入する方法がアグロバクテリウム法である。アグロバクテリウムは，Ti プラスミドという巨大な環状 DNA のプラスミド（約 200 kb）をもつ。Ti プラスミドには，感染後に植物細胞へ移行する T-DNA（transferred DNA）と呼ばれる領域と T-DNA の切り出しや植物細胞への移行に働く *vir* 領域（virulence 領域：機能の異なる複数の *vir* 遺伝子が並ぶ）が存在する。T-DNA は，25 bp の繰り返し配列に挟まれ，T-DNA の左境界にある配列を LB（left border），右境界にある配列を RB（right border）と呼ぶ。T-DNA の中に植物の成長ホルモンのオーキシンとサイトカイニンの合成に関わる酵素遺伝子が存在する。アグロバクテリウムが植物の傷

口に接触すると複数の vir 遺伝子の発現が誘導される．vir 遺伝子産物の働きにより Ti プラスミドから T-DNA が切り出され，植物細胞の核へ移行する．T-DNA は核内で染色体の任意の位置に組み込まれる．T-DNA に存在する成長ホルモン合成遺伝子が発現し，オーキシンとサイトカイニンが合成され，それらの成長ホルモンの働きによって細胞が無秩序に増殖してクラウンゴールが形成される．アグロバクテリウム法は，T-DNA が植物細胞へ移行し，染色体に組み込まれるメカニズムを応用している．

アグロバクテリウム法は，一般的に Ti プラスミドを改変して作製した2種類のプラスミドを使用する**バイナリーベクター**法で行う．改変プラスミドの1種類は，Ti プラスミドから T-DNA 領域を取り除いた**ヘルパープラスミド**で，vir 遺伝子の産物を供給する．もう1種類は，大腸菌とアグロバクテリウムの両方で使用できるシャトルベクターに人工の T-DNA をもたせた**バイナリーベクター**である（図7.1）．人工 T-DNA には，LB と RB の間に，成長ホルモン合成遺伝子の代わりに**クローニング部位**（制限酵素部位）と植物における**選択マーカー**のカナマイシン耐性遺伝子（ネオマイシンホスホトランスフェラーゼⅡをコードする）が連結されている．まず，大腸菌を利用してバイナリーベクターのクローニング部位に植物に導入したい外来遺伝子を連結して組換えプラスミドを作製する．この組換えプラスミドを，ヘルパープラスミドをもつアグロバクテリウムへ導入する．このアグロバクテリウムの懸濁液に宿主植物の葉切片，未成熟胚，根などを浸して培養する．アグロバクテリムがそれらの組織に感染し，ヘルパープラスミドから供給される vir 遺伝子産物の働きにより外来遺伝子をもつ人工 T-DNA が切り出されて植物細胞に移行し，染色体へ組み込まれる．この細胞は，カナマイシンを含む培地で選択できる．バイナリーベクター法は，バイナリーベクターが，Ti プラスミドに比べ非常に小さく扱いやすいサイズ（10 kb 程度）であること，クラウンゴールの形成に必要な遺伝子は取り除かれ，植物に外来遺伝子を導入しても，クラウンゴールは形成されないことなどの利点がある（図7.2）．

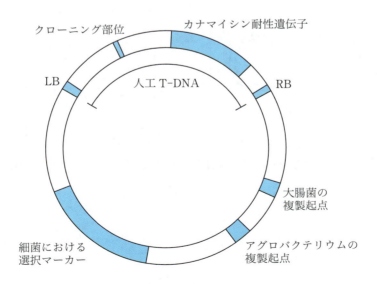

**図7.1　バイナリーベクター**

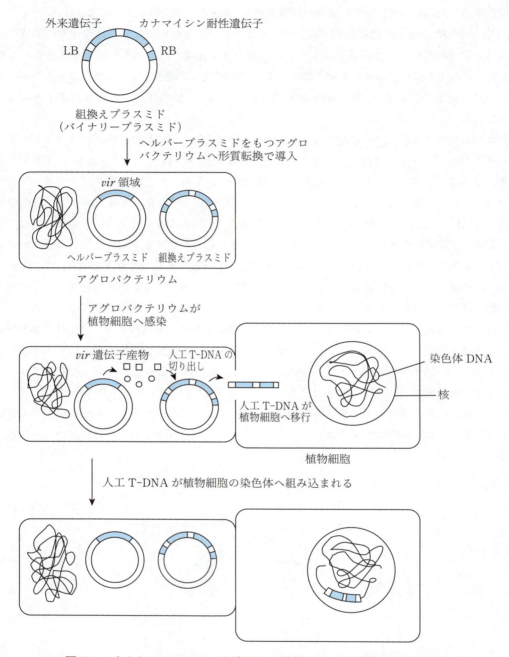

図7.2　バイナリーベクターを使用した植物細胞への外来遺伝子の導入

## B パーティクルガン法

パーティクルガン法は，DNA を付着させた微小金粒子またはタングステン粒子を植物細胞に直接撃ち込んで細胞に DNA を導入する技術である．この方法は，バイオリスティクスとも呼ぶ．細胞よりも非常に小さな金属粒子（直径 1 μm 程度）に導入したい DNA を付着させ，パーティクルガン装置（図 7.3）に装着し，火薬や高圧ガスを利用して葉や茎頂組織などを標的として金属粒子を高速で発射し，細胞へ撃ち込む．アグロバクテリウム法は双子葉類の植物にしか利用できないが，パーティクルガン法はあらゆる植物に利用でき，しかも操作が簡単である．

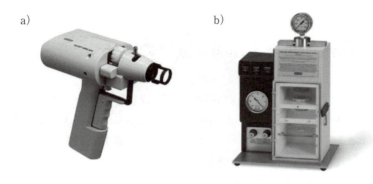

**図 7.3 パーティクルガン法に使用する装置**
a) Helios® Gene Gun システム，b) PDS-1000/He™ and Hepta™ システム
（バイオ・ラッドの HP から転載）

## C エレクトロポレーション法

エレクトロポレーション法は，様々な生物において細胞に一時的に電気パルスを与え，細胞膜に孔を開けて DNA を取り込ませる技術である．この方法は，電気穿孔法とも呼ぶ．植物は多細胞生物であり，細胞は細胞膜の外側にセルロースを主成分とする堅い細胞壁がある．植物をセルラーゼで処理して細胞壁を分解してプロトプラストにする．プロトプラストは，細胞が 1 個ずつ分離し，細胞壁がない状態になっている．プロトプラスト懸濁液と細胞に導入したい DNA を，電極を貼り付けたキュベットに入れ，エレクトロポレーション装置により高電圧の電気パルスを与えると，細胞膜に孔が開き，DNA が細胞内に取り込まれる．この方法は，あらゆる種の植物細胞に DNA を効率よく導入できる．

## 7.1.4 ◆ ゲノム編集による標的遺伝子への変異導入

ゲノム編集技術の開発により染色体上の標的遺伝子に欠失，塩基置換，挿入などの変異を導入することが容易になった．特定の DNA 塩基配列を認識して切断する人工制限酵素を細胞内で発現させ，染色体上の標的遺伝子で DNA 二重鎖の切断を起こす．二重鎖切断の修復に伴って，欠失，塩基置換，挿入などの変異が導入される．この技術を応用してイネで病原菌に対する耐性能を向上させたり，ダイズで脂肪酸組成を改変することが行われている．また，遺伝子破壊により有害物質の生産を止めることも可能である．ゲノム編集の詳細は 8.3 ゲノム編集を参照のこと．

## 7.1.5 ◆ 遺伝子組換え作物の栽培の現状

世界の遺伝子組換え作物の栽培状況の詳細な統計資料が，毎年国際アグリバイオ事業団 International service for the acquisition of agri-biotech applications（ISAAA）から公開されている．この資料によると，遺伝子組換え作物の商業栽培は 1996 年に 170 万 ha の栽培面積で開始された．栽培面積は毎年増加し，2014 年は 1 億 8,150 万 ha に達した．これは，日本の総面積の約 4.8 倍に相当し，世界では大規模に栽培されている．しかし，栽培国は，28 か国に過ぎず，米国，ブラジル，アルゼンチン，インド，カナダが上位を占める．それらの 28 か国のうち 20 か国が発展途上国である．ヨーロッパや日本などの先進国の多くは，国民が遺伝子組換え作物の栽培や利用に抵抗感があり，商業栽培はほとんど行われていない．栽培国における栽培作物は，ダイズ，トウモロコシ，ワタ，ナタネなどがあり，これら 4 作物でほぼ 100 % を占める．ダイズは，遺伝子組換え作物の割合が非組換え作物よりも圧倒的に多い（82 %，食用油や家畜の飼料となる）．遺伝子組換え作物の形質は，除草剤耐性や害虫抵抗性が多く，それらの両方の形質が付与された作物が増加している．これらの生産性向上の改変に加え，環境ストレス耐性や栄養強化などの形質改変が行われている．

日本で安全性が確認され，販売，流通，加工が承認されている遺伝子組換え農作物には，トウモロコシ，ダイズ，アルファルファ，セイヨウナタネ，テンサイ，パパイヤ，ワタ，カーネーション，バラの 9 作物がある．しかし，国民に遺伝子組換え作物の栽培や利用について今もなお抵抗感があり，日本で実際に商業栽培されている作物は青いバラだけである．一方，トウモロコシ，ダイズ，ナタネ，ワタなどは，大半のものが「遺伝子組換え作物」と「非遺伝子組換え作物」の分別がされていない状態で大量に輸入されており，大量の「遺伝子組換え作物」が輸入されている．遺伝子組換え作物は，生物多様性への影響と食品や飼料としての安全性について科学的な評価を行い，問題のないものが，輸入，栽培，流通できる．遺伝子組換え作物やそれを原材料とする加工食品を販売する場合，消費者が「遺伝子組換え作物（食品）」であるか「非遺伝子組換え作物（食品）」であるかを判別できるように表示制度が定められている．表示の詳細については 7.1.8 遺伝子組換え食品を参照のこと．

## 7.1 遺伝子組換え作物　227

### 7.1.6 ◆ 様々な遺伝子組換え作物

　遺伝子組換え作物は，初期には除草剤耐性，害虫抵抗性，ウイルス抵抗性などの作物の生産性を向上させるものが中心に開発された．また，乾燥地，寒冷地，塩濃度の高い土地などの耕作不適地でも栽培可能な環境ストレス耐性（乾燥耐性，低温耐性，耐塩性）が付与されたものが開発された．これらの作物をまとめて第一世代と呼ぶ．その後，特定の機能性成分の含有量を高めて栄養価の向上や病気の予防など人の健康維持に有用な第二世代の作物が開発された．さらに，土壌の汚染物質を除去・分解するなど環境修復に役立つ作物や工業製品の原料素材を生産する作物など第三世代の作物の開発が進んでいる．

### A 除草剤耐性作物

　農作物の栽培において，雑草を刈り取る負担を軽減するために除草剤を散布する．しかし，農作物に毒性を示さないように数種の薬剤を組み合わせたり収穫までの間に何回かに分けて散布する必要があり，コストや手間がかかった．そこで，遺伝子組換え技術を利用して除草剤耐性ダイズが開発された．除草剤のラウンドアップの有効成分は，グリホサートである．グリホサートは葉緑体における芳香族アミノ酸の合成酵素（5−エノールピルビル−3−ホスホシキミ酸シンターゼ：EPSPS）の働きを阻害して芳香族アミノ酸の生合成を妨げて植物を枯らす．グリホサートは，土壌中で二酸化炭素と水に分解され，環境に悪影響が及ばないので世界中で使用量が多い．細菌 *Agrobacterium* の EPSPS は，グリホサートの作用を受けない．*Agrobacterium* の EPSPS 遺伝子を，CaMV プロモーターと葉緑体へ輸送されるための配列に連結した組換え遺伝子が作製され，ダイズ細胞へ導入されて除草剤耐性ダイズが作製された．この作物では，除草剤の散布回数が減り，コストと手間が大幅に削減できた．現在では，ダイズの他にもトウモロコシ，ナタネ，ワタ，テンサイ，アルファルファなど様々な作物で除草剤耐性作物が作製されている．

### B 害虫抵抗性作物

　ある種の作物は，蛾や蝶などの幼虫（アワノメイガ，コロラドハムシなど）によって実や茎が食べられ，収穫量が減る被害が起こる．また，トウモロコシの場合，実の食べ跡にカビが繁殖し，人が食べると健康被害が生じる．それらの害虫は茎の内部に侵入し，殺虫剤を散布しても効かない場合が多く，農作業のコストや労力で非常に負担となっていた．そこで，遺伝子組換え技術を利用して細菌 *Bacillus thuringiensis* が生産する Bt タンパク質を作物で発現させて害虫抵抗性作物が作製された．Bt タンパク質は，それらの害虫に対して殺虫性がある．害虫がこの組換え作物を食べると，Bt タンパク質は完全に消化されずに小腸まで届き，小腸の粘膜細胞の受容体に結合すると粘膜細胞が破壊され，消化機能が低下し，害虫は死に至る．人がこの作物を食べても Bt タンパク質は消化・分解され，また，腸管に受容体がなく，健康に悪影響はない．Bt タンパク質を発現させた害虫抵抗性作物を栽

培することで，殺虫剤を散布する手間が軽減され，コストが削減された．現在では，ジャガイモ，トウモロコシ，ワタなど様々な作物に害虫抵抗性が付与されている．

### C ウイルス抵抗性作物

作物は，栽培中に植物ウイルスに感染すると，病気になったり枯れたりし，収穫量が大幅に減少する．また，永年植物である果樹の場合，植物ウイルスが蔓延すると，栽培地域の果樹が全滅し，果樹産業が壊滅することがある．この対策として，植物ウイルスの外皮タンパク質の一部を発現させてウイルス抵抗性を付与した遺伝子組換え植物（ウイルス抵抗性作物）が開発された．このウイルス抵抗性作物は，生産された外皮タンパク質がワクチンのように作用して植物がウイルスに対する抵抗性を獲得する．米国のハワイ州では，パパイヤがパパイヤリングスポットウイルスに感染し，パパイヤ産業が壊滅的な被害を受けたが，遺伝子組換えパパイヤの栽培によりパパイヤ産業を復活させることができた．2015 年からウイルス抵抗性の遺伝子組換えパパイヤが日本に輸出され，販売されている．

### D 日持ちトマト

トマトは，成熟すると果実が赤く，柔らかくなる．消費者は，成熟しすぎたものはあまり購入しない．そこで，遺伝子組換え技術を利用して程よい成熟状態が日持ちするトマト（日持ちトマト）が開発された．トマトが成熟して果実が柔らかくなるのは，酵素のポリガラクチュロナーゼによって細胞壁成分のペクチンが分解されるためである．ポリガラクチュロナーゼの遺伝子のアンチセンス RNA（逆鎖の RNA）を合成させて，ポリガラクチュロナーゼの合成を抑制して，ペクチンの分解を妨げた日持ちの良いトマトが作製された．世界で初めて商業化された作物である．

### E 人の健康に役立つ遺伝子組換え作物

ビタミン A 欠乏症は，夜盲症や皮膚の乾燥を引き起こし，酷い場合は失明に至る．ビタミン A 不足の未就学児童は，2012 年には世界で 2 億 5,000 万人存在し，重大な問題となっている．また，ビタミン A 欠乏症の患者は東南アジアやアフリカの発展途上国に多い．そこで，ビタミン A の生合成に関わる酵素遺伝子をイネに導入してビタミン A 前駆体の β カロチンの含有量が強化されたコメが開発され，その色からゴールデンライスと名づけられた．ゴールデンライスの普及によりビタミン A 欠乏症の患者が減少することが期待される．

病原菌に対するワクチンには「注射型」と「経口型」がある．経口ワクチンとして，海外で遺伝子組換えによりコレラ菌のワクチン抗原を発現させたジャガイモやコメが開発された．一般に注射型ワクチンは，保存や輸送時に冷蔵する必要があり，また，接種時に注射器と針が必要である．一方，新しい経口ワクチンは，冷蔵が不要で食べるだけでワクチンの効果が発揮され，設備や器具に乏しい発展途上国で非常に有効である．

オレイン酸は，抗酸化作用があり，LDL コレステロールを低下させて動脈硬化の予防に効くとさ

れている．食用油の原料となるダイズやナタネでは，オレイン酸は不飽和化によりリノール酸とリノレン酸に変換される．遺伝子組換え技術によってオレイン酸を不飽和化する酵素遺伝子の発現を抑制してオレイン酸の含有量を増加させた品種が開発された．高オレイン酸のダイズやナタネから健康に良い食用油を製造できる．

## F 青いバラ

バラは，世界で古くから観賞用として栽培され，また，人為的な交配による品種改良で多様な品種が作出されてきた．しかし，黄色やオレンジ色のバラは作出できたが，青色のバラは不可能であった．遺伝子組換え技術を利用して，青色の花を咲かすパンジーがもつ青色色素（デルフィニジン）を合成する遺伝子（フラボノイド 3′,5′-水酸化酵素遺伝子）を導入することによって青いバラを開発できた．この青いバラは，2009年から「アプローズ」という商品名で販売されている．国内で商業栽培されている遺伝子組換え植物は青いバラのみである．

## 7.1.7 ◆ 遺伝子組換え作物が生態系に及ぼす影響

海外では遺伝子組換え作物が農場で大量に栽培されている．遺伝子組換え作物が生態系に及ぼす影響が懸念されている．例えば，遺伝子組換え作物が周辺の在来種を駆逐して繁殖する，近縁の在来種と交雑して交雑種が繁殖する，遺伝子組換え作物が生産する有害物質によって周辺の動植物が死滅するなどの可能性が考えられる．生態系の調査を頻繁に行い，十分な拡散防止措置をとって生物多様性を確保することで，遺伝子組換え作物を安心して栽培できる環境をつくることが重要である．

## 7.1.8 ◆ 遺伝子組換え食品

日本では，国民は遺伝子組換え作物の栽培や利用に対してまだまだ抵抗感があり，遺伝子組換え作物の商業栽培は青いバラ以外は行われていない．しかし，トウモロコシ，ダイズ，ナタネ，ワタなどを大量に輸入しており，これらの大半が遺伝子組換え作物と非遺伝子組換え作物を分別せずに輸入されることから大量の遺伝子組換え作物が輸入されている．トウモロコシは，家畜の飼料，ブドウ糖果糖混合液や水飴をつくる原料（スターチ），フレークや菓子の原料となり，ダイズは，食用油（大豆油）の原料，家畜の飼料などに使用され，ナタネやワタは食用油の原料に使用される．ナタネからは菜種油（キャノーラ油ともいう），ワタからは綿実油ができる．遺伝子組換え食品は，組み込んだ遺伝子によって生産されるタンパク質の安全性やアレルギー性，その遺伝子が間接的に作用して有害物質が合成される可能性などの安全性評価により問題のないことが確認されて食品に利用される．また，遺伝子組換え食品には表示義務がある．商品ラベルに「遺伝子組換え」，「遺伝子組換え不分別」，「遺伝子組換えでない」などの表示があり，「遺伝子組換え作物」，「組換え体と非組換え体が分別されず，遺伝子組換え作物が混ざっている可能性があるもの」，「非遺伝子組換え作物」のいずれであるかを確

認できる．ただし，食用油や醤油など製造過程で分解などにより遺伝子やタンパク質が検出できない場合には，表示義務はない．食用油は，精油過程において非常に高温で加熱して分解され，醤油は発酵過程で分解される．また，加工食品は，主要な原材料（重量での含有量が上位3位まで，かつ含有率が5%以上）でない場合は，表示を省略できる．

## 7.2 化成品への応用

遺伝子工学は，現在では，医療，農業，および工業など様々な産業で利用されている．特に，遺伝子組換え技術を応用して，医薬品，酵素，化学物質などの生産が可能である（表7.1）．また，遺伝子工学を利用することで，酵素などのタンパク質は，アミノ酸配列を改変することによって機能を改変することができる．

表7.1 遺伝子工学で生産される化成品

| 医薬品 | インスリン，成長ホルモン，インターフェロン，血液凝固第VIII因子 |
|---|---|
| 酵素剤 | α-アミラーゼ（食品加工），グルコアミラーゼ（食品加工），プルラナーゼ（食品加工），グルコースイソメラーゼ（食品加工），α-グルコシルトランスフェラーゼ（食品加工），キモシン（チーズ凝固），リパーゼ（食品加工，洗剤），プロテアーゼ（食品加工，洗剤，皮なめし），セルラーゼ（洗剤），サルコシンオキシダーゼ（診断薬），ウリカーゼ（診断薬），コレステロールオキシダーゼ（診断薬） |
| 代謝産物 | D-乳酸（バイオプラスチック），L-乳酸（バイオプラスチック），エタノール（バイオ燃料），カロテノイド（抗酸化剤），リボフラビン（食品着色料，栄養強化） |

### 7.2.1 微生物による組換えタンパク質の生産

遺伝子組換え生物の宿主生物は，現在では多岐に及ぶ．その中でも産業的に利用されている主要なものには，細菌の大腸菌や枯草菌，酵母のパン酵母やピキア酵母，コウジカビ，バキュロ昆虫，カイコ，CHO細胞，種々の農作物がある．それらの中で細菌や酵母は，単細胞の微生物で安価な培地を用いて短時間で大量に培養することができる．例えば，大腸菌は，世代時間が約20分であり，一晩の培養で1個の大腸菌が数十億個まで増加する．さらに，微生物の利用は，日本は古来より微生物を用いて発酵食品を製造し優れた培養技術があり，培養も容易である．遺伝子組換え技術が他の生物に比べ進歩しているなどのメリットがある．遺伝子組換え技術を利用して細菌や酵母で動物，植物，カビなどのタンパク質を安価で大量に生産できる．細菌や酵母では，外来遺伝子の発現に便利な発現ベクターが開発されている．これは，クローニングベクターにプロモーターなどの発現に必要な配列が組み込まれている．発現ベクターを使用して生産させたタンパク質を組換えタンパク質と呼ぶ．組換えタンパク質には，

医薬品や様々な酵素剤がある。酵素は，食品添加物，工業用，診断薬などに使用される。固有のプロモーターを強いものに置き換えて生産量を増強することができる。また，遺伝子組換え技術によって細胞内で生産した酵素により物質変換（代謝）を行い，化成品を製造できる。何種類かの酵素を発現させて何段階もの代謝反応を起こして製造したり，代謝経路の中間の酵素遺伝子を破壊して代謝中間産物を高生産するなどができる。このように遺伝子工学によって代謝経路を改変して代謝工学を行える。

## A 大腸菌における組換えタンパク質の生産

大腸菌 *Escherichia coli* の発現ベクターは，基本的に通常の多コピー型のクローニングベクターに，大腸菌での転写開始に働くプロモーター配列，翻訳開始に働く Shine-Dalgarno 配列，転写終結に働くターミネーター配列などの遺伝子発現の制御配列が組み込まれている。プロモーターと Shine-Dalgarno 配列の下流にあるクローニング部位に外来遺伝子を連結して組換えプラスミドを作製する。真核生物の遺伝子はイントロンで分断されていることがある。転写後の未成熟 RNA からスプライシングによってイントロンが除去されてエキソンが連結されて成熟 mRNA が合成される。大腸菌は，スプライシング機構をもっていないので，外来遺伝子は，目的遺伝子の mRNA から逆転写酵素を利用して作製した cDNA（complementary DNA）を使用する。プロモーターは，*tac* プロモーターなどの誘導型で転写量の多いプロモーターを使用して遺伝子産物を過剰生産させる。遺伝子産物が大腸菌の増殖に影響を及ぼすことがあるので，大腸菌を十分に培養して細胞を増やした後に誘導物質を添加して各細胞で外来遺伝子を働かせて組換えタンパク質を大量に生産させる。大腸菌の細胞から組換えタンパク質を抽出し，精製する。大腸菌では，組換えタンパク質が，菌体内のタンパク質のうち最大で約 50 % まで達する。

## B 酵母における組換えタンパク質の生産

パン酵母 *Saccharomyces cerevisiae* の発現ベクターは，低コピーの YCp 型や多コピーの YEp 型のクローニングベクターに酵母のプロモーターとターミネーターが組み込まれてできている。プロモーターの下流にあるクローニング部位に外来遺伝子を連結して組換えプラスミドを作製する。プロモーターは，解糖系代謝酵素の遺伝子である *GAP1* や *PGK1* のプロモーターなど構成型で転写量の多いものを使用する。また，誘導型のプロモーターとして低リン酸濃度の培地で誘導される *PHO5* プロモーターやガラクトースで誘導可能な *GAL1* プロモーターと *GAL10* プロモーターなどが使用できる。さらに，組換えタンパク質を細胞外に分泌させる場合は，*MFα1* や *MEL1* などの分泌シグナル配列を組換えタンパク質の N 末端に連結する。組換えタンパク質の分泌生産は，細胞内に蓄積可能な量に影響なく多量に生産できる，組換えタンパク質の精製が容易になるなどのメリットがある。安価な培地として亜硫酸パルプ廃液（木材からパルプを生成する時に生じる廃棄物）や廃糖蜜（サトウキビを搾って製糖する時に生じる搾りかす）などが利用できる。大腸菌では，タンパク質に糖鎖は付加されないが，酵母では糖鎖が付加される。組換えタンパク質が機能するために糖鎖が必要な場合は酵母で生産させるのが適している。ただし，ヒトのタンパク質を酵母で生産しても機能しない場合は，原因として酵母とヒトの間での糖鎖の構造の違いが考えられ，ヒトの細胞に近い CHO（Chinese

Hamster Ovary）細胞など哺乳類の培養細胞を使用する．最近，組換えタンパク質の発現系として ピキア酵母 *Pichia pastoris* が注目されている．ピキア酵母は，*S. cerevisiae* と同様に簡単な操作で取り扱え，また，強い誘導性プロモーターや分泌シグナルの利用によって組換えタンパク質を高生産できる．さらに，非常に高い細胞密度まで培養できるので組換えタンパク質を高収量で生産でき，培養液 1 L 当たり数 g に達することがある．

## 7.2.2 ◆ 組換えタンパク質

### A 医薬品

インスリンは，血糖値を下げるホルモンで，医薬品として糖尿病の治療に使用される．インスリンは，世界で初めて遺伝子組換え技術で製造された医薬品で，現在では，ヒトインスリンを大腸菌や酵母 *S. cerevisiae* で製造した組換えタンパク質が医薬品として使用されている．従来は，ウシの膵臓から抽出・精製していたが，患者への投与に必要な生産量が不足していた．組換えヒトインスリンは，大量に生産でき，十分な量を供給できるようになった．さらに，ウシから製造した製品に比べ，安価に製造できる，アレルギーによる副作用の心配がないなどのメリットもある．組換えヒトインスリンは，アミノ酸配列がヒトインスリンと完全に一致しているが，ウシのインスリンはヒトのインスリンとアミノ酸配列が 1 か所異なっており，ウシのインスリンをヒトに投与した場合，アレルギーを発症する危険性があった．

インスリンの他にも，ヒト成長ホルモン，インターフェロン，および血液凝固因子の第Ⅷ因子などの医薬品が遺伝子組換え微生物を利用して製造されている（5.2 組換え医薬品参照）．

### B 酵素剤

酵素剤は，食品加工，洗剤，皮のなめし，検査試薬などに使用される．チーズは，牛乳に乳酸菌や凝乳酵素を加え，凝固させて製造する．凝乳酵素はキモシンまたはレンニンと呼ばれるプロテアーゼであり，牛乳のタンパク質成分であるカゼインに作用して凝固させる．現在は，仔牛のキモシンの遺伝子を大腸菌や酵母で発現させて製造している．食品に甘味料として「ブドウ糖果糖液糖」がよく添加されている．これは，グルコース（ブドウ糖）とフルクトース（果糖）の混合液であり，「異性化糖」とも呼び，砂糖液と同程度の甘みがある．「ブドウ糖果糖液糖」は，トウモロコシなどのデンプンを α-アミラーゼとグルコアミラーゼの 2 種類のアミラーゼで分解し，生じたグルコースの約半分量をグルコースイソメラーゼでフルクトースに異性化して製造する．グルコースイソメラーゼ，α-アミラーゼ，およびグルコアミラーゼは，これらの酵素の遺伝子を導入した遺伝子組換え微生物を利用して大量生産される．また，砂糖をインベルターゼで分解する方法でも製造でき，インベルターゼも遺伝子組換え微生物を利用して製造されている．皮革製品の製造において，皮をなめすために利用するプロテアーゼなどが遺伝子組換え微生物を利用して製造されている．

### 7.2.3 ◆ 組換えタンパク質の機能の向上

　突然変異を導入してタンパク質のアミノ酸配列を改変することでタンパク質の機能を改変できる。タンパク質に直接変異を導入するのは，技術的に非常に困難である。しかし，DNA への変異の導入技術は種々開発され，現在では容易に導入できる。例えば，標的遺伝子（DNA）を鋳型とし，プライマーに目的の変異配列をもつオリゴヌクレオチドを使用して PCR を行うことで，計画通りに変異（塩基置換）を導入できる。また，エラープローン PCR によりランダムに変異（塩基置換）を導入できる。この方法は，PCR の反応液に加える $Mg^{2+}$ イオンを $Mn^{2+}$ イオンに換えたり，DNA 合成の基質である 4 種類のデオキシリボヌクレオチドのうち特定のヌクレオチドの濃度を 1/10 にするなど濃度を不揃いにすることによって行う。

　近年，洗濯用洗剤には，衣類の汚れを落としやすくするために酵素が配合されている。衣類は，体の表面に生じる垢，体から分泌される汗や皮脂などによって汚れ，酷いときにはそれらの汚れが衣類の繊維にしみ込んで，洗濯してもなかなか落ちない。垢，汗，皮脂などの成分には，タンパク質や脂質が含まれる。また，食べ物をこぼして衣類が汚れる場合がある。食べ物にもタンパク質や脂質が含まれている。これらの汚れを落としやすくするために，プロテアーゼやリパーゼが洗剤に配合されている（ヒトの体では，プロテアーゼとリパーゼは食物の消化酵素として利用されている）。また，繊維にしみ込んだ汚れを落としやすくするために植物繊維のセルロースを分解するセルラーゼが配合されている。セルラーゼがセルロース繊維の表面に傷を入れることで内部の汚れが外へ出やすくなる。これらの酵素は，細菌やカビなどの微生物が生産するものが利用されるが，それらの遺伝子を組換え技術によって高発現させることで安価で大量に製造されている。さらに，それらの酵素には突然変異の導入によって機能が改善された変異酵素が使用されている。洗剤に酸化漂白剤が配合されている場合や酸化漂白剤を混ぜて洗濯する場合，保存時や洗濯時に酵素の活性中心付近のメチオニン残基が酸化されて酵素の働きや安定性が悪くなる。このメチオニン残基を他のアミノ酸残基に置換して働きや安定性を向上させ，酵素と一緒に酸化漂白剤を配合した漂白剤を加えて洗濯を行えるなどの改善がなされた。また，冬場は水温が低く，酵素の働きが悪い。洗濯時に，水は洗剤によってアルカリ性となる。酵素の至適 pH が中性や酸性の場合，酵素の働きが悪くなる。変異導入によって，低温での酵素活性を向上させる，酵素の至適 pH をアルカリ性にするなど酵素の機能を改良して汚れが落ちやすくなるようにした。

　食器洗浄機に使用する洗剤には組換えタンパク質のアミラーゼが含まれている。この酵素も酸化漂白剤に対して耐性となるように改良が加えられている。腎機能診断薬に含まれるサルコシンオキシダーゼは防腐剤耐性（酸化剤耐性），腎機能の指標となる尿酸の測定に使用されるウリカーゼは安定性の向上，コレテロール診断薬に含まれるコレステロールオキシダーゼではアルカリ性における活性向上の改良がなされた。

## 7.2.4 ◆ バイオリファイナリー

人類の生活は，化石燃料である石油に大きく依存している．例えば，ガソリン，軽油，灯油などの自動車や航空機の燃料，プラスチックや合成繊維などの化成品は石油から製造されている．化石燃料は，埋蔵量に限りがあり，現在の消費量ではいずれ枯渇すると懸念されている．また，化石燃料の使用は，二酸化炭素を排出し，地球温暖化を招くと危惧されている．そこで，化石燃料の代替として，バイオマスが注目されている．バイオマスは，本来生物量を表すが，生物資源と同等の意味で使用されることが多い．バイオマスの中で，植物資源は地球上に豊富に存在し，再生可能で光合成により無尽蔵に生産できる．また，カーボンニュートラルの考えにより，植物資源は，使用して二酸化炭素が発生しても，光合成で大気中から取り込まれた二酸化炭素が大気中に戻り，大気中の二酸化炭素量は増加せず，環境に優しい．これらのメリットからバイオマスを原料として燃料や化成品などを製造する技術が盛んに開発されている．原油から精製（オイルリファイナリー）した石油を燃料や化成品に利用することに対比して，この再生可能なバイオマスを原料とした燃料や化成品の製造をバイオリファイナリーと呼ぶ．オイルリファイナリーからバイオリファイナリーへの転換が進めば，持続可能な社会が構築できると期待されている．

### A バイオエタノール

自動車や航空機などの燃料は，おもに化石燃料が使用されている．最近は，世界の様々な国で植物バイオマスを原料としたバイオエタノールの製造が盛んである．しかし，原料として使用する植物バイオマスは，トウモロコシやサトウキビなどの農作物であり，食料不足や農作物の価格高騰などが危惧されている．トウモロコシなどのデンプン系バイオマスの場合，多糖であるデンプンから希硫酸を用いた酸加水分解やアミラーゼを用いた酵素分解の糖化工程でグルコースを生成し，酵母によるアルコール発酵を行ってグルコースからエタノールを製造する．糖・デンプン系バイオマスは，食料への利用と競合するために，セルロース系バイオマスを利用する研究が進んでいる．セルロース系バイオマスには，木材（廃材），古紙，稲わら，麦わらなど廃棄物となるものが多数あり，その利用は環境保全に役立つ．セルロース系バイオマスの多糖成分はセルロースやヘミセルロースなどがある．セルロースはグルコースが $\beta$-1,4-グリコシド結合で連結した多糖である．ヘミセルロースは，植物種によって異なるが，グルコースの他にもキシロース，ガラクトース，マンノースなどの糖が含まれる．酵素によりセルロースを分解してグルコースを生成する過程は，①エンド型グルカナーゼによるセルロース鎖内部の切断，②エンド型グルカナーゼによる分解で生じた末端からのセロビオヒドロラーゼによる切断，③①と②で生じたセロオリゴ糖やセロビオースの $\beta$-グルコシダーゼによる分解からなる．遺伝子組換え技術を利用して生産した酵素や変異導入により機能を改良した酵素を利用してセルロースを糖化した後に酵母でエタノール生産を行う方法が開発された．また，酸加水分解や酵素分解はコストや環境負荷が大きいので，グルカナーゼ遺伝子，セロビオヒドロラーゼ遺伝子，$\beta$-グルコシダーゼ遺伝子を酵母に導入してセルロースからグルコースへの分解とアルコール発酵に

よるグルコースからのエタノールの生産を一挙に行う酵母の開発が行われている．キシランを分解するために，キシラナーゼ遺伝子を導入した酵母も作製されている．

テキーラの製造に使用するザイモモナス菌のアルコール発酵に関する遺伝子を大腸菌やコリネバクテリウム菌に導入して，バイオエタノールを生産する大腸菌やコリネバクテリウム菌が開発された．

### B バイオプラスチック

プラスチックは主に石油を原料としており，原料がいずれ枯渇する恐れがある．また，使用済みのプラスチック製品を廃棄する場合，焼却すると二酸化炭素を発生し地球温暖化を招く．また，環境中に廃棄すると分解されずに永久に残存し，環境破壊を引き起こす．これらの問題の解決策としてバイオマスを原料とした種々のバイオプラスチックが開発された．その中でも，環境中で微生物に分解される生分解性プラスチックのポリ乳酸が実用化された．ポリ乳酸は乳酸を重合して製造する．乳酸菌は嫌気性で培地が複雑なことから乳酸の製造には適さず，遺伝子組換えを行った大腸菌，コリネ菌，酵母による製造法が開発されている．この方法では，光学異性体のD-体とL-体のうち一方のみを製造でき，ポリD-乳酸とポリL-乳酸を混合して耐熱性の優れたポリ乳酸を製造できる．

## 7.2.5 ◆ 代謝産物

### A カロテノイド

カロテノイドは炭素数40のイソプレノイドで，黄色〜橙〜赤色の生体色素である．リコペン，β-カロテン，アスタキサンチンなど様々な化学物質がある．これらは，食品添加物や養殖魚貝類の色揚げ剤として産業利用されている．また，抗酸化作用，抗炎症作用などの生理活性があり，アスタキサンチンは健康商品として販売されている．リコペン，β-カロテン，アスタキサンチンは，イソペンテニル二リン酸から各々6，7，9段階の酵素反応により生合成される．大腸菌は，イソペンテニル二リン酸まで生合成できるので，大腸菌に，これより先の生合成経路の酵素遺伝子を導入して，アスタキサンチンまでの様々なカロテノイドを生産できるようになった．また，パン酵母では，4個の遺伝子を導入して高発現させることでカロテノイドを増産できた．

# 7.3 組換え実験の安全性

遺伝子組換え技術は，生命現象の解明，医薬品や酵素の大量生産，生物の品種改良など，幅広く利用されている．遺伝子組換え生物が生態系や人の健康に及ぼす影響を十分に考慮し，また，不測の事態が起こらないように安全に十分注意して，遺伝子組換え実験を行う必要がある．

## 7.3.1 ◆ 組換え実験に関する法律の制定

　組換え DNA 技術は，1973 年頃に米国の S. Cohen，H. Boyer，P. Berg らによって確立された．この技術を応用してアカゲザルから分離されたがんウイルスの遺伝子が導入された大腸菌を作製した場合，ヒトがこの大腸菌に感染してがんが発症するかもしれないなど，組換え DNA 実験には危険性が潜んでいた．そこで，組換え DNA 実験の一時的な中止が呼びかけられ，さらに 1975 年に米国カリフォルニア州のアシロマで，組換え DNA 実験の潜在的な危険性やその防御策について議論する国際会議が開催された．この会議は，アシロマ会議と呼ばれる．世界中の科学者が倫理面から遺伝子組換え技術の発展について考える画期的な会議であった．この会議で，生物学的封じ込めと物理的封じ込めの 2 種類の防御策を実施することが提案された．

　これを受け，アメリカの国立衛生研究所（NIH）が早速 1976 年に組換え DNA 実験のガイドラインを作成した．これに基づき日本でも文部省と科学技術庁（現文部科学省）が 1979 年に「組換え DNA 実験指針」を作成した．大学などの各機関は，「組換え DNA 実験指針」に準拠した「組換え DNA 実験安全管理規則」を定め，安全基準に適合した実験を実施することで，組換え DNA 実験によるバイオハザードの発生を未然に防いできた．

　ガイドラインの制定後，組換え DNA 実験に大したバイオハザードは起こらず，組換え DNA 実験は，これまで考えられていたほどの危険性はないと認識されるようになった．一方で，遺伝子組換え技術の発展に伴い，組換え生物が微生物から植物や動物へ拡大し，研究以外に農業や工業などの産業でも使用されるようになった．特に，遺伝子組換え作物が野外で栽培されると環境中に拡散して生態系に及ぼす影響が懸念された．

　1999 年にコロンビアのカルタヘナで生物の多様性の確保を検討する国際会議が開催され，国際条約の「バイオセーフティーに関するカルタヘナ議定書」が作成された．この条約には，遺伝子組換え生物による生物多様性への悪影響の防止や人の健康維持について定められている．日本では，カルタヘナ議定書の批准に基づき 2004 年に「遺伝子組換え生物等の使用等の規制による生物多様性の確保に関する法律」が制定された．「組換え DNA 実験指針」は廃止され，新たに「遺伝子組換え生物等の使用等の規制による生物の多様性の確保に関する法律」や「研究開発等に係る遺伝子組換え生物等の第二種使用等に当たって執るべき拡散防止措置等を定める省令」などの法律が制定され，生物多様性の確保が盛り込まれ，また，「組換え DNA 実験指針」に比べ封じ込め基準が緩和された．

## 7.3.2 ◆ 組換え実験に関する日本の法律

### A 遺伝子組換え生物等とは

　カルタヘナ議定書で対象となる生物等（ウイルスを含むので等が付けられている）は，現代バイオ

テクノロジーを用いて改変された生物等 living modified organisms（LMO）であり，遺伝子組換え技術で作製された遺伝子組換え生物等 genetically modified organisms（GMO）と科を超えた細胞融合で作製された生物等が含まれる．これを受けて「遺伝子組換え生物等の使用等の規制による生物多様性の確保に関する法律」では，遺伝子組換え生物等は，「細胞外で加工された核酸またはその複製物を導入した生物および科を超えた細胞融合で得られた生物」と定められている．異種生物の DNA をベクターに連結して（組換え DNA を作製して）細胞に導入した生物が対象となるが，同一種の生物の DNA や自然界で交配可能な生物の DNA を導入した生物は法律の対象とならない．また，ヒトの個体や配偶子，動植物の培養細胞などは該当しない．

## B 組換え実験の分類

### （1）「第一種使用等」と「第二種使用等」の分類

組換え実験は，遺伝子組換え生物等の使用の仕方によって「第一種使用等」と「第二種使用等」の2種類に分類される．

第一種使用等：遺伝子組換え生物等を環境中への拡散を防止しないで使用する．すなわち，開放系での使用であり，遺伝子組換え作物等の野外の農場での栽培などが該当する．

第二種使用等：遺伝子組換え生物等を環境中への拡散を防止しつつ使用する．窓や扉を閉めた実験室など閉鎖系での使用が該当する．「第二種使用等」の実験は，「研究開発等に係る遺伝子組換え生物等の第二種使用等に当たって執るべき拡散防止措置等を定める省令」による規制に従って行う（以下，「省令」と記載する）．

### （2）「機関承認実験」と「大臣確認実験」

「第二種使用等」の実験は，拡散防止措置について大臣の確認が必要かどうかによって「機関承認実験」と「大臣確認実験」の2種類に分類される．

機関承認実験：生物多様性や人の健康に及ぼす危険性が低く，省令に従って環境中への拡散を防止しつつ行える実験であり，大学などの機関が実験を審査・承認することにより実施できる．

大臣確認実験：危険性が高く，省令に拡散防止措置が定められていない実験であり，確認申請書を大臣に提出して，確認を受ける必要がある．また，「細胞融合実験」は，すべて大臣確認実験となる．

### （3）遺伝子組換え生物等の種類等による分類

省令では，遺伝子組換え実験は，微生物，動物，植物等実験に用いる生物等の種類によって「微生物使用実験」，「動物使用実験」，「植物等使用実験」に分類される．微生物を使用する実験でも，培養量が20 L を超える場合（ここでの培養量とは，培養タンクなど培養施設の総容量であり，実際の培養量が少なくても，培養タンクの総容量が20 L を超える場合は，該当する）は，「大量培養実験」となり，「微生物使用実験」とは種類が異なる．また，分類学上で異なる科の生物間の「細胞融合実験」

も遺伝子組換え実験として扱われる.

## （4）危険度による分類

　遺伝子組換え実験は，宿主や核酸供与体（宿主へ導入する DNA が由来する生物等）の病原性と伝播性の危険度によってクラス 1 ～クラス 4 の 4 段階に分類される. クラスの数字が高いほど危険度が高い.

　　クラス 1：微生物，きのこ類および寄生虫のうち，哺乳類や鳥類の動物に対する病原性がないもの
　　　　　　　および植物
　　クラス 2：微生物，きのこ類および寄生虫のうち，哺乳類や鳥類の動物に対する病原性が低いもの
　　クラス 3：微生物，きのこ類および寄生虫のうち，哺乳類や鳥類の動物に対する病原性が高く，かつ伝播性が低いもの
　　クラス 4：微生物，きのこ類および寄生虫のうち，哺乳類や鳥類の動物に対する病原性が高く，かつ伝播性が高いもの

## C 2種類の拡散防止措置 —生物学的封じ込めと物理的封じ込め—

　遺伝子組換え生物の環境中への拡散は，「生物学的封じ込め」と「物理的封じ込め」の 2 種類の方法で防止する.
　　生物学的封じ込め：宿主として使用する生物やベクターを限定して安全性を高めている. 安全性が認められている生物，野外での生育や接合能が限られた生物，生物間の伝播が抑制されているベクターを使用する.
　　物理的封じ込め：実験室の設計や設備などにより遺伝子組換え生物等が実験室の外へ漏れ出ないようにする.

## D 生物学的封じ込め —認定宿主ベクター系と特定認定宿主ベクター系—

　「生物学的封じ込め」は，「認定宿主ベクター系」と呼ばれる宿主ベクター系を使用して行う. 宿主生物の安全性の程度から B1 と B2 の 2 段階のレベルに区分されている. B1 は，これまでの使用から安全性が確認されている生物を宿主とする. さらに，細菌の場合，ベクターとして接合能のないプラスミドを使用して他の細菌への伝播を防止している. 大腸菌の場合，*Escherichia coli* K12 株と接合能力のないプラスミドベクターまたはファージベクターとの組合せが「EK1」として認定されている. この他に枯草菌 *Bacillus subtilis* の「BS1」，酵母 *Saccharomyces cerevisiae* の「SC1」などが認定されている. B2 は，遺伝的欠陥をもつため特殊な条件でしか生存できない株を宿主として，B1 よりも安全性が高い. この宿主ベクター系は，特に「特定認定宿主ベクター系」と呼ぶ. 大腸菌では，*E. coli* K12 株由来でそのような特殊な株を宿主とし，さらに宿主依存性が高く他の細菌へ移行しにくいベクターを利用する宿主ベクター系（EK2）が認定されている. この他に *B. subtilis* の「BS2」や *S. cerevisiae* の「SC2」などが認定されている.

## E 物理的封じ込めによる拡散防止措置

「微生物使用実験」の「物理的封じ込め」は，P1～P3の3段階のレベルが設定されている．数字が高いほど，実験施設の構造と設備，実験方法などにおける拡散防止措置のレベルが厳しくなる．実験の危険度が高いほど，高いレベルの「物理的封じ込め」を実施する．すなわち，宿主のクラスと核酸供与体（宿主へ導入するDNAが由来する生物）のクラスのうち高い方がクラス1，クラス2，クラス3である実験に対して，各々 P1，P2，P3 の拡散防止措置をとる．例えば，結核菌のDNAを大腸菌に導入する場合，宿主（大腸菌：クラス1）と核酸供与体（結核菌：クラス3）のうち高い方（クラス3）をとって，P3の拡散防止措置をとって実験することになる．ただし，塩基配列から遺伝子産物の機能が推定できるDNAは，「同定済核酸」と呼び，供与核酸（宿主へ導入するDNA）が同定済核酸で病原性や伝達性に関係ない場合，宿主がクラス1，クラス2の実験は，各々P1，P2となる．また，以下の場合は，「物理的封じ込め」のレベルを変更する．

① 「特定認定宿主ベクター系」を使用する場合は，レベルを1段下げて実験できる．すなわち，クラス1とクラス2の実験はP1で，クラス3の実験はP2でよい．
② 病原性や毒性をもつ核酸供与体を扱う実験で，「認定宿主ベクター系」を使用しない場合は，レベルを1段上げなければならない．
③ 供与核酸の導入によって宿主の病原性が高くなる場合は，レベルを1段上げなければならない．すなわち，クラス1とクラス2の実験は，各々P2とP3で行う．

次に，P1，P2，P3の各実験施設や実験において遵守すべき事項について述べる．

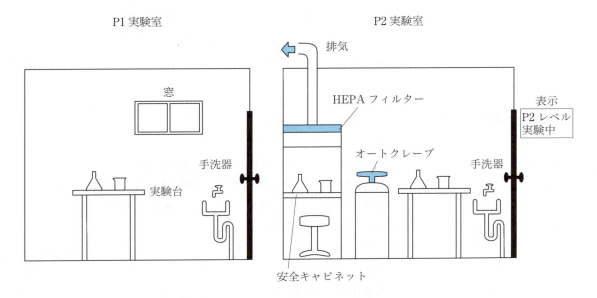

図7.4 P1およびP2実験室の例

## （1）P1

施設は，通常の生物実験室でよく（図7.4），実験は，次の①〜⑦の事項を遵守して実施する．①廃棄物，汚染器具や汚染機器などは，遺伝子組換え生物等を不活化後に廃棄または再使用する．②実験終了後，実験台に付着した遺伝子組換え生物等を不活化する．③実験は，扉や窓を閉めて行う．④エアロゾルの発生は最小限にとどめる．⑤遺伝子組換え生物等を実験室からもち出すときは，漏出しない構造の容器に入れる．⑥手洗いを行って体への付着や感染を防止する．⑦部外者がみだりに実験室に立ち入らない措置をとる．

## （2）P2

P2の施設は，P1の施設に加え，さらに**安全キャビネット**やオートクレーブを置く（図7.4）．実験は，P1の事項に加え，次の①〜③の事項を遵守して実施する．①エアロゾルが発生しやすい操作は，安全キャビネットを使用して汚染エアロゾルの外部への漏出を防ぐ．②実験中，実験室入口や遺伝子組換え生物等の保管設備に「P2レベル実験中」と表示する．③同じ実験室で他のレベルの実験を同時に行う場合は，各実験の区域を明確にする．

## （3）P3

P3の施設は，P1の施設に加え，さらに次の①〜⑤の要件を満たす．①実験室の入口に前室を設け，実験室内を陰圧にして室内の空気が室外に漏れ出ないようにする．②実験室の内部（床，壁，天井の表面）は，容易に水洗，薫蒸できる構造にする．③実験室の出口には足または肘で操作できる，あるいは自動で操作できる手洗い設備を設置する．④実験室からの排気や排水による汚染を防ぐため，排気が実験室および他の部屋に再循環されない設備や排水中の遺伝子組換え生物等が不活化できる設備を設置する．⑤実験室に安全キャビネットやオートクレーブを置く．実験は，P1の事項に加え，次の①〜③の事項を遵守して実施する．①実験室では，防護のため作業衣，帽子，眼鏡，手袋などを着用する．②作業衣は遺伝子組換え生物等を不活化した後に廃棄する．③前室の前後にある扉は，同時に両方を開けない．④エアロゾルが発生する操作は，安全キャビネットを使用して汚染エアロゾルの外部への漏出を防ぐ．⑤実験室の入口や保管設備に「P3レベル実験中」と表示する．

## F 動物実験における物理的封じ込め

P1A〜P3Aの施設は，すべて次の①〜③の要件を満たす．①実験室は，通常の動物の飼育室の構造や設備をもつ．②組換え動物等の逃亡経路にその習性に応じた逃亡防止設備を設置する．③ふん尿の中に遺伝子組換え生物等が含まれている場合は，ふん尿を回収する設備を設置する．さらに，P2AとP3Aは，各々P2とP3の要件を満たすことになっている．

P1A〜P3Aの実験は，次の①〜③の事項を遵守して実施する．①P1A〜P3Aは各々P1〜P3に掲げられた事項を遵守する．②組換え動物等を実験室からもち出すときは，逃亡しない構造の容器に入れる．③実験室の入口に，「組換え動物等飼育中」（P1Aの場合），「組換え動物等飼育中（P2）」（P2Aの場合），または「組換え動物等飼育中（P3）」（P3Aの場合）と表示する．

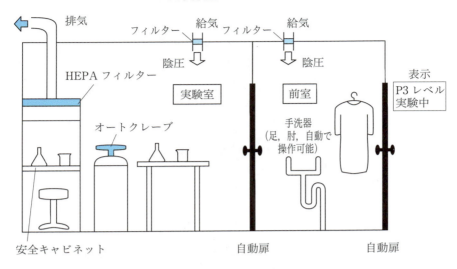

図 7.5　P3 実験室の例

## G 遺伝子組換え生物等の保管と運搬

　遺伝子組換え実験の終了後も，遺伝子組換え生物等を保管する時や他の施設へ運搬する時に拡散防止措置をとらなければならない．保管の場合，遺伝子組換え生物等が漏出・逃亡しない容器に入れ，所定の場所に保管する．さらに，容器の外側や保管設備（冷蔵庫など）に遺伝子組換え生物等が保管されていることを表示し，周辺の人に注意を促す．一方，運搬の場合，漏出・逃亡などで拡散しない容器に入れて運搬する．特に，P3 など高い拡散防止措置をとる場合，運搬中に事故で容器が破損しても組換え生物等が漏出・逃亡しないような容器に入れる．容器の最も外側に，取扱いに注意を要することを表示する．

◆ 演習問題 ◆

1) 遺伝子工学の農業や化成品への応用について主なものを列挙し，それらについて説明しなさい．
2) 植物への遺伝子導入法を列挙し，それらについて説明しなさい．
3) 遺伝子組換え実験の安全性を確保するために法律で定められた拡散防止措置について説明しなさい．

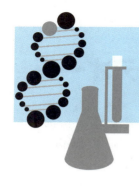

# 第8章　遺伝子工学の新展開

◆この章で学ぶこと(キーワード)◆

遺伝子医療：ポストゲノム研究，DNA チップ（DNA マイクロアレイ），トランスクリプトーム，プロテオーム，次世代シークエンサー，ゲノム編集，CRISPR/Cas9，メタゲノミクス，精密医療，ビッグデータ，人工知能，バイオインフォマティクス

2003 年に国際コンソーシアムによりヒトゲノムの 30 億塩基対の全配列が決定されたが，これ以来，遺伝子工学で扱う情報量は，それ以前と異なって桁違いに大きくなった．現在は，こうした大きな情報量を扱う研究手法が主流となっており，これらをポストゲノム研究と呼ぶ．この手法に基づいて，従来のように，ある薬効をもつ化合物をスクリーニングするというやり方ではなく，ゲノムの塩基配列情報から創薬を行うゲノム創薬，そして，これらの研究手法から，先に疾患の原因因子を解明してこれを標的として探索された医薬品である分子標的医薬品など，大量のデータを迅速に扱うやり方は，新しい治療の方法論を生み出してきた．そしてここ数年，遺伝子医療はさらに劇的な展開を見せているのである．既に前章で述べた iPS 細胞の樹立，そして次世代シークエンサーの開発，ゲノム編集手法の確立，この 3 つの技術は未来への新しい扉を開いたというべきものである．新しい技術の開発は，新しい景色，新しい地平線を我々に見せてくれる．さらに，ビッグデータを扱うことのできる人工知能やヒトの体内に入って病気の監視や治療を行うマイクロマシンといった映画の世界のような医療さえも現実のものになろうとしている．1953 年の二重らせん構造の解明以来，分子生物学の 20 年の発展，遺伝子工学の 20 年の発展，そして新しい医療のさきがけとなる ES 細胞がつくられヒトゲノムの解析などが行われた次の 10 ～ 20 年を経て，今，我々はこれらの 50 ～ 60 年とは桁違いの様相を呈する新しい遺伝子医療というべき時代に突入したことを実感するのである．

## 8.1 DNA チップとプロテオーム

　網羅的に多数の遺伝子発現の様子を一度に調べたり，多数の DNA について変異の有無を解析する時などには DNA チップが用いられる．また，プロテオームという細胞内全タンパク質を網羅的に解析することをプロテオーム解析といい，この解析にはプロテインチップなどが用いられる．プロテオーム proteome とは protein タンパク質と genome ゲノムを組み合わせた造語であり，他にもトランスクリプトーム，メタボローム，キノームといった造語がある．いずれも全転写物，全代謝物質，全キナーゼというような意味である．

　DNA チップは，DNA マイクロアレイとも呼ばれる技術で，スライドグラスなどの基盤の上に，短い DNA を数千個から数万個の高密度で合成ないしは貼り付けて作製される．この DNA チップは，DNA を合成するタイプのアフィメトリックス GeneChip と，スポットタイプのスタンフォード型マイクロアレイに大別されるが，どちらも一般的には DNA チップと呼ばれている．この DNA チップを用いることで，例えば細胞における全転写産物であるトランスクリプトームの解析を一度に行うことができる．がん細胞と正常細胞の間でこの結果を比較すれば，がん細胞にあって正常細胞にはない転写産物をみつけることができるので，がんの原因を解明したり，がんの治療や診断に関わる情報を短時間のうちに得ることができる．具体的な手法について説明すると，それぞれの細胞から抽出した mRNA あるいはその cDNA を異なる波長の蛍光を出す色素（Cy3 と Cy5 など）でそれぞれ標識して DNA チップにふりかける．DNA チップには，mRNA の一部の配列が cDNA としてスライドグラスに数万個スポットされていて，チップ上のこれら短い cDNA それぞれに結合した Cy3 あるいは Cy5 の蛍光強度を測定すれば，それぞれの細胞において，どの mRNA がどのくらい発現しているかを知ることができる．同一のチップに 2 種の細胞に由来する蛍光標識体をふりかけた場合，競合反応となるので，2 種の細胞である遺伝子が同程度発現していれば，検出される蛍光は 2 色の中間色になる．しかしどちらかの細胞でその遺伝子の発現が亢進，あるいは減少している場合は，蛍光の色は Cy3 か Cy5 のどちらかに偏った色になる．この蛍光強度を測定して数値化すれば，2 種の細胞における遺伝子発現を比較して，それぞれの細胞において発現比率が高い mRNA を比率の順番にランキングができる．正常細胞よりもがん細胞に発現比率が高い mRNA から翻訳されるタンパク質は，このがんの成長や転移に関係している可能性があるし，さらにこのがんの診断マーカーとして利用できたり治療のための分子標的になる可能性もある．数万個の mRNA の中から，このような候補を，わずか 1 枚の DNA チップのスライドグラスを使用するだけで短時間で選別できるこの技術は，創薬において極めて有効なツールであり，分子標的医薬品開発のためにもなくてはならない技術である．DNA チップの形状と実験方法を図 8.1 と図 8.2 に示した．

　一方，細胞内タンパク質を直接解析して比較する代表的方法がプロテインチップである（図 8.3）．他にも，二次元電気泳動といって，細胞内タンパク質をその大きさと電荷で二次元にゲル上で展開して，染色したタンパク質のスポットのパターンを比較することで，ある細胞に多く存在するタンパク質を検出する方法がある．この場合，泳動を行うのに手間とやや熟練を要することや，タンパク質の

検出感度が低く，検出できるスポットの個数にも限界があることなどの問題がある．これに比べて，プロテインチップの場合は，プロテオームの解析に適しており，チップへの結合条件をうまく検討すれば，ある疾患に特有の微量なタンパク質も検出することができる．このタンパク質をマーカーとして利用することで，従来，明確に区別がつかなかった疾患を分別して診断することが可能になった例もある．

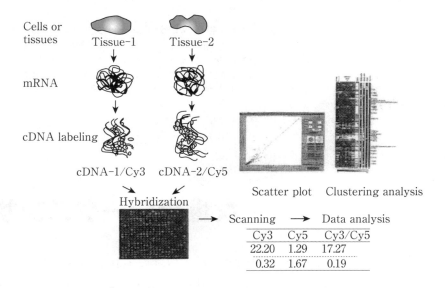

**図 8.1　スライドグラスに 1,100 個の cDNA がスポットされている DNA チップ**
（中西徹（2009）ポストゲノムと神経薬理研究．日本神経精神薬理学雑誌 29, 181-188）

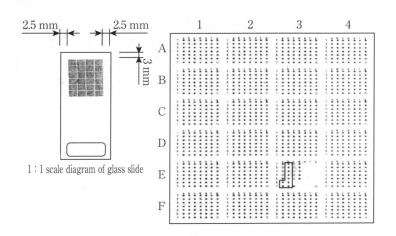

**図 8.2　DNA チップ実験の原理**

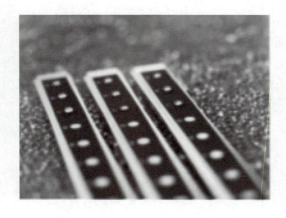
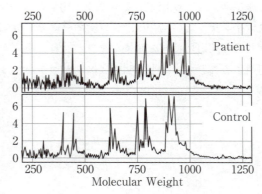

**図 8.3　サイファージェン社のプロテインチップ**
　イオン交換型，レセプター・リガンド結合型などの様々なチップが容易されており，オーダーメイドでチップを作製することもできる．ここにサンプルを結合させて，結合したタンパク質をTOF–MSなどの質量分析計で解析する．左はチップの形状，右はある癌に関する分析結果である．上のがん患者由来のサンプルのみに☆印のバンドが見られ，これを診断マーカーとして用いることができる可能性を示している．

## 8.2　次世代シークエンサー

　DNAの塩基配列決定というと，現在はジデオキシ法が主に用いられる．実際，国際コンソーシアムによるヒト全ゲノム解析の最初の成果も，このジデオキシ法によって得られたものである．しかし，ジデオキシ法では1回の解析で解読できる塩基数や処理能力には限界があり，ヒトの30億塩基対を解読するのに約10年もかかった．これに比べて，新しく開発された次世代シークエンサー next generation sequencer（NGS）では，解析処理能力が大幅に改善されて，10〜100ギガベースの解析が一度に可能になった（図8.4）．これは1回の解読でヒトゲノムがすべて解読できてしまうことを意味しており，今まで10年かかっていたものが数日で解読できるというまさに革命といってよい技術である．後で述べるように，この技術によって多くのヒトのゲノム解読が可能になったり，患者の細胞のゲノムを治療中に解読できることになったため，医療にも数々の革命がもたらされている．

　この次世代シークエンサーの解読原理は，従来のジデオキシ法とは全く異なっている．その中の1つを紹介すると，まず解読するゲノムDNAを断片化して一本鎖とした後にビーズに結合させる．このDNAをエマルジョンPCRで増幅した後，DNAポリメラーゼによる伸長反応を行うが，この時に蛍光基質を加えておいて，このビーズからDNAが伸長して蛍光を出す様子をCCDカメラで検出する．一種の画像解析ともいえるような方法で，50〜100塩基の断片を数億回読むということを行って，これらのデータをコンピュータ解析により1本につなげていく．したがって塩基の断片の解読精度が要求され，同じ場所を何回も繰り返し読むことが必要となる．この解読総数をリード数という．

　現在，イルミナ，ロシュ，アプライドバイオシステムズなどの次世代シークエンサーが販売されて

いる（図8.5）．価格は3,000万円前後だが，デスクトップ型等で1,000万円を切るものが出て来たため，今後かなり普及するものと予想される．

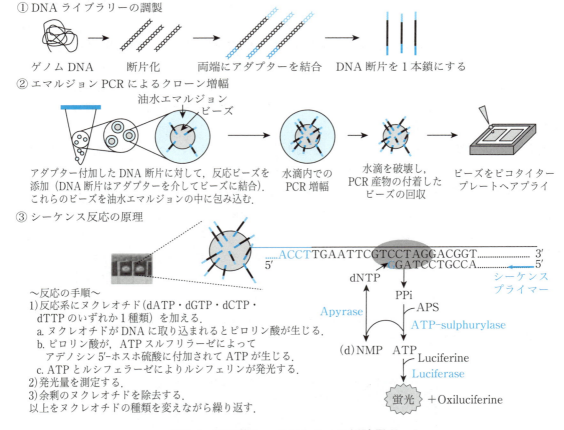

**図8.4　次世代シークエンサーの解読原理**
（InfoBio の HP より）

**図8.5　次世代シークエンサー SOLiD**
（アプライドバイオシステムズ）

## 8.3 ゲノム編集

ゲノム編集 genome editing は，2005 年頃から開発された技術であるが，2006 年に作製された iPS 細胞と共に，生命そのものを人工的に操作するような可能性のある技術と形容できる．特にこのゲノム編集の場合，iPS 細胞の作製者である山中博士をして「この 25 年の中で最も画期的な生命科学技術」と言わしめ，さらに「神の領域に迫るテクノロジー」とさえ形容される，今後の世界を一変させる可能性のある技術である．

従来，遺伝子改変技術としては，マウス ES 細胞を用いて，標的ベクターとの相同組換えを利用して遺伝子を破壊するノックアウトマウスの作製技術があった．しかし，この技術の場合，相同組換えを起こす頻度は非常に低く，この相同組換えを起こした ES 細胞の選択に多くの労力と時間（1 年前後）を費やすのが常であった．場合によっては，相同組換えを起こした ES 細胞が得られないような時もあった．これに比べると，ゲノム編集技術では，例えば部位特異的ヌクレアーゼとして CRISPR/Cas9 を用いる場合，切断に効果的なガイド配列さえうまく設計すれば，Cas タンパク質が容易に DNA を切断するので，マイクロインジェクション等で受精卵の核に注入した場合，かなり効率よく目的の遺伝子を変異させることが可能である（図 8.6）．

これはすなわち，ヒトの受精卵の遺伝子をも容易に改変できる可能性を秘めており，その意味では極めて危険な技術でもある（後述）．

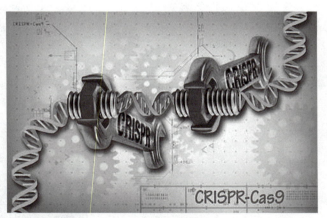

図 8.6　NHGRI による CRISPR/Cas9 のイメージ図

部位特異的なヌクレアーゼとしては，最初に，ZFN（ジンクフィンガーヌクレアーゼ），TALEN（タレン）などが開発されたが，ゲノム編集が爆発的に広まりだしたのは，CRISPR/Cas9（クリスパー・キャスナイン）が用いられるようになってからである．CRISPR は数十塩基対の短い反復配列を含み，もともと，原核生物において，バクテリオファージなどに対する一種の免疫系として発見された．この CRISPR は，石野良純らによって 1987 年に大腸菌で初めて見いだされた．2012 年には，ス

ウェーデンのシャルパンティエとダウドナらによって，このCRISPRによってゲノム編集が可能であることが報告された．

　CRISPR/Cas9は，ガイドRNAとCas9という2つの分子で構成され，ガイドRNAは，変異させるDNAの標的部位と相補的な配列をもつように設計されていて，標的部位に特異的に結合できる．すると次にガイドRNAとDNAを覆うようにCas9タンパク質が結合してきてDNAを切断する（図8.7）．ガイドRNAの配列の設計が重要であるが，既に多くの遺伝子について，最適の配列をもつCRISPR/Cas9が市販されていて，実験者は，この市販のCRISPR/Cas9を購入してマイクロインジェクションあるいはエレクトロポレーションで細胞に導入するだけで目的の遺伝子を変異させた細胞が得られるという時代になってきた．

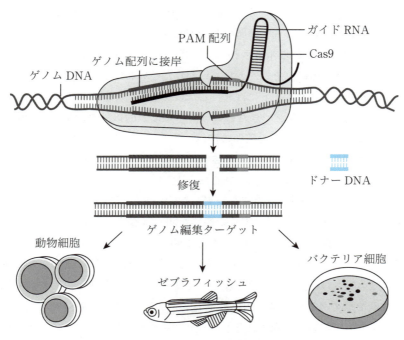

**図8.7　CRISPR/Cas9によるゲノム編集**

　既にこの技術は魚類や家畜に応用されて，1.5倍の大きさになったタイや筋肉量が2倍になった牛がつくられた．また作物にも応用されて，受粉しなくても実ができるトマトも作製されて受粉作業が一挙に不要になった．

Protein Cell
DOI 10.1007/s13238-015-0153-5

Protein & Cell

RESEARCH ARTICLE

CRISPR/Cas9-mediated gene editing in human tripronuclear zygotes

Puping Liang, Yanwen Xu, Xiya Zhang, Chenhui Ding, Rui Huang, Zhen Zhang, Jie Lv, Xiaowei Xie, Yuxi Chen, Yujing Li, Ying Sun, Yaofu Bai, Zhou Songyang, Wenbin Ma, Canquan Zhou, Junjiu Huang

Guangdong Province Key Laboratory of Reproductive Medicine, the First Affiliated Hospital, and Key Laboratory of Gene Engineering of the Ministry of Education, School of Life Sciences, Sun Yat-sen University, Guangzhou 510275, China

Received March 30, 2015　Accepted April 1, 2015

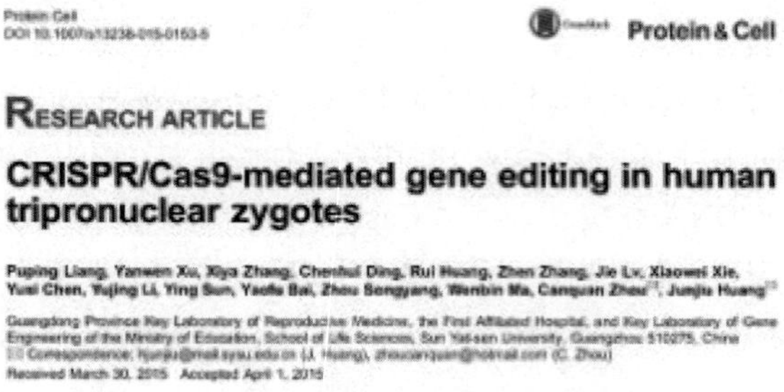

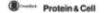

図 8.8　ヒト受精卵のゲノム編集を報告した論文

ここで，現在大変問題になっているのが，2015 年，2016 年と立て続けに報告された，中国の研究チームによるゲノム編集を用いたヒト受精卵の遺伝子改変である（図 8.8）．

2015 年，中国の研究グループから報告されたヒト受精卵のゲノム編集は，遺伝病である $\beta$ サラセミアの原因となる遺伝子変異の修復を目的として行われた．いわばヒト受精卵における遺伝子治療の基礎研究である．研究グループは，ヒトには成長しない異常受精卵を用いて実験したところ，わずか 4.7 % の受精卵だけで遺伝子の改変ができたという．さらに標的以外の部位でも DNA の変異が起こっていた．この研究については，ヒト受精卵の遺伝子改変という禁じられた聖域に踏み込んだ上に，別の手段で受精卵の選別が可能である中で実施された，ゲノム編集そのもののテストだったのではないかという大きな批判が世界中からあった．さらに 2016 年 4 月には，中国の別の研究グループが，2 例目となるヒト受精卵のゲノム編集の論文を発表した．今度は，CCR5 という HIV の感染に関わるタンパク質の遺伝子を改変したもので，HIV の感染を防ぐ基礎実験ということで前回同様に異常受精卵が使用されたが，213 個ものヒト受精卵を実験に使用したというこれまた大変問題となる実験である．驚いたことに，2016 年 8 月には，ゲノム編集で遺伝子を改変した細胞を人に注入する臨床試験がまたもや中国で実施された．がん細胞を攻撃する機能をゲノム編集で高めた免疫細胞を体内に戻すという遺伝子改変治療である．実は，2016 年 6 月に，米国 NIH で CRISPR／Cas9 ゲノム編集によるがんの遺伝子治療の臨床試験が承認されたというニュースが報じられていて，中国は世界初を狙って米国に先んじて実験を行ったのではないかといわれている．では我が国の状況はどうかというと，政府の生命倫理専門調査会が「ゲノム編集技術でのヒト遺伝子操作」を基礎研究に限って認めるという報告書をようやくまとめた段階である（ゲノム編集で改変した受精卵を子宮に戻すことや臨床利用などはもちろん認めていない）．生命倫理に反するとはいえ，中国に大きく遅れをとっている我が国の状況から，2016 年に，広島大学分子遺伝学研究室の山本卓教授らを中心に日本ゲノム編集学会が設立され，遅れをとっている研究の巻き返しに乗り出すことになっている（図 8.9）．

ゲノム編集はいったいどこまで進むのか？　この技術は果たして人を幸せにするのか？　どうしたらこの技術の暴走に歯止めをかけることができるのか？　人間社会の破壊，スーパー人間の出現といった映画「ガタカ」に描かれているような未来社会が，案外，仮想のものではないような現実をつきつけられているような昨今である．社会の破滅が遺伝子工学の行き着く先であってはならないと思うのは多くの研究者の一致するところであろう．

**図 8.9 日本ゲノム編集学会の設立**
(日本ゲノム編集学会 HP)

## 8.4 メタゲノム解析と精密医療

　次世代シークエンサーによって，ゲノム DNA の塩基配列解読のスピードが飛躍的に速まったため，その分，多くの人のゲノム塩基配列を解明することができるようになり，その結果，これまで知られていなかったいろいろなことがわかるようになってきた．今後，遺伝病の遺伝子やがん遺伝子は多くが解明されるといわれているし，個別遺伝子変異（人と人の間では 0.1 %，すなわち 300 万塩基対ほどの塩基配列の違いがあるといわれている）と体質や薬物感受性などの関連も明らかにされつつある．病気のリスクを判定する遺伝子検査キットもネットで多く販売されるようになって，購入して唾液を送れば検査結果が送られてくるような時代になった．しかし，キットによるリスクの数値の信頼性には問題もあり，個人遺伝情報取扱協議会では 2015 年 10 月に自主認定制度を設け，翌年 5 月 31 日には加盟する 9 社が認定を受けた．さらに，中国のメーカーからは，子供の能力を判定するような遺伝子検査キットも発売された．このような検査が好ましいかどうかは別として，中国では国家戦略として，ゲノム研究所で数百台の次世代シークエンサーを買い込んで，これらを駆使して大量のゲノム解析を行っており，これには日本人のゲノムも含まれているという．

　このように大量ゲノム解析時代がやってきたわけだが，このおかげで新しい学問領域やがんの新しい治療法が開発されている．その 1 つはメタゲノム解析である．環境中には多種多様な微生物が生存しているが，どのような微生物が生存しているのか調べるには，従来は，まず環境中から微生物を単離し，試験管の中で培養してその性質を調べていたので，わずかな微生物しか扱うことができなかった．しかしメタゲノム解析では，培養を行わずに環境中の微生物のゲノム DNA をすべて抽出し，これらの塩基配列を網羅的に次世代シークエンサーで解読するため，菌叢の遺伝子組成や機能の解明が可能となる．この手法をメタゲノミクス metagenomics と呼ぶ（図 8.10）．

　糞便などから，様々な菌が混じり合った状態の DNA を抽出し，その遺伝情報をまとめて解読して，微生物の構成を明らかにすることで，腸内細菌叢の様子を手にとるように知ることができるようになった．我々の腸には約 3 万種類，1000 兆個の細菌が生息しその重量は約 2 kg にもなる．腸内フロー

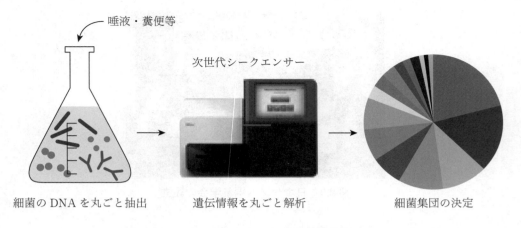

図 8.10　メタゲノミクスによる菌叢の遺伝子解析

ラと呼ばれるこの腸内細菌叢が，アレルギーや感染症などの治療や美容健康の維持に大きな役割を果たしていることがわかってきた．それだけでなく，ストレス感受性などにも関係するといわれており，よい腸内細菌を見つけてこれを腸内で増やすことは，長寿の切り札ともいわれている．ビフィズス菌やエクオール産生菌などのよい腸内細菌を増やす健康食品などが最近紹介されているが，メタゲノム解析は，腸内細菌叢をゲノムから解明して，美容と健康のための究極の細菌叢を明らかにする夢の研究といわれている．皮膚の細菌叢なども最近同様に研究されていて，化粧品企業などが続々参入していると聞く．

　大量ゲノム解析時代の到来のおかげで病気の新しい治療法も開発されている．精密医療 precision medicine がそれである．アメリカのオバマ大統領は 2015 年 1 月に一般教書演説を行い，その中で，科学技術に関する施策として，個人の医療情報を活用し precision medicine を始めることを宣言した．精密医療は，オーダーメイド医療と日本ではいわれている personalized medicine を基盤に，次世代シークエンサーにより得られるゲノム情報や，ビッグデータサイエンスなどの大量情報を駆使して，より精密な診断を行い，個人に最適な先端医療を行うことをいう．例えば，ゲノムスクリーニングで患者のがん細胞から突然変異遺伝子を見つけ出して，その中から重要な変異を，これまでの多くの情報を高度データ処理することから発見し，この変異により生じる異常タンパク質を，分子標的医薬品で押さえ込むという先端治療が行われるようになった．このような治療によって，がんが劇的に縮小する例が報告されている．日本でも，235 の病院と 15 の製薬会社が参加した精密医療の臨床試験プロジェクト，スクラムジャパンがスタートした．このように生命情報科学（バイオインフォマティクス）と呼ばれる，生体分子情報を含めた生命科学研究の膨大なデータの情報収集および解析研究の著しい進歩が，次世代の医療の扉を開こうとしているのである．

# 日本語索引

## ア

アイソシゾマー　62
青いバラ　229
青白判定　77
アクテムラ　165
アグロバクテリウム　222
アグロバクテリウム法　222
アザシチジン　45
アシロマ会議　11, 236
*N*-アセチル転移酵素　183
アデニン　17, 18
アデノウイルスベクター　203
アデノシンデアミナーゼ　204
アデノ随伴ウイルスベクター
　203, 205
アニーリング　96, 97
アーバー　9
アバスチン　164
アフィニティークロマトグラフ
　ィー　101
アフィメトリックス GeneChip
　244
アプタマー核酸　175
アプタマー法　144, 169
アベリー　4
アベリーの実験　78
アミノアシル化　48
アミノアシル tRNA シンテタ
　ーゼ　48
アミノ酸 -コドン対応表　46
アルカリホスファターゼ　66
アルゴノート 1　56
アルテプラーゼ　155
アルトマン　4
アルブミン　159
アンジオテンシンⅡ受容体拮抗
　薬　168
安全キャビネット　240
アンチコドン　22, 47
アンチコドンアーム　22
アンチセンス核酸　171
アンチセンスプライマー　97
アンチセンス法　144, 169

アンバー・サプレッサー tRNA
　50
α-サルシン　36
α-サルシン/リシンループ　36
IL-6 受容体　165
iPS 細胞　13, 124, 130
　作製　132
RNA 依存性 DNA ポリメラー
　ゼ　36
RNA がんウイルス　208
　発がん機構　209
RNA 干渉　55, 144, 169, 173,
　174
　メカニズム　174
RNA プロセシング　35, 41
RNA ポリメラーゼ　35
RNA 誘導型サイレンシング複
　合体　56, 174
rRNA
　転写後修飾　48

## イ

鋳型鎖　25
一塩基多型　178, 190
一本鎖結合タンパク質　30
遺伝暗号　8
遺伝子　4, 16, 23
　増幅　214
遺伝子改変マウス　149, 150
遺伝子型　181
遺伝子組換え技術　221
遺伝子組換え作物　221, 226
遺伝子組換え実験
　危険度　238
遺伝子組換え食品　229
遺伝子組換え植物　222
遺伝子組換え生物
　拡散防止措置　238
遺伝子組換え生物等　236
　保管と運搬　241
遺伝子クローニング　59, 60,
　83, 85, 86, 148
遺伝子検査　195
　実施数　198

遺伝子工学　9
　化成品　230
　基本概念　11
遺伝子診断　195
遺伝子増幅法 PCR　12
遺伝子多型　178
　薬剤応答性　186
遺伝子治療　201, 202
遺伝子治療薬　205
遺伝子治療用医薬品　143
遺伝子発現ベクター　148
遺伝子変異　189
遺伝性非ポリポーシス大腸がん
　217
遺伝病　201
　遺伝子診断　198
　がん関連遺伝子　215
イニシエーター　39
イノシン　47
イブリツモマブチウキセタン
　160, 164
イマチニブ　167
イミグルセラーゼ　155
イムノマックス-γ 注　158
イリノテカン　197
イレッサ　165
インクレチン　158
インクレチン分解酵素阻害薬
　168
インスリン　157, 232
インスリンアスパルト　157
インスリンアナログ　157
インスリングラルギン　157
インスリンデグルデク　157
インスリンリスプロ　157
インターフェロン　158
インターロイキン-2　158
イントロン　41
インフリキシマブ　160, 165
インフルエンザ HA ワクチン
　159
インベーダー法　198
ES 細胞　115, 124

## ウ

ウイルス性がん遺伝子　208, 210
ウイルス抵抗性作物　228
ウィルムット　13, 122
ウェスタンブロッティング　104
　概略図　105
ウェスタン法　88
ウミシイタケルシフェラーゼ　105
ウラシル　17, 18

## エ

エイブリー　4
エキソヌクレアーゼ　66
エキソヌクレアーゼ活性　28
エキソン　41
エキソンスキップ　173
エクア　169
エタネルセプト　160
エチレンジアミン四酢酸　74
5-エノールピルビル -3-ホスホシキミ酸シンターゼ　227
エピジェネティクス　44, 45
エピジェネティクス薬　45
エピソーマルベクター　131
エポエチンアルファ　158
エポエチンベータペゴル　158
エラープローンPCR　233
エリスロポエチン　158
エレクトロポレーション　104
エレクトロポレーション法　222, 225
塩基除去修復　195
塩基性ヘリックス・ループ・ヘリックス　44
塩基性ロイシンジッパー　44
エンドヌクレアーゼ　66
エンハンサー　40
A型DNA　20
ABO式血液型　179
　糖鎖構造　180
AGⅡ受容体タイプ1　168
ARB

血圧調節　168
F1型ファージ　80
H鎖　159
HBs抗原　159
HMG-CoA還元酵素　167
HMG-CoA還元酵素阻害薬　167
L鎖　159
M13ファージ　80
　増殖サイクル　81
miRNA
　翻訳阻害機構　56
miRNA-RISC複合体　57
MLPA法　198
mRNA
　読み枠　49
SD配列　51
SDS-ポリアクリルアミドゲル電気泳動　104
SNPデーターベース　179
X染色体連鎖性遺伝病　202

## オ

応答エレメント　39
岡崎フラグメント　8, 28
岡田吉美　9
オクトコグアルファ　158
オーダーメイド医療　178, 180
オフターゲット活性　119
オープンリーディングフレーム　50
オペレーター　38
オペロン　38
オペロン説　8
オレイン酸　228

## カ

開鎖複合体　29
開始因子　50
開始コドン　46, 48
害虫抵抗性作物　227
ガイドRNA　120
外来遺伝子　113, 222
化学発がん　207
核移植クローン　121
核酸　4, 18

化学修飾　171
核酸医薬品　143, 169
　作用機構　170
　種類　170
核小体低分子RNA　55
核内低分子RNA　55
化成品　230
可塑性　124
カタボライト活性化タンパク質　38
カテナン　32
ガードン研究　133
カーボンニュートラル　234
鎌状赤血球症　202
鎌状赤血球貧血症　195
下流コアプロモーターエレメント　39
顆粒コロニー刺激因子　158
カルシウムオシレーション　136
カルタヘナ議定書　236
加齢黄斑変性　134
カロテノイド　235
がん　207, 213
がん遺伝子　208
がんウイルス　207
がん幹細胞　126, 128
幹細胞　124
幹細胞微小環境　124
幹細胞マーカー遺伝子　125
がん線維芽細胞　128
感染多重度　79
間葉系幹細胞　135
がん抑制遺伝子　208, 211
　機能　212
　役割　213
γ複合体　30

## キ

偽遺伝子　54
機関承認実験　237
奇形種　115
キナーゼ　65
機能性RNA　55
基本転写因子　40
キメラ抗体　159
キメラマウス　115

逆位　190
逆転写　36
逆転写酵素　36, 70, 98, 208
　cDNA の合成　72
逆転写反応　98
キャップ構造　21, 41
吸収　180
筋ジストロフィー　198

## ク

グアニン　17, 18
組換え医薬品　143
　血液凝固因子　158
　血清タンパク質　159
　酵素　155
　サイトカイン　158
　市販品　156
　製造・品質・安全管理　153
　製造方法　148
　長所と短所　148
　非臨床試験　155
　ホルモン　157
　有用性　147
　臨床試験　155
　ワクチン　159
組換え実験
　安全性　235
　分類　237
　法律　236
組換え体 DNA　148
組換えタンパク質　230
　医薬品　232
　機能の向上　233
　酵素剤　232
　酵母　231
　精製　149
　大腸菌　231
　微生物　230
組換えタンパク質生産細胞
　153
組換え沈降 B 型肝炎ワクチン
　159
組換え DNA 実験指針　12
クラウンゴール　222
クラス II 遺伝子　39
クラス I プロモーター　41
クラス II プロモーター　39

クラス III プロモーター　41
クランプローダー　30
クリック　7, 15
グリフィス　4
グリフィスの実験　5, 16
グリベック　167
グリホサート　227
グルカゴン様ペプチド 1　158
グルコース依存性インスリン分
　泌刺激ホルモン　168
グルコセレブロシダーゼ　155
クレノー断片　69
クローニング部位　223
クローニングベクター　230
クロマチン　23
クローン　83
クローン動物　121
クローン羊　13, 122
CRISPR/Cas システム　119,
　120

## ケ

蛍光法　88
経口ワクチン　228
形質転換　17, 77
血液凝固第 IX 因子　158, 202
血液凝固第 VIII 因子　158, 202
血管内皮細胞増殖因子　164,
　175
結合阻害作用　160
欠失　190
血友病 A　158, 202
血友病 B　158, 202
ゲノム　23
ゲノム編集　113, 119, 226, 248
ゲノム編集技術　202
ゲノムライブラリー　83, 84
ゲノムライブラリー作製法　84
ゲフィチニブ　165, 196
ゲムツズマブオゾガマイシン
　160
ケーラー　12
ゲルシフトアッセイ　107
　原理　108
　実験例　110
　方法　110
原核細胞

転写　37
　転写開始および終結　38
顕微授精　136

## コ

コアヒストン　24
構成型プロモーター　222
校正機能　28, 68
構造遺伝子　36
構造的ヘテロクロマチン　44
酵素活性量　73
後続品　146
酵素反応液　73
酵素反応温度　72
抗体　147
抗体依存性細胞傷害作用　160
抗体医薬品　159
　抗癌作用　164
　構造と種類　160
　作用機序　161
　市販品　166
　生産　149, 152
後発医薬品　146
後発品　146
酵母　153
コーエン　11
国際アグリバイオ事業団　226
国際研究コンソーシアム　55
コケイン症候群　216
コザック配列　51
骨髄異形成症候群　45
骨髄再構築法　126
コッセル　4
コード領域　178
コドン　46
5' 末端　18
ゴールデンライス　228
コロニー　78
コロニーハイブリダイゼーショ
　ン　86, 87
コンディショナルノックアウト
　117
コーンバーグ　8
コンパニオン診断薬　196
コンピテントセル　78

## サ

再構築法　126
再生医療　128, 131
細胞系譜　124, 125
細胞性医薬品　204, 205
細胞性がん遺伝子　208, 209
　　役割　210
細胞治療用医薬品　143
細胞融合実験　237
サイレンサー　40
サイレント変異　192
サザンブロッティング　92, 93, 94
サットンの説　4
サーマルサイクラー　96
作用　168
サンガー　12, 89
3′末端　18

## シ

ジェネリック医薬品　146
ジェノタイプ　181
色素性乾皮症　202, 216
自己複製能　124
シスエレメント　107
ジストロフィン
　　遺伝子診断　199
ジストロフィン遺伝子　198
次世代シークエンサー　200, 246
　　解読原理　247
ジデオキシ法　12, 90
自動塩基配列解析装置　89, 91
自動シークエンサー　89, 91
シトシン　17, 18
ジペプチジル・ペプチダーゼ-
　　IV　169
ジャイレース　35
シャイン・ダルガーノ配列　51
ジャコブ　8
シャトルベクター　103
シャルガフの法則　18
終結因子　50, 53
終止コドン　47
重複　190

## 宿主依存性制限

宿主依存性制限　10
宿主ベクター系　238
縮重　46
主溝　20
受精　136, 137
受精卵クローン　121, 122
出生前診断　200
腫瘍壊死因子α　165
条件的ヘテロクロマチン　44
小サブユニット　48
常染色体優性遺伝病　201
上流要素　37
除去修復　216
植物
　　遺伝子導入法　222
植物等使用実験　237
除草剤耐性作物　227
真核細胞
　　複製開始複合体　32
　　翻訳開始　52
　　rRNA遺伝子　49
ジンクフィンガー　44
ジンクフィンガーヌクレアーゼ
　　119
人工制限酵素　226
人工多能性幹細胞　130
新生鎖　26
ジーンターゲッティング　115
伸長　96
伸長因子　50
ジーントラッピング　118
ジーントラップベクター　118
シンバスタチン　167
σ因子　37
C型肝炎ウイルス　99
CD20抗原　164
cDNAライブラリー　84
　　作製方法　85
CpGアイランド　44
CYP遺伝子多型
　　代謝活性　181
Shine-Dalgarno配列　231

## ス

水素結合　19
スター活性　73
スタチン　167

## スタール

スタール　8
スタンフォード型マイクロアレ
　　イ　244
スフェロイド形成法　125, 126
スプライシング　42, 231
スプライシング機構　43, 231
スプライソソーム　42
スミス　9
スミフェロン　158
スライディングクランプ　30

## セ

制限酵素　61, 63
　　切断断片の平均長　64
　　認識配列と切断部位　62
制限酵素切断多型法　94
制限酵素部位　223
精子先体反応　136
生殖医療　136
生殖系列　113
生殖補助医療　136
生体成分　147
生物学的封じ込め　236, 238
生分解性プラスチック　235
精密医療　13, 251, 252
生命情報科学　252
切断・ポリ(A)特異性因子　42
セルソーター　126
セルバンクシステム　153
セルモロイキン　158
セルロース系バイオマス　234
セレックス法　175
セレノシステイン　50
染色体　23, 24
　　構造異常　214
　　転座　214
染色体異常　213
センスプライマー　97
センダイウイルスベクター
　　131
選択的スプライシング　42, 43
選択マーカー　223
選択マーカー遺伝子　222
セントラルドグマ　8, 15, 98
セントロメア　25
SELEX法　176
Z型DNA　20

## ソ

相互転座　213, 214
相同組換え　113, 116
相同組換え修復　194, 195
挿入　190
相補性　19
相補的　36
相補的塩基対　20
相補DNA　99
組織幹細胞　124
組織プラスミノーゲンアクチベーター　155

## タ

第一世代バイオ医薬品　147
第一種使用等　237
体外検査薬　196
体外受精　136, 138
　実験例　140
ダイサー　56, 174
体細胞クローン　121
体細胞クローン技術　113
大サブユニット　48
代謝　180
大臣確認実験　237
大腸菌　153, 231
　組換えタンパク質　102
　タンパク質の発現　101
　複製開始　29
　ラクトースオペロン　39
　rRNA遺伝子　49
大腸菌ゲノム
　複製終結　33
大腸菌コロニー
　青白判定　77
大腸菌ファージベクター　75
大腸菌プラスミドベクター　75
大腸菌DNAポリメラーゼI
　68
第二種使用等　237
第二世代バイオ医薬品　147
耐熱性DNAポリメラーゼ　96, 98
大量培養実験　237
ダイレクトリプログラミング

124
ダウン症　200
多型　178
ターゲッティングベクター
　115
多重クローニング部位　75
多能性幹細胞　124
多分化能　124
ターミネーター　37
ターミネーター配列　231
探索子　92
タンパク質
　発現　101
タンパク質医薬品　144
　製造方法　148
タンパク質合成　50
*tac*プロモーター　231
Taqポリメラーゼ　98

## チ

チェイス　6
チオプリンメチル転移酵素
　184
チミン　17, 18
腸管クリプト　127
調節遺伝子　36
チロシンキナーゼ活性　210
沈降係数　22, 23

## テ

低分子医薬品
　抗癌作用　165
低分子干渉RNA　174
定量PCR　100
デオキシリボ核酸　16
2-デオキシ-D-リボース　17
デオキシリボヌクレオシド　17
デオキシリボヌクレオシド一リン酸　17
デオキシリボヌクレオシド三リン酸　67
デオキシリボヌクレオチド　17
デコイ核酸　177
デコイ法　144, 169
デシタビン　45
テータム　4

デュシェンヌ型筋ジストロフィー　173, 198
デルフィニジン　229
テロメア　25, 34
テロメラーゼ　34
転位　52
転移RNA　21
電気穿孔法　78, 225
転座　190
転写　15, 36
転写因子　43
転写開始前複合体　40
転写活性化因子　40
転写共役因子　40
転写調節因子　39, 43
転写調節領域　105
点変異　190
Dアーム　22
DNA
　二重らせん構造　20
　ハイブリダイゼーション　93
DNA組換え　216
DNA鎖　20
DNAジャイレース　32
DNA修復　215
DNA傷害修復機構　215
DNA除去修復　202
DNA伸長　98
DNA損傷　193
　修復機構　194
DNA-タンパク質複合体　108
DNAチップ　244, 245
DNA二重らせん　8
　ライセンス化　33
DNAプライマー　27
DNAプライマーゼ　27
DNAプローブ　92, 196
DNAヘリカーゼ　27
DNAポリメラーゼ　8, 25, 28, 67
　構造模式図　69
DNAポリメラーゼ活性　68
DNAポリメラーゼⅢホロ酵素
　30
DNAポリメラーゼα　31
DNAポリメラーゼγ　31
DNAポリメラーゼδ　31
DNAポリメラーゼε　31

DNA マイクロアレイ　196,
　244
DNA メチラーゼ　63, 64
DNA メチル化酵素　44
DNA リガーゼ　28, 65
DnaB / DnaC 複合体　29
DPP-IV 阻害薬　168
DTC 遺伝子検査　200
T ループ　25
T Ψ C アーム　22
Ti プラスミド　222
Tm 値　97
tRNA
　転写後修飾　48
*trp* オペロン　38

## ト

同義コドン　47
同定済核酸　239
動物細胞　153
動物実験
　物理的封じ込め　240
動物使用実験　237
透明帯　136
特定認定宿主ベクター系　238
独立遺伝の法則　2, 3
トシリズマブ　160, 165
トポイソメラーゼIV　32
トラスツズマブ　164, 196
トランジション　191
トランスエレメント　107
トランスジェニック動物　113
トランスジェニックマーモセット　115
トランスジーン　113
トランスディファレンシエーション　135
トランスバージョン　191
トランスフェクション　103
ドローシャ　56

## ナ

軟寒天コロニー形成試験　126
ナンセンスコドン　47
ナンセンス変異　50, 192

## ニ

21 番染色体トリソミー　200
二重らせん　7, 18
ニック　65
ニックトランスレーション　70, 71
ニッチ　124
ニボルマブ　164
ニューロタン　168
ニーレンバーグ　8
認定宿主ベクター系　238

## ヌ

ヌクレアーゼ　66, 67
ヌクレオシド　19
ヌクレオシド三リン酸　89
ヌクレオソーム　23
ヌクレオチド　19
　取り込み　26
ヌクレオチド除去修復　195
ヌクレオチド置換反応　70, 71

## ネ

ネイサンズ　10
粘着末端　61, 62

## ノ

嚢胞性線維症　202
ノーザンブロッティング　92, 94, 95
ノックアウト動物　113
ノックアウトマウス　116
　作製法　117
ノックイン動物　113
ノックインマウス　116
ノナコグアルファ　158

## ハ

バイオ医薬品　143
　種類　144
バイオインフォマティクス　252

バイオエタノール　234
バイオ後続品　146, 160, 162
バイオシミラー　146, 160
バイオパニング　152
バイオプラスチック　235
バイオマス　234
バイオリスティクス　225
バイオリファイナリー　234
胚性幹細胞　115, 124
排泄　180
バイナリーベクター　223
胚盤胞　115
ハイブリダイゼーション　92
ハイブリドーマ　149
胚分割クローン　121
培養真皮　144
培養皮膚　144
バーグ　11
バクテリオファージ　6, 74
ハーシー　6
ハーシーとチェイスの実験　5, 6
ハーセプチン　164
発がん物質　207
発現ベクター　230
発光法　88
パーティクルガン法　222, 225
早津彦哉　9
パリンドローム配列　61
パン酵母　231
ハンチントン病　201
万能細胞　131
半保存的複製　7, 8, 25, 26

## ヒ

ピキア酵母　232
非コード領域　178
非コード RNA　55
ヒストン　24
ヒストンアセチル化酵素　44
ヒストン脱アセチル化酵素　44
ヒストン H1　24
微生物使用実験　237
非相同末端結合修復　194, 195
ビタミン A 欠乏症　228
ビタミン K エポキシド還元酵素 - 複合体サブユニット 1

184
ヒトインスリン　12
ヒト化抗体　159
ヒト血清アルブミン　159
ヒト抗体　159
ヒト抗体作製法　149, 152
ヒト抗体産生トランスジェニッ
　クマウス　148
ヒト免疫不全ウイルス　99
ヒトモノクローナル抗体
　生産と精製　150, 151
ビードル　4
皮膚 T 細胞リンパ腫　45
日持ちトマト　228
表現型　16, 181
標的組換え　116
表皮幹細胞　127
ピリミジン塩基　18
ビルダグリプチン　169
品種改良技術　221
B 型肝炎　159
B 型 DNA　20
Bcr-Abl チロシンキナーゼ
　167
Bt タンパク質　227
P1 実験室　239
P2 実験室　239
P3 実験室　241
p53 遺伝子　215
PCR
　1 サイクルの概念図　96
*vir* 領域　222
virulence 領域　222

## フ

ファージ　5974
ファージディスプレイ法　148,
　151, 152
ファージベクター　74, 79
ファージライブラリー　152
ファズミドベクター　82
ファーマコゲノミクス　181
ファーマコジェネティクス
　181
フィラデルフィア染色体　213
フィルグラスチム　158
フェニルケトン尿症　201

フェノタイプ　181
フエロン　158
フォーワードプライマー　97
不均等分裂　124
副溝　20
複合ベクター　81
複製　15, 25
　DNA ポリメラーゼ　29
複製起点　27
複製起点認識複合体　31
複製単位　27
複製バブル　32
複製フォーク　28
物理的封じ込め　236, 238, 239
プライマー　27, 67
プラーク　79, 80
プラークハイブリダイゼーショ
　ン　86, 87
プラスミド　59, 74
プラスミドベクター　11, 74,
　75
プラスミド DNA　204
フラボノイド 3′,5′-水酸化酵素
　遺伝子　229
プリブノウボックス　37
プリン塩基　18
フレーム　49
フレームシフト変異　9, 50,
　192
プロテインチップ　244, 246
プロテオーム　244
プロトプラスト　225
プロドラッグ　182
プローブ　70
プロファージ　80
プロモーター　37, 230
プロモーター配列　231
プロモーター領域　105
分化誘導　132
分子クローニング　83
分子標的医薬品　162
　作用機序　164
分子標的制がん剤
　遺伝子検査　197
　適応判定　196
分子標的治療薬　211
分子標的薬
　作用機序　163

分泌シグナル配列　231
分布　180
分離の法則　2, 3
FISH 法　196

## ヘ

平滑末端　62
ヘイフリック限界　34
ペガプタニブ　175
ベクター　59, 60, 74
　遺伝子治療　203
ベッカー型筋ジストロフィー
　198
ヘテロ核 RNA　42
ヘテロクロマチン　24
ヘテロ接合性の消失　212
ベバシズマブ　164
ペプチジルトランスフェラーゼ
　52
ペプチド
　伸長　52, 53
ペプチド転移　52
ヘルパープラスミド　223
変異　178
　原因　193
　種類　190
変異原物質　193
変異酵素　233
変性　92, 96, 97
β ガラクトシダーゼ　76
β クランプ　30
β-*N*-グリコシド結合　17

## ホ

ボイヤー　11, 12
放射性同位元素法　88
ポジティブネガティブ選別
　116
ホスファターゼ　65
ホスホジエステル結合　26
3′,5′-ホスホジエステル結合
　18
補体依存性細胞傷害作用　160
母体血胎児染色体検査　200
ホタルルシフェラーゼ　105
ホミビルセン　172

## マ... (Japanese index)

ポリガラクチュロナーゼ　228
ポリシストロン性　38
ポリヌクレオチドキナーゼ　66
ポリノスタット　45
ポリ(A)結合タンパク質　42
ポリ(A)テイル　21, 42
ポリ(A)ポリメラーゼ　42
*N*-ホルミルメチオニル tRNA　48
翻訳　15, 45
　　終結　54
翻訳開始前複合体　51

### マ

マイクロインジェクション　114
マイクロサテライト不安定性　217, 218
マイクロサテライト不安定性試験　198
マイクロ RNA　55
　-35 領域　37
　-10 領域　37
マウス
　体外受精　138
マウス抗体　159
マウス iPS 細胞　132
マキサム・ギルバート法　88
マクジェン　175
マスターセルバンク　153
末端複製問題　34
マラー　4
マリス　12
マンノース 6 リン酸　155

### ミ

ミスセンス変異　192
ミスマッチ修復　195, 216, 217
ミトコンドリア病　202
ミポメルセン　172
ミラヴィルセン　57
ミルシテイン　12

### メ

メセルソン　8

メタゲノミクス　251
メタゲノム解析　251
メチル基転移酵素　63
メチルトランスフェラーゼ　63
メッセンジャー RNA　21
免疫チェックポイント　164
免疫賦活作用　160
免疫ライブラリー　152
メンデル　2, 16
メンデルの法則　1

### モ

毛包　127
毛包幹細胞　127
モチーフ 10 エレメント　39
モノー　8
モノクローナル抗体作製法　12
モルガン　4

### ヤ

薬物代謝酵素検査　199
薬理遺伝学　181
薬理ゲノム学　181
山中因子　131
山中研究　133
山中伸弥　13, 130

### ユ

優性の法則　2
誘導型プロモーター　222
ユークロマチン　24
ユニット　73
ゆらぎ　46, 47
UDP-グルクロン酸転移酵素　182
UGT1A1 遺伝子
　多型　183
UP エレメント　37

### ヨ

抑制因子　40
ヨハンセン　4
読み取り　52
読み枠　50

### ラ

ライセンス化因子　33
ライブラリー　83
ラギング鎖　28
ラクトースリプレッサー　77
ラニビズマブ　159
卵細胞質内精子注入法　136
ランダムプライマーラベリング　70, 71
λ ファージ　79
　溶菌サイクル　80
　溶原化サイクル　81
label-retaining cell 法　125
*lac* オペロン　38
*lac* Z 遺伝子　76

### リ

リアルタイム PCR　100, 196
リソソーム病　155
リツキサン　164
リツキシマブ　160, 164
リーディング鎖　27
リー脳症　202
リバースプライマー　97
リ・フラウメニ症候群　215
リプレッサー遺伝子　38
リプログラミング　121
リボ核酸　17
リボザイム　52
D-リボース　17
リボソーム再生因子　53
リボソーム RNA　22
リボヌクレオシド　17
リボヌクレオシド一リン酸　17
リボヌクレオシド三リン酸　17
リボヌクレオシド二リン酸　17
リボヌクレオチド　17, 27
リポバス　167
リポフェクション　104
両方向複製　27
リラグルチド　158
リンキング数　32
リン酸カルシウム　104
リンチ症候群　198, 216

## レ

レトロウイルス　208
レトロウイルスベクター　203
レプリコン　27
レプリソーム　30, 31
レポーターアッセイ　105
　原理　106
　実験例　108
　方法　107

レポーター遺伝子　105
レミケード　165
レンチウイルス　114
レンチウイルスベクター　113
レンチウイルスベクター法
　　115

## ロ

ロサルタン　168
ロミデプシン　45

$\rho$ 因子　37

## ワ

ワーキングセルバンク　153
ワクチン　147
ワトソン　7
ワルファリン
　作用に関わる遺伝子　185

# 外 国 語 索 引

## A

ABCB1   184, 186
ABCE-1   53
*N*-acetyltransferases 2   183
acrosome reaction   136
activator   40
ADCC   160
adenine   17, 18
*S*-adenosylmethionine   63
Ago1   56
*Agrobacterium tumefaciens*
   222
alkaline phosphatase   66
alternative splicing   42
amplification   214
anticodon   47
ARB   168
Arber, W.   9
argonaute 1   56
ART   136
assisted reproduction
   technology   136
ATP-binding cassette   53
ATP-binding cassette sub-
   family B member 1   184
Avery, O.T.   4, 78
azacytidine   45

## B

*Bacillus thuringiensis*   227
Beadle, G.W.   4
Berg, P.   11
bHLH   44
BMD   198
BS   162
bZip   44

## C

CAF   128

cancer-associated fibroblast
   128
CAP   38
Capecchi, M.R.   115
cap structure   21
catabolite activator protein
   38
catenan   32
CDC   160
Cdc6   31
cDNA   36, 83, 99, 231
cDNA library   84
CDR3   159
Cdt1   31
centromere   25
cfu   78
Chargaff's rule   18
Chase, M.   5
chromatin   23
chromosome   23
cleavage and polyadenylation
   specificity factor   42
clone   83
clump loader   30
c-Myc   44
coactivator   40
Cockayne syndrome   216
coding SNP   178
codon   46
colony forming unit   78
complementarity   19
complementary DNA   36, 99,
   231
*c-onc*   208
corepressor   40
core promotor element   41
CPE   41
CpG island   44
CPSF   42
Cre-loxP   117
Crick, F.   7
CRISPR / Cas9   248
cSNP   178

CTCL   45
CYP3A4   186
CYP2C9   182, 186
CYP2C9*3   182
CYP2C19   182, 186
CYP2C19*2   182
CYP2C19*3   182
CYP2D6   186
cystic fibrosis   202
cytosine   17, 18

## D

decitabine   45
decoding   52
denature   92
deoxyribonucleic acid   16
deoxyribonucleoside
   monophosphate   17
deoxyribonucleotide   17
Dicer   56, 174
DMD   198
DNA   16, 18
DnaA   29
DNA helicase   27
DNA ligase   28, 65
DNA methyltransferase   44
DNA polymerase   25, 67
DNA primase   27
dNMP   17
DNMT   44
double helix   18
downstream core promotor
   element   39
DPD   186
DPE   39
DPP-Ⅳ   169
Drosha   56

## E

editing function   68
EDTA   74

EF 50
EGFR 165
electrophoretic mobility shift assay 107
ELISA 104
elongation factor 50
EM 181
EMSA 107
endonuclease 66
end replication problem 34
enhancer 40
epigenetics 44, 45
EPO 158
EPSPS 227
*Escherichia coli* 231
euchromatin 24
Evans, M.J. 115
exon 41
exonuclease 66
extensive metabolizer 181

### F

Fab 159
$F(ab')_2$ 159
FACS 126
FANTOM 55
Fc 159
fluorescence-activated cell sorting 126
fMet-tRNAfMet 48
formivirsen 172
frame 50
Functional Annotation of Mammalian Genome 55

### G

$\beta$-galactosidase 76
G-CSF 158
gene 4, 16, 23
gene cloning 59, 83
general transcription factor 40
genome 23
genome editing 248
genome library 83
genome SNP 178

GIP 168
GLP-1 158
GLUT4 157
GMP 154
Gordon, J.W. 113
Grifith, F. 4
gRNA 120
gSNP 178
GTF 40
GTP 50
guanine 17, 18

### H

HAT 44
Hayflick limit 34
HCV 99
HDAC 44
hereditary non-polyposis colorectal cancer 217
HER2/EGFR2 164
Hershey, A.D. 5
heterochoromatin 24
heteronuclear RNA 42
histone acetyltransferase 44
histone deacetylase 44
HIV 99
HNPCC 217
hnRNA 42
*H-ras* 209
HTT 201
hungtingtin 201
hybridization 92
hydrogen bond 19

### I

ICH 154
ICSI 136
IF 50
IFN 158
IFN $\alpha$ 158
IFN $\beta$ 158
IFN $\gamma$ 158
IgG 159
IL-2 158
IL-6 165
IM 181

IMPC 119
induced pluripotent stem cell 124, 130
initiation codon 46
initiation factor 50
initiator 39
*in situ* hybridization 126
intermediate metabolize 181
International Mouse Phenotyping Consortium 119
International service for the acquisition of agri-biotech applications 226
intron 41
intronic SNP 178
*in vitro* fertilization 136
ISAAA 226
ISH 126
iSNP 178
isoschizomer 62
IVF 136, 138

### K

Kozak sequence 51

### L

label-retaining cell 125
*lac* A 38
lactose repressor 77
*lac* Y 38
*lac* Z 38
lagging strand 28
LB 222
leading strand 27
left border 222
Leigh syndrome 202
library 83
licensing for DNA replication 33
LNA 169
LOH 212
Loss of Heterozygosity 212
LRC 125

## M

major groove 20
Mcm2-7 31
MCS 45, 75
Mendel, G.J. 2
messenger RNA 21
metagenomics 251
methyltransferase 63
micro RNA 55
microsatellite instability 217
minichromosome maintenance 31
minor groove 20
mipomersen 172
miRISC 57
miRNA 55, 57, 174
MOI 79
molecular cloning 83
Morgan, T. 4
motif ten element 39
mRNA 21, 95
MSI 217
MTE 39
Muller, H.I. 4
Mullis, K.B. 12, 95
multiple cloning site 75
multiplicity of infection 79

## N

nascent strand 26
NAT2 183, 186
Nathans, D. 10
ncRNA 55
NDP 17
next generation sequencer 246
NF-$\kappa$B 177
NGS 246
NIPT 200
NMP 17
non-coding RNA 55
non-invasive prenatal genetic testing 200
nonsence codon 47
Northern blotting 92

NTP 17
nuclease 66
nucleosome 24

## O

Okazaki fragment 28
oncogenic miRNAs 57
oncomiR 57
open complex 29
open reading frame 50
operator 38
ORC 31
ORF 50
*oriC* 29
origin recognition complex 31

## P

P2 240
P3 240
palindromic sequence 61
PCNA 31
PCR 95
pegaptanib 175
pfu 79
PGx 181
phage 59, 74
phenotype 16
3′, 5′-phosphodiester bond 18
PIC 40
*Pichia pastoris* 232
plaque forming unit 79
plasmid 59, 74
PM 181
poly A binding protein 42
polycistronic operon 38
polymerase chain reaction 95
polynucleotide kinase 66
poor metabolizer 181
precision medicine 13, 252
prefix 45
preinitiation complex 40
pre-RC 31
pre-replicative complex 31
Pribnow box 37
primer 27, 67
probe 70

proliferating cell nuclear antigen 31
promotor 37
proofreading 28
proteome 244
pseudogene 54
PTase 52
pUC19 76

## Q

quantitative reverse transcription-PCR 126

## R

random primer labeling 70
RB 222
RE 39
reactive element 39
regulatory SNP 178
release factor 50, 53
replication 25, 35
replication factor C 31
replication fork 28
replication origin 27
replication protein A 31
replicon 27
reporter assay 105
repressor 40
repressor gene 38
restriction enzyme 61
restriction fragment length polymorphism 94
retrovirus 208
reverse transcriptase 36, 70, 98
reverse transcription 36
RF 50, 53
RFC 31
RFLP 94
ribonucleic acid 17
ribonucleoside diphosphate 17
ribonucleoside monophosphate 17
ribonucleoside triphosphate 17

外国語索引　265

ribonucleotide　17
ribosomal recycling factor　53
ribosomal RNA　22
ribozyme　52
right border　222
RISC　56, 174
RNA　17
RNA induced silencing
　complex　56, 174
RNA interference　174
RNA processing　35
romidepsin　45
RPA　31
RRF　53
rRNA　22
rSNP　178
RTase　36
RT-PCR　98, 99, 126, 196

### S

*Saccharomyces cerevisiae*　231
SAM　63
Sanger, F.　12, 89
$\alpha$-sarcin　36
SDS-PAGE　104
selectivity factor　41
SELEX　175
semiconservative replication
　25
Shine-Dalgarno sequence　51
silencer　40
single nucleotide
　polymorphism　178, 190
single strand-binding protein
　30
siRNA　173, 174
SL1　41
sliding clump　30
small interfering RNA　174
small nuclear RNA　55
small nucleolar RNA　55
Smith, H.O.　10
Smithies, O.　115
snoRNA　55
SNP　178, 190
snRNA　55
snRNP　43

Southern blotting　92
Sp1　44
splicing　42
splisosome　42
SSB　30
star activity　73
stop codon　47
Strimvelis　205
systematic evolution of ligands
　by exponential enrichment
　175

### T

TAF　40
tailor-made medicine　180
TALEN　119, 120
TATA binding protein　40
Tatum, E.L.　4
TBP　40
TBP-associated factor　40
T-DNA　222
telomerase　34
telomere　25
template strand　25
terminator　37
3′-terminus　18
5′-terminus　18
The Human Cytochrome
　P450 Allele Nomenclature
　Database　182
thymine　17, 18
TNF$\alpha$　165
Topo　32
topoisomerase　32
t-PA　155
TPMP　184
TPMT　186
transcription regulatory factor
　39
transferred DNA　222
transfer RNA　22
transformation　17, 77
translation　45
translocation　52, 214
transpeptidation　52
tRNA　22

### U

UBP　41
UCE　41
UGT1A1　182, 186
UGT1A1*6　183
UGT1A1*28　183
ultra rapid metabolizer　181
UM　181
umber suppressor tRNA　50
unit　73
untranslated SNP　178
upstream-binding protein　41
upstream control element　41
upstream element　37
uracil　17, 18
uSNP　178

### V

vascular endothelial growth
　factor　175
vector　59, 60, 74
VEGF　164, 175
vitamin K epoxide reductase
　184
VKOR　184
VKORC1　184, 186
VKOR complex subunit 1　184
*v-onc*　208
vorinostat　45

### W

Watson, J.　7
Wilmut, I.　13, 122
wobble　46

### X

xeroderma pigmentosum　202,
　216
XP　216

# Z

Zalmoxis 205

λ ZAP 82
ZFN 119